土木工程疑难释义丛书

土木工程施工疑难释义

附解题指导

王士川　赵平　主编

中国建筑工业出版社

图书在版编目（CIP）数据

土木工程施工疑难释义（附解题指导）/王士川，赵平主编. —北京：中国建筑工业出版社，2005
（土木工程疑难释义丛书）
ISBN 978-7-112-07885-1

Ⅰ.土… Ⅱ.①王… ②赵… Ⅲ.土木工程-工程施工 Ⅳ.TU7

中国版本图书馆 CIP 数据核字（2005）第 137301 号

土木工程疑难释义丛书
土木工程施工疑难释义
附 解 题 指 导
王士川 赵 平 主编

*

中国建筑工业出版社出版、发行（北京西郊百万庄）
新 华 书 店 经 销
北京密云红光制版公司制版
北京书林印刷有限公司印刷

*

开本：787×1092 毫米 1/16 印张：15 字数：364 千字
2006 年 1 月第一版 2007 年 4 月第二次印刷
印数：4001—5500 册 定价：**26.00 元**
ISBN 978-7-112-07885-1
（13839）

版权所有 翻印必究
如有印装质量问题，可寄本社退换
（邮政编码 100037）
本社网址：http://www.cabp.com.cn
网上书店：http://www.china-building.com.cn

本书按照我国现行标准和施工规范，结合工程实际和土木工程施工教材，选取了土木工程施工中约250个重点和难点问题逐个进行解释，包括土方工程、基础工程、砌筑工程、混凝土结构工程、预应力混凝土工程、滑升模板工程施工、脚手架工程、混凝土房屋单层工业厂房结构吊装工程、钢结构工程、道路桥梁工程施工、装饰工程、防水工程、施工组织概论、流水施工原理、网络计划技术、单位工程施工组织设计、施工组织总设计等内容；并选择了土木工程施工中具有代表性的计算题35道，逐一提出其解题思路并做出解答。

　　本书内容丰富，释义深浅适中，解题突出要点，学以致用，可作为大学和高职高专等院校师生教学用书和从事土木工程施工的工程技术人员的工作用书，还可作为全国注册建造师、注册监理工程师、注册造价工程师、注册资产评估师考试的复习参考书。

＊　　＊　　＊　　＊

责任编辑　郭　栋　岳建光
责任设计：董建平
责任校对：王雪竹　张　虹

前　言

本书由两部分组成。第一部分为疑难释义，把土木工程施工的土方工程、基础工程、砌筑工程、混凝土结构工程、预应力混凝土工程、滑升模板工程施工、脚手架工程、混凝土房屋单层工业厂房结构吊装工程、钢结构工程、道路桥梁工程施工、装饰工程、防水工程、施工组织概论、流水施工原理、网络计划技术、单位工程施工组织设计、施工组织总设计等内容中的重点和难点选取了约250个问题逐个进行解释，释义时按照我国现行标准和施工规范，并尽量结合工程实际，且紧密结合《土木工程施工》教材，汇总了有关章节的学习重点；第二部分是在疑难释义的基础上，选择了土木工程施工中具有代表性的计算题35道，逐一提出其解题思路并做出解答，以作为解题指导。

本书可作为土建类《土木工程施工》、《建筑施工》教学的辅助用书，便于教师及学生查阅与学习，也是帮助土建工程技术人员解疑的一本参考书。

本书由西安建筑科技大学王士川、赵平主编，其中王士川编写第一部分1~8；西安建筑科技大学蒋红妍编写第一部分9~12及第二部分［题1］~［题13］；赵平编写第一部分13~17及第二部分［题14］~［题35］。全书由赵平汇总。

由于编者水平有限，书中错误之处在所难免，恳请读者指正。

在编写过程中参考了大量同行的有关文献资料，在此深感谢意。

目 录

第一部分 疑 难 释 义

1 土方工程 ·· 3
  1.1 工程中常见的土方工程有哪些？土方工程的施工有哪些特点？ ············ 3
  1.2 在土方工程施工中土是如何分类的？有什么作用？ ·························· 3
  1.3 何谓土的可松性？如何表示？土的可松性在工程中有什么作用？ ········· 4
  1.4 原状土经机械压实后的沉降量如何计算？ ······································· 4
  1.5 场地平整土方量的计算步骤是什么？ ·· 5
  1.6 基坑、基槽和路堤的土方量如何计算？ ··· 8
  1.7 影响边坡稳定的主要因素有哪些？如何防治？ ································ 9
  1.8 常用的基坑支护有哪些形式？ ··· 10
  1.9 降低地下水位的方法有哪些？其适用范围如何？ ···························· 11
  1.10 流砂产生的原因是什么？如何防治？ ··· 12
  1.11 井点降水的原理是什么？施工时降低地下水位有何作用？ ··············· 14
  1.12 轻型井点降水的设计步骤是什么？ ·· 14
  1.13 轻型井点系统是如何施工的？ ··· 18
  1.14 推土机的工作特点如何？它适用于哪些土方工程？ ························ 19
  1.15 铲运机的工作特点如何？它适用于哪些土方工程？ ························ 19
  1.16 正铲挖掘机的工作特点如何？它适用于哪些土方工程？ ·················· 20
  1.17 反铲挖掘机的工作特点如何？它适用于哪些土方工程？ ·················· 21
  1.18 拉铲挖掘机的工作特点如何？它适用于哪些土方工程？ ·················· 22
  1.19 抓铲挖掘机的工作特点如何？它适用于哪些土方工程？ ·················· 22
  1.20 填土的密实度如何评价？ ··· 22
  1.21 影响填土压实的主要因素有哪些？施工过程中如何保证填土压实的质量？ ····· 23
  1.22 如何检查填土压实的质量？ ··· 25
  1.23 土方开挖与回填有哪些主要的安全技术措施？ ····························· 25

2 基础工程 ·· 27
  2.1 何谓预制桩和灌注桩？其各自的特点是什么？ ······························· 27
  2.2 桩架的作用是什么？如何确定桩架的高度？ ·································· 27
  2.3 桩锤的种类及特点是什么？如何选择桩锤？ ·································· 27
  2.4 为什么要确定打桩顺序？如何确定打桩顺序？ ······························· 29
  2.5 锤击打桩的施工工艺和质量控制要点是什么？ ······························· 29
  2.6 何谓打桩的贯入度和最后贯入度？施工中应在什么条件下测定最后贯入度？ ··· 30
  2.7 接桩的方法有几种？各适用于什么情况？ ···································· 30
  2.8 钢筋混凝土灌注桩的成孔方法有哪些？各适用于什么情况？ ············· 31
  2.9 泥浆护壁成孔灌注桩施工过程泥浆有什么作用？对泥浆有什么要求？ ··· 32

  2.10 套管成孔灌注桩的施工要点是什么？ ································· 32
  2.11 水下浇筑混凝土的施工特点和对混凝土的要求是什么？ ·············· 33
  2.12 地下连续墙的施工工艺要点是什么？ ································· 34
  2.13 何谓沉井基础？其施工方法与特点是什么？ ························· 35
  2.14 何谓管柱基础？其施工方法与特点是什么？ ························· 36
  2.15 如何进行桩基础工程的验收？ ··· 37
3 砌筑工程 ··· 38
  3.1 砌筑工程中的垂直运输机械主要有哪些？各有何特点？ ············· 38
  3.2 砌筑砂浆的种类和适用范围有哪些？对砌筑砂浆有哪些要求？ ····· 39
  3.3 砌筑用砖有哪些种类？其外观质量和强度指标有何要求？ ·········· 39
  3.4 砖砌体的质量要求是什么？ ··· 40
  3.5 砖墙的砌筑工艺及要求是什么？ ······································· 40
  3.6 砖墙临时间断处的接槎方式有几种？有何要求？ ····················· 41
  3.7 中小型砌块施工前为什么要编排砌体排列图？编制砌块排列图应注意哪些问题？ ·· 42
  3.8 砌筑工程质量的基本要求是什么？ ···································· 43
  3.9 砌筑工程中的安全防护措施有哪些？ ································· 44
4 混凝土结构工程 ·· 46
  4.1 模板的作用及对模板的要求是什么？ ································· 46
  4.2 如何进行模板结构设计？ ··· 46
  4.3 模板拆除的要求及模板拆除的顺序是什么？ ························· 48
  4.4 钢筋的冷拉质量应如何控制？ ··· 49
  4.5 钢筋闪光对焊的工艺原理和施工要点是什么？ ······················· 49
  4.6 电弧焊的工艺原理是什么？常用接头形式及适用情况如何？ ······· 50
  4.7 电渣压力焊的工艺原理及适用情况是什么？ ························· 51
  4.8 钢筋机械连接的方法有哪些？其适用范围如何？ ···················· 51
  4.9 钢筋挤压套筒连接和锥螺纹套筒连接的原理是什么？ ··············· 52
  4.10 为什么要进行钢筋下料长度的计算？如何计算钢筋的下料长度？ · 52
  4.11 钢筋代换的原则是什么？如何进行钢筋代换？ ······················· 53
  4.12 混凝土配料时，为什么要进行施工配合比换算？如何换算？ ······ 54
  4.13 混凝土搅拌制度包括哪些内容？ ····································· 54
  4.14 何谓混凝土的运输？对混凝土的运输有何要求？ ···················· 55
  4.15 何谓泵送混凝土？对混凝土有什么要求？ ···························· 55
  4.16 什么叫施工缝？施工缝留设的原则和处理方法有哪些？ ············ 56
  4.17 混凝土捣实的原理是什么？施工中如何使混凝土振捣密实？常用的振
     捣机械及其适用情况如何？ ··· 57
  4.18 大体积混凝土结构浇筑的施工要点是什么？ ························· 58
  4.19 什么叫混凝土的养护？常用的混凝土养护方法有哪几种？ ········· 59
  4.20 何谓混凝土冬期施工的"抗冻临界强度"？ ························· 60
  4.21 混凝土工程冬期施工常用方法有哪些？ ······························· 60
  4.22 现浇混凝土结构常见外观质量缺陷的原因是什么？应如何进行处理？ · 61
  4.23 如何检查和评价混凝土工程的施工质量？ ···························· 62
5 预应力混凝土工程 ··· 66

5.1	什么叫预应力混凝土？预应力混凝土的种类有哪些？各有什么特点？	66
5.2	预应力混凝土的材料及其要求是什么？	67
5.3	先张法和后张法的生产工艺是怎样的？	67
5.4	台座的作用及类型有哪些？台座的设计要点是什么？	69
5.5	先张法预应力钢筋张拉与放张应注意哪些问题？	70
5.6	后张法预应力钢筋、锚具、张拉设备应如何配套使用？	71
5.7	如何计算预应力筋的下料长度？应考虑哪些因素？	72
5.8	在张拉预应力筋前为什么要对千斤顶进行标定？标定期限有何规定？	74
5.9	孔道留设有哪些方法？分别应注意哪些问题？	74
5.10	如何计算预应力筋的张拉力和钢筋的伸长值？	75
5.11	后张法施工工艺过程可能有哪些预应力损失？应采取哪些方法来减少或弥补？	76
5.12	预应力筋张拉锚固后为什么进行孔道灌浆？对孔道灌浆有何要求？	77
5.13	无粘结预应力的施工工艺如何？其锚头端部应如何处理？	77
5.14	先张法与后张法的最大控制应力如何确定？	79
5.15	先张法与后张法的张拉程序如何？为什么要采用该张拉程序？	79

6 滑升模板工程施工 ... 81

6.1	何谓滑升模板？其工艺特点是什么？	81
6.2	滑升模板系统的组成如何？	81
6.3	支承杆的作用及其常用的连接方式和特点是什么？	82
6.4	滑升模板施工中对混凝土有什么要求？何谓混凝土的出模强度？如何控制？	83
6.5	滑升模板施工中对混凝土的浇筑有何要求？	83

7 脚手架工程 ... 85

7.1	扣件式钢管脚手架有哪些搭设要求？	85
7.2	碗扣式钢管脚手架的特点及搭设要求是什么？	85
7.3	门式钢管脚手架的主要结构特点和搭设要求是什么？	86
7.4	升降式脚手架有哪几种类型？它们的主要特点是什么？	87
7.5	桥梁工程的脚手架是怎样的？	88
7.6	如何控制脚手架工程的安全？	89

8 混凝土房屋单层工业厂房结构吊装工程 ... 90

8.1	结构吊装工程常用的起重机有哪些种类？它们的主要特点是什么？	90
8.2	履带式起重机的主要技术参数及其之间的关系是怎样的？	91
8.3	何谓履带式起重机的稳定性？在什么情况下需对履带式起重机进行稳定性验算？如何验算？	91
8.4	单层工业厂房柱吊装前应进行哪些准备工作？	92
8.5	单层厂房柱的绑扎形式及其特点是什么？	93
8.6	旋转法和滑行法吊柱各有何特点？对柱的平面布置有何要求？	93
8.7	如何对柱进行对位、临时固定、校正和最后固定？	94
8.8	如何校正吊车梁的安装位置？	95
8.9	屋架的绑扎应注意哪些问题？	96
8.10	何谓屋架的"正向扶直"和"反向扶直"？屋架预制阶段有哪几种布置形式？	97
8.11	单层工业厂房吊装方案设计时，选择起重机类型的依据是什么？起重机的类型确定后，如何选择起重机的型号？	98

8.12 单层工业厂房的结构吊装方法及其各自的特点是什么? ……………………… 100
8.13 预制阶段柱的布置方式有几种? 各有什么特点? ……………………………… 101
8.14 屋架在吊装阶段的排放方式有几种? 如何确定屋架的排放位置? …………… 101
8.15 屋架的临时固定应注意哪些问题? ……………………………………………… 103
8.16 混凝土结构吊装工程的质量要求及安全措施有哪些? ………………………… 103

9 钢结构工程 ……………………………………………………………………………… 106
9.1 什么叫钢结构的放样和号料? 放样和号料应注意什么问题? ………………… 106
9.2 钢结构材料有哪几种切割方法? 它们各有什么特点? 适用于什么情况? …… 106
9.3 钢材机械矫正和火焰矫正（热矫正）各有何特点? …………………………… 106
9.4 钢结构的焊接连接有哪些方式? 它们各有什么特点? 适用情况是什么? …… 107
9.5 什么叫焊接缺陷? 焊接过程中可能出现哪些焊接缺陷? 如何避免?
如何检查焊缝的质量? …………………………………………………………… 107
9.6 普通螺栓连接应注意哪些问题? ………………………………………………… 108
9.7 高强度螺栓连接有哪几种方式? 高强度螺栓安装前的准备工作与技术要求是什么? …… 109
9.8 高强螺栓的扭矩如何控制? ……………………………………………………… 110
9.9 高强螺栓的施工流程是什么? …………………………………………………… 110
9.10 扭剪型高强度螺栓连接有何特点? ……………………………………………… 110
9.11 钢结构单层厂房吊装前基础的准备工作有哪些? ……………………………… 111
9.12 钢桁架的吊装工艺是什么? ……………………………………………………… 111
9.13 高层钢结构柱、梁的吊装工艺及校正方法是什么? …………………………… 111
9.14 钢网架吊装有几种方法? 各有什么特点? ……………………………………… 113
9.15 高层钢结构施工过程中应采取哪些措施保证施工安全? ……………………… 114

10 道路桥梁工程施工 ……………………………………………………………………… 115
10.1 公路与城市道路根据面层材料类型分为哪些类型? 各用于什么等级的道路? …… 115
10.2 路基的作用是什么? 何谓一般路基和特殊路基? ……………………………… 115
10.3 路基有哪些形式? 其施工过程如何? …………………………………………… 115
10.4 何谓路基施工的复桩、放样? …………………………………………………… 116
10.5 路面结构层的组成如何? 从力学特征分为哪几种结构类型? ………………… 116
10.6 水泥混凝土路面的施工工艺是什么? …………………………………………… 117
10.7 沥青路面的分类和特点是怎样的? ……………………………………………… 117
10.8 沥青路面的施工工艺是怎样的? ………………………………………………… 118
10.9 桥梁施工的特点是什么? 确定桥梁施工方法时应考虑哪些因素? ………… 119
10.10 桥梁基础施工方法的种类有哪些? …………………………………………… 119
10.11 桥梁结构施工常用的起重机械有哪些? 它们各适用于什么情况? ………… 120
10.12 现浇桥梁墩台的施工工艺是什么? 墩台混凝土浇筑施工时应注意哪些问题? …… 121
10.13 预应力装配墩台的主要施工工艺是什么? …………………………………… 121
10.14 装配式桥梁的施工工艺过程有哪些? 有什么特点? ………………………… 122
10.15 装配式桥预制梁的施工有哪些主要方法? 各有什么特点? ………………… 122
10.16 预应力连续梁桥顶推法施工工艺及主要要求是什么? ……………………… 123
10.17 预应力混凝土梁桥悬臂法施工方法及其主要特点是什么? ………………… 124

11 装饰工程 ………………………………………………………………………………… 125
11.1 装饰工程的作用及施工特点是什么? …………………………………………… 125

  11.2 装饰工程施工的范围是什么? …… 125
  11.3 装饰工程分成哪几个等级? 各适用于何种工程? …… 125
  11.4 抹灰工程在施工前应做哪些准备工作? 有什么技术要求? …… 125
  11.5 各抹灰层的作用及施工要求是什么? 面层抹灰的技术关键是什么? …… 126
  11.6 立标筋的操作程序是什么? …… 126
  11.7 水刷石的施工要点是什么? …… 127
  11.8 喷涂、滚涂、弹涂的施工要点是什么? 有何区别? …… 127
  11.9 釉面瓷砖的镶贴要点是什么? …… 128
  11.10 饰面板安装方法、工艺流程和技术要求有哪些? …… 128
  11.11 玻璃幕墙的施工要点是什么? …… 129
  11.12 水泥砂浆地面和细石混凝土地面的施工方法是什么? …… 129
  11.13 水磨石地面的施工方法和保证质量的措施是什么? …… 130
  11.14 木质地面的施工要点有哪些? …… 130
  11.15 门窗的安装方法及应注意的事项有哪些? …… 130
  11.16 木龙骨吊顶、铝合金龙骨吊顶、轻钢龙骨吊顶的构造及安装工序是什么? …… 131
  11.17 轻钢龙骨石膏板隔墙的施工方法是什么? …… 131
  11.18 铝合金门窗的合理安装时间、施工准备,铝合金门窗与墙体连接的方式及安装主要工序有哪些? …… 132
  11.19 涂料工程施工的主要工序要点是什么? …… 133
  11.20 刷浆工程的施工要点是什么? …… 133
12 防水工程 …… 134
  12.1 防水卷材的种类、特点及适用范围是什么? …… 134
  12.2 防水涂料的种类、防水机理及特点是什么? …… 134
  12.3 密封材料的种类及其适用范围有哪些? …… 134
  12.4 卷材防水屋面各构造层的做法及施工工艺是什么? …… 134
  12.5 油毡热铺法、冷铺法的施工要点是什么? …… 135
  12.6 卷材防水屋面的质量保证措施有哪些? …… 136
  12.7 涂膜防水层的施工要点是什么? …… 136
  12.8 普通防水混凝土对原材料有何要求? …… 137
  12.9 外加剂防水混凝土常用的外加剂有哪些? …… 137
  12.10 结构自防水混凝土的施工缝处理有哪些方法? 如何保证其质量? …… 139
  12.11 防水混凝土结构穿墙螺栓应如何处理? …… 140
  12.12 地下防水工程中刚性表面防水层和柔性表面防水层各有何优缺点? …… 141
  12.13 地下防水工程止水带防水一般用在什么场合? …… 142
  12.14 地下防水工程卷材贴法的施工步骤是什么? …… 143
  12.15 楼地面防水的施工要点及其要求是什么? …… 144
  12.16 地下防水工程中变形缝的施工做法及质量要求是什么? …… 144
  12.17 屋面防水工程施工质量和安全措施是什么? …… 145
13 施工组织概论 …… 146
  13.1 建筑产品及其生产过程的特点主要表现在哪几个方面? …… 146
  13.2 何谓基本建设? 基本建设过程分哪几个阶段? …… 146
  13.3 基本建设工程的分类有哪些? …… 146
  13.4 基本建设的目的是什么? …… 147

  13.5 何谓建设项目、单项工程和单位工程? ……………………………………… 147
  13.6 施工组织设计的作用有哪些? …………………………………………… 147
  13.7 分部工程施工设计的内容包括哪些? …………………………………… 148
  13.8 施工组织设计的原则有哪些? …………………………………………… 148

14 流水施工原理 …………………………………………………………………… 149
  14.1 组织施工的方式有哪些? 其特点是什么? ……………………………… 149
  14.2 何谓工程施工进度计划图表? 流水作业的表达方式有哪些? ………… 150
  14.3 何谓流水作业的工艺参数? ……………………………………………… 151
  14.4 何谓流水作业的空间参数? ……………………………………………… 152
  14.5 什么是流水作业的时间参数? 什么是流水节拍、流水步距? ………… 153
  14.6 何谓等节奏流水? ………………………………………………………… 153
  14.7 何谓成倍节拍流水? ……………………………………………………… 154
  14.8 何谓无节奏流水? ………………………………………………………… 155

15 网络计划技术 …………………………………………………………………… 156
  15.1 网络图的概念及其分类是什么? ………………………………………… 156
  15.2 网络图的特点有哪些? …………………………………………………… 156
  15.3 双代号网络图绘制的基本原则有哪些? ………………………………… 156
  15.4 如何绘制双代号网络图? ………………………………………………… 157
  15.5 双代号网络图的组成有哪些基本要素? ………………………………… 157
  15.6 双代号网络图的时间参数分几部分? …………………………………… 158
  15.7 什么是工作最早开始时间? 如何计算? ………………………………… 158
  15.8 什么是工作最早完成时间? 如何计算? ………………………………… 158
  15.9 什么是工作最迟完成时间? 如何计算? ………………………………… 158
  15.10 什么是工作最迟开始时间? 如何计算? ……………………………… 159
  15.11 什么是工作总时差? 如何计算? ……………………………………… 159
  15.12 什么是工作自由时差? 如何计算? …………………………………… 159
  15.13 何谓关键线路? 何谓非关键线路? …………………………………… 160
  15.14 如何调整初始网络计划的工期? ……………………………………… 160
  15.15 何谓虚工作? …………………………………………………………… 160
  15.16 单代号网络图由哪些内容组成? ……………………………………… 161
  15.17 单代号网络图的绘图规则有哪些? …………………………………… 162
  15.18 单代号网络图工作时间及时差的计算方法是怎样的? ……………… 162
  15.19 单代号搭接网络图有哪几种基本搭接关系? ………………………… 163
  15.20 工期不变、资源使用均衡的优化步骤是什么? ……………………… 165
  15.21 资源限量、工期最短的优化步骤是什么? 如何调整? ……………… 165
  15.22 工期固定的最低成本优化步骤有哪些? ……………………………… 166
  15.23 绘制时标网络图的步骤有哪些? ……………………………………… 166
  15.24 绘制网络计划横道图的步骤是什么? ………………………………… 166
  15.25 如何绘制"实际进度前锋线"? ……………………………………… 167

16 单位工程施工组织设计 ………………………………………………………… 168
  16.1 什么是单位工程施工组织设计? 单位工程施工组织设计的内容包括有哪些? ……… 168
  16.2 如何确定施工流向? ……………………………………………………… 168

  16.3 如何确定施工程序？……………………………………………………………… 168
  16.4 如何选择施工方法？……………………………………………………………… 169
  16.5 选择施工机械时应着重考虑哪几个方面？……………………………………… 169
  16.6 施工方案的技术经济比较有哪些手段？………………………………………… 170
  16.7 进度计划编制的步骤是什么？…………………………………………………… 170
  16.8 初始施工进度计划的编制可按哪几个步骤进行？……………………………… 170
  16.9 施工进度计划的检查与调整应从哪几个方面进行？…………………………… 171
  16.10 单位工程施工平面图的设计内容有哪些？…………………………………… 171
  16.11 单位工程施工平面图的设计依据有哪些？…………………………………… 171
  16.12 单位工程施工平面图的设计原则有哪些？…………………………………… 171
  16.13 施工平面图的设计步骤是什么？……………………………………………… 172
17 施工组织总设计……………………………………………………………………… 173
  17.1 何谓施工组织总设计？施工组织总设计的内容有哪些？……………………… 173
  17.2 施工组织总设计的编制程序有哪些？…………………………………………… 173
  17.3 施工组织总设计确定工程开展程序主要考虑哪几点？………………………… 174
  17.4 什么是施工部署？施工部署包括的内容有哪些？……………………………… 174
  17.5 建设项目全场性施工准备工作总计划的主要内容有哪些？…………………… 174
  17.6 编制施工组织总设计时，应按哪几点考虑机械化施工总方案？……………… 175
  17.7 编制施工总进度计划的基本要求是什么？编制步骤有哪些？………………… 175
  17.8 为解决好各单位工程的开竣工时间和相互搭接关系，应考虑哪些因素？…… 175
  17.9 施工总平面图设计的内容有哪些？……………………………………………… 176
  17.10 施工总平面图设计的原则是什么？…………………………………………… 176
  17.11 施工总平面图设计的依据是什么？…………………………………………… 177
  17.12 施工总平面图设计的步骤有哪些？…………………………………………… 177
  17.13 施工组织总设计的技术经济指标通常采用的有哪些？……………………… 179

第二部分 解 题 指 导

【题1】 不含边坡的土方工程量计算 ………………………………………………… 183
【题2】 考虑边坡的土方工程量计算 ………………………………………………… 185
【题3】 沟槽的土方工程量计算 ……………………………………………………… 190
【题4】 带型基础的土方工程量计算 ………………………………………………… 191
【题5】 基坑的土方工程量计算 ……………………………………………………… 191
【题6】 轻型井点降水的计算 ………………………………………………………… 192
【题7】 较大基坑轻型井点降水的分块计算 ………………………………………… 194
【题8】 钢筋下料长度计算 …………………………………………………………… 196
【题9】 钢筋代换计算 ………………………………………………………………… 197
【题10】 混凝土施工配合比计算 ……………………………………………………… 198
【题11】 单根预应力筋下料长度的计算 ……………………………………………… 199
【题12】 预应力筋张拉力和钢筋伸长值计算 ………………………………………… 199
【题13】 后张法分批张拉力计算 ……………………………………………………… 200
【题14】 单层成倍节拍流水组织施工 ………………………………………………… 201
【题15】 根据结构特征判断施工段的多层成倍节拍流水组织施工 ………………… 202
【题16】 层内技术间歇和层间技术间歇的多层成倍节拍流水组织施工 ………… 203

【题 17】	施工段数为奇数的多层成倍节拍流水组织施工	205
【题 18】	单层无节奏流水组织施工	205
【题 19】	多层无节奏流水组织施工	207
【题 20】	双代号网络图的绘制	208
【题 21】	双代号网络图的绘制	209
【题 22】	双代号网络图的绘制	211
【题 23】	双代号网络图的绘制	211
【题 24】	双代号网络图的绘制	211
【题 25】	单代号网络图的绘制	212
【题 26】	双代号网络图改为单代号网络图	212
【题 27】	绘制单代号搭接网络图	214
【题 28】	双代号网络图时间参数的计算	216
【题 29】	双代号网络图时间参数的计算	218
【题 30】	单代号网络计划时间参数的计算	218
【题 31】	单代号搭接网络计划时间参数的计算	222
【题 32】	单代号搭接网络计划时间参数的计算	223
【题 33】	双代号时标网络计划的绘制	223
【题 34】	双代号时标网络计划的绘制	224
【题 35】	确定仓库（堆场或加工厂）的最优位置	225

参考文献 227

第一部分

疑难释义

第十一卷

譯散文

1 土方工程

1.1 工程中常见的土方工程有哪些？土方工程的施工有哪些特点？

土方工程包括土的开挖、运输和填筑等施工过程，有时还要进行排水、降水和土壁支撑等准备工作。在土木工程中，最常见的土方工程有：场地平整、基坑（槽）开挖、地坪填土、路基填筑及基坑回填土等。

土方工程的施工具有如下特点：

（1）面大量大、劳动繁重、工期长。有些大型建设项目的场地平整，土方施工面积可达数平方公里，甚至数十平方公里；有些大型基坑的开挖深度达 20～30m；在场地平整和大型基坑开挖中，土方工程可达几百甚至几百万立方米以上。

（2）施工条件复杂。土方工程施工多为露天作业，土、石是一种天然物质，成分较为复杂，施工中直接受到气候、水文和地质、地上和地下环境的影响，且难以确定的因素较多。因此，有时施工条件极为复杂。

根据上述特点，在组织土方工程施工前，应详细分析和核对各项技术资料，进行现场调查并根据现有施工条件，制定出能保证施工安全的方案。

1.2 在土方工程施工中土是如何分类的？有什么作用？

土的种类繁多，在土方工程施工中，一般按开挖难易程度（即土的坚实程度）将土进行分类，如表 1-1 所示，共分为八类十六个级别，据以确定施工手段和制定土方工程劳动定额。

土的工程分类　　　　表 1-1

土的级别	土的分类	土的名称	开挖方法
Ⅰ	一类土（松软土）	砂、粉土，冲积砂土层，疏松的种植土、泥炭（淤泥）	能用锹、锄头挖掘
Ⅱ	二类土（普通土）	粉质黏土，潮湿的黄土，夹有碎石、卵石的砂；粉土混卵（碎）石；种植土、填土	用锹、锄头挖掘，少许用镐翻松
Ⅲ	三类土（坚土）	软及中等密实黏土，重粉质土，粗砾石，干黄土及含碎石、卵石的黄土、粉质黏土，压实的填筑土	主要用镐，少许用锹、锄头挖掘，部分用撬棍
Ⅳ	四类土（砂砾坚土）	重黏土及含碎石、卵石的粘石、粗卵石，密实的黄土，天然级配砂石，软泥灰岩及蛋白石	整个先用镐，撬棍，然后用锹挖掘，部分用楔子及大锤

续表

土的级别	土的分类	土 的 名 称	开 挖 方 法
Ⅴ~Ⅵ	五类土（软石）	硬质黏土，中等密实的页岩、泥灰岩、白垩土，胶结不紧的砾岩，软的石灰岩	用镐或撬棍、大锤挖掘，部分使用爆破方法
Ⅶ~Ⅸ	六类土（次坚石）	泥岩、砂岩、砾岩、坚实的页岩、泥灰岩，密实的石灰岩，风化花岗岩、片麻岩	用爆破方法，部分用风镐
Ⅹ~ⅩⅢ	七类土（坚石）	大理石，辉绿岩，玢岩，粗、中粒花岗岩，坚实的白云岩、砂岩、砾岩、片麻岩、石灰岩、风化痕迹的安山岩、玄武岩	用爆破方法
ⅩⅣ~ⅠⅩⅥ	八类土（特坚石）	安山岩、玄武岩，花岗片麻岩，坚实的细粒花岗岩、闪长岩、石英岩、辉长岩、辉绿岩、玢岩、角闪岩	用爆破方法

1.3 何谓土的可松性？如何表示？土的可松性在工程中有什么作用？

自然状态下的土经开挖后土粒松散，体积增大，如再将其全部用以回填，虽然压实但仍不能恢复至原状土相同的体积。土的这种经扰动而体积改变的性质称为土的可松性。土的可松性程度用可松性系数表示，即

$$K_S = \frac{V_2}{V_1}, K'_S = \frac{V_3}{V_1} \tag{1-1}$$

式中 K_S——最初可松性系数；
　　K'_S——最后可松性系数；
　　V_1——自然状态下（原状土）的体积；
　　V_2——土经开挖后的松散体积；
　　V_3——土经回填压实后的体积。

土的可松性是一个非常重要的工程性质。它对于场地平整、土方调配、土方的开挖、运输和回填，以及土方挖掘机械和运输机械的数量、斗容量的确定，都有很大影响。

1.4 原状土经机械压实后的沉降量如何计算？

原状土经机械往返压实或经其他压实措施后，会产生一定的沉陷，根据不同土质，其沉陷量一般在3~30cm之间。可按下述经验公式计算：

$$S = \frac{P}{C} \tag{1-2}$$

式中 S——原状土经机械压实后的沉降量（cm）；
　　P——机械压实的有效作用力（MPa）；
　　C——原状土的抗陷系数（MPa），可按表1-2取值。

不同土的 C 值参考表　　　　　　表 1-2

原状土质	C（MPa）	原状土质	C（MPa）
沼泽土	0.01～0.015	大块胶结的砂，潮湿黏土	0.035～0.06
凝滞的土，细粒砂	0.018～0.025	坚实的黏土	0.1～0.125
松砂，松湿黏土，耕土	0.025～0.035	泥灰石	0.13～0.18

1.5　场地平整土方量的计算步骤是什么？

场地平整就是将天然地面改造成工程上所要求的设计平面，由于场地平整时全场地兼有挖和填，而挖和填的体形常常不规则，所以一般采用方格网方法分块计算解决，其计算步骤如下：

一、划分方格网

在地形图上将施工区域根据地形变化程度及要求的计算精度来确定方格网的边长，一般取 10～40m，如图 1-1 所示，在各方格的左上角逐一标出其角点的编号。

二、计算各角点的地面标高

角点的地面标高也称为角点的自然地面标高，可根据地形图上相邻两等高线的高程，用插入法求得。

三、计算各角点的设计标高

计算各角点的设计标高，应首先确定场地设计标高。场地设计标高一般由设计单位按竖向规划给定，或根据城市排水总管标高确定，或施工单位自行确定。单纯平整的场地设计标高确定原则，一般是按场内挖填方平衡计算，如图 1-1 所示。

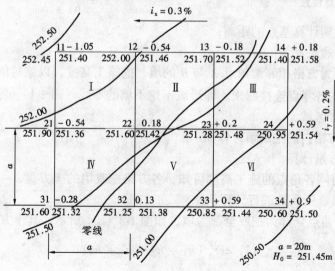

图 1-1　场地平整方格网法计算图

场地设计标高：

$$H_0 = \frac{\Sigma H_{1-i} + 2\Sigma H_{2-i} + 3\Sigma H_{3-i} + 4\Sigma H_{4-i}}{4N} \tag{1-3}$$

式中 H_{1-i} 分别表示在各方格网中所共有的角点地面标高;N 为场地方格数。

考虑汇水坡度对角点设计标高的影响,以 H_0 作为场地中心点的标高,则场地任意点的设计标高为:

$$H'_n = H_0 \pm l_x i_x \pm l_y i_y \tag{1-4}$$

式中 l_x、l_y——分别为计算角点至场地中心线 y-y 和 x-x 的距离;

i_x、i_y——分别为 x-x、y-y 方向的泄水坡度。

式中 ± 号,视坡度方向高低位置而定。

如 i_x 或 i_y 为零,则场地为单向泄水坡度;如 i_x、i_y 均不为零,则场地为双向泄水坡度;如 i_x、i_y 均为零,则 $H'_n = H_0$。

四、计算各角点的施工高度

角点施工高度即角点需要挖或填方的高度,由角点的设计标高减去地面标高而得,即

$$h_n = H'_n - H_n \tag{1-5}$$

式中 h_n——角点施工高度(即挖填高度),以"+"为填,"−"为挖;

H'_n——角点的设计标高;

H_0——角点的自然地面标高。

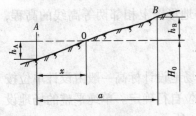

图 1-2 零点位置

五、计算零点,绘出零线

在场地某方格的某边上相邻两个角点的施工高度出现"+"与"−"时,则表示该边从填至挖的全长中存在一个不挖不填的点,称之为零点,如图 1-2 所示。零点的位置可按下式计算:

$$x = \frac{a h_A}{h_A + h_B} \tag{1-6}$$

式中 x——零点到计算基点的距离;

a——方格边长;

h_A,h_B——分别为方格相邻两角点 A 与 B 的填、挖施工高度,以绝对值代入。

将方格网中的各零点连接起来,即形成不挖不填的零线(图 1-1)。零线将整个场地分为挖方区域和填方区域。

六、计算各方格内的挖或填方体积

(1) 场地土方量计算

由图 1-1 方格网各角点的施工高度可知,各方格挖或填的土方量,一般可按下述四种不同类型(如图 1-3 所示)进行计算:

1) 方格四个角点全部为挖或全部为填,如图 1-3(a)所示,其土方量为:

$$V_i = \frac{a^2}{4}(h_1 + h_2 + h_3 + h_4) \tag{1-7}$$

式中 V_i——挖方或填方体积;

h_1、h_2、h_3、h_4——各方格角点挖填高度(用绝对值);

a——方格边长。

2) 方格的相邻两个角点为挖方,另两个角点为填方,如图 1-3(b)所示,其挖方部分的土方量为:

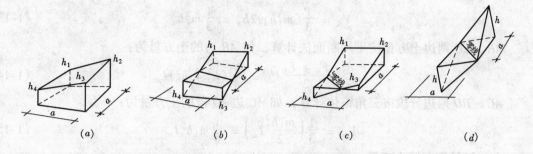

图 1-3 由方格网与零线分割成挖或填的土方四种几何形状
(a) 全挖 (全填); (b) 两挖两填; (c) 三挖一填 (或三填一挖); (d) 一挖一填

$$V_{wi} = \frac{a^2}{4}\left(\frac{h_1^2}{h_1+h_4} + \frac{h_2^2}{h_1+h_4}\right) \tag{1-8}$$

填方部分的土方量为:

$$V_{ti} = \frac{a^2}{4}\left(\frac{h_3^2}{h_2+h_3} + \frac{h_4^2}{h_1+h_4}\right) \tag{1-9}$$

3) 方格的一个角点为挖方 (或填方),另三个角点为填方 (或挖方),如图 1-3 (c) 所示,其填方部分的土方量为:

$$V_{ti} = \frac{a^2}{6} \times \frac{h_4^3}{(h_1+h_4)(h_3+h_4)} \tag{1-10}$$

挖土部分的土方量为:

$$V_{wi} = \frac{a^2}{6}(2h_1 + h_2 + 2h_3 - h_4) + V_{ti} \tag{1-11}$$

4) 方格的一个角点为挖方,相对的角点为填方,另两个角点为零点时 (零线为方格的对角线),如图 1-3 (d) 所示,其挖 (填) 方土方量为:

$$V_i = \frac{a^2}{6}h \tag{1-12}$$

(2) 场地边坡土方量计算

边坡土方量 (图 1-4),其计算步骤如下:

1) 标出场地四个角点 A、B、C、D 填挖高度和零线位置;

2) 根据土质确定填、挖方边坡系数 m_1 和 m_2;

3) 计算四角点的放坡宽度,如图 1-4 中,A 点的放坡宽度为 $m_1 h_a$,D 点的放坡宽度为 $m_2 h_d$;

4) 绘出边坡边线平面示意图,如图 1-4 所示;

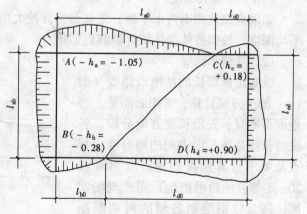

图 1-4 场地边坡土方量计算

5) 计算边坡土方量体积:

A、B、C、D 四个角点的土方量,近似地按正方锥体计算,如 A 点土方量为:

$$V_A = \frac{1}{3}(m_1 h_a) 2 h_a = \frac{1}{3} m_1^2 h_a^3 \tag{1-13}$$

AB、CD 两边土方量按平均断面法计算，如 AB 边的土方量为：

$$V_{ab} = \frac{F_a + F_b}{2} l_{ab} = \frac{m_1}{4}(h_a^2 + h_b^2) l_{ab} \tag{1-14}$$

AC、BD 两边分段按三角锥体计算，如 AC 边 AO 段的土方量为：

$$V_{ao} = \frac{1}{3}\left(\frac{m_1 h_a^2}{2} l_{ao}\right) = \frac{1}{6} m_1 h_a^2 l_{ao} \tag{1-15}$$

七、统计挖、填土方量

将计算的场地方格中挖、填方体积分别相加，即得全场地的总挖方量和总填方量：

$$V_w = \Sigma V_{wi},\ V_t = \Sigma V_{ti} \tag{1-16}$$

1.6 基坑、基槽和路堤的土方量如何计算？

(1) 基坑

图 1-5 基坑土方量计算

当自然地面比较平整时，可按立体几何中似柱体（图 1-5）体积公式计算：

$$V = \frac{h}{6}(A_1 + 4A_0 + A_2) \tag{1-17}$$

或

$$V = \frac{h}{3}(A_1 + \sqrt{A_1 A_2} + A_2) \tag{1-18}$$

式中　V——基坑土方体积；

A_1、A_2——基坑上下两底面积；

A_0——基坑中部横截面面积；

h——基坑深度。

如果自然地面不为水平面，尤其是当开挖大型基坑，各角的高差较大时，则取基坑的平均深度，按似柱体的体积计算其近似值。

(2) 基槽和路堤

纵向延伸较长的基槽或路堤（图 1-6）的土方量计算，常用断面法。当地面不平时，先沿长度方向分段，各段的长短是按长度方向的地形变化特点及要求计算精度而定，取 10m 或 20m 不等。然后根据地形图或现场实测标高，分别绘制各段的两端断面图，逐一计算出断面面积和各段土方量体积，即得总土方量：

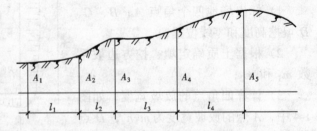

图 1-6 基槽或路堤纵断面

$$V = V_1 + V_2 + \cdots V_{n-1} = \frac{A_1 + A_2}{2} l_1 + \frac{A_2 + A_3}{2} l_2 + \cdots + \frac{A_{n-1} + A_n}{2} l_{n-1} \tag{1-19}$$

式中　　　　V——基槽或路堤的土方总体积；

$V_1, V_2, \cdots V_n$——基槽或路堤各段的土方体积；
$A_1, A_2, \cdots, A_n$——各段端部的横断面面积；
$l_1, l_2, \cdots l_{n-1}$——各段的长度。

1.7 影响边坡稳定的主要因素有哪些？如何防治？

在土方工程中挖或填成倾斜的自由面称为边坡。边坡的稳定主要是由土体内摩阻力和粘结力来保持的。一旦土体失稳，边坡就会塌方。

影响边坡稳定的因素主要有以下几点：

(1) 开挖太深，填筑过高，边坡太陡，使边坡内的土体自重增大，从而引起塌方；

(2) 雨水、地下水渗入基坑（槽），使土体泡软，土的表观密度增大，内聚力减小，抗剪强度降低，这是造成塌方的主要因素；

(3) 基坑（槽）的边坡顶面临近坡缘大量堆土或停放施工机具、材料、或由于动荷载作用，使边坡土体中的剪应力增大，从而使其塌方。

综上所述，边坡塌方的原因主要是边坡内土体中的剪应力超过其抗剪强度。

防治边坡塌方的措施是：

(1) 既需注意防止边坡内浸水，也应尽量避免在边坡顶缘附近有附加荷载；否则，要加大边坡坡度。

(2) 选择适宜的边坡坡度。土方边坡坡度用土坡高度 h 与其水平投影宽度 B 之比来表示（如图 1-7a 所示）：

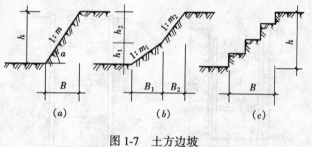

图 1-7 土方边坡
(a) 直线形；(b) 折线形；(c) 踏步形

$$\tan\alpha = \frac{h}{B} = \frac{1}{B/h} = \frac{1}{m} \quad (1-20)$$

式中，$m = B/h$ 称坡度系数。

适宜的边坡系数既应保证边坡稳定，也不应增多土方量。有时，为减少土方量，按地层土质情况，也可做成折线形或踏步形边坡，如图 1-7（b）、（c）所示。土质边坡坡度允许值应根据经验，按工程类比的原则并结合已有稳定边坡坡度值分析确定。当无经验，且土质均匀良好，地下水贫乏，无不良地质现象和地质环境条件简单时，一般按表 1-3 确定。

土质边坡允许值 表 1-3

边坡土体类别	状态	边坡坡度允许值（高宽比）	
		坡高小于 5m	坡高 5~10m
碎石土	密 实	1:0.35~1:0.50	1:0.50~1:0.75
	中 密	1:0.50~1:0.75	1:0.75~1:1.00
	稍 密	1:0.75~1:1.00	1:1.00~1:1.25
黏性土	坚 硬	1:0.75~1:1.00	1:1.0~1:1.25
	硬 塑	1:1.00~1:1.25	1:1.25~1:1.50

注：1. 表中碎石土的充填为坚硬或硬塑状态的黏性土。
2. 对于砂土或充填物为砂土的碎石土，其边坡坡度允许值应按自然休止角确定。

(3) 加设支撑护壁。当开挖基坑（槽）受地质或场地条件的限制而不能放坡，或为减少放坡土方量，以及有防止地下水渗入基坑（槽）要求时，均可采用加设支撑的方法，以保证施工的顺利和安全，并减少对相邻已有建筑物的不利影响。支撑方法有多种，一般按基坑（槽）开挖的宽度、深度或土质情况来选择。

1.8 常用的基坑支护有哪些形式？

基坑支护结构一般应根据水文地质条件、基坑开挖深度以及对周围环境影响程度和支护要求等选取重力式水泥土墙、板式支护结构、土钉墙等形式，在基坑支护设计中首先应考虑对周围环境的保护，其次要满足该工程地下结构施工的要求，同时应尽可能降低造价，便于施工。

基坑（槽）、管沟和一般的浅基坑的支护形式：

(1) 横撑式支撑。如图 1-8 所示，横撑式支撑多用于开挖较窄的基槽，根据挡土板的不同，分为水平挡土板式（图 1-8a）和垂直挡土板式（图 1-8b）两类，前者挡土板的布置又分断续式和连续式两种。

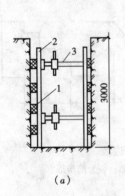
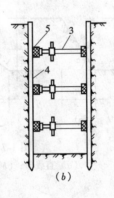
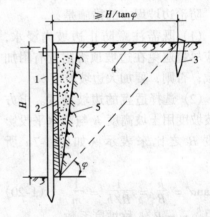

图 1-8 横撑式支撑
(a) 断续式水平挡土板支撑；(b) 垂直挡土板支撑
1—水平挡土板；2—立柱；3—工具式横撑；
4—垂直挡土板；5—横楞木

图 1-9 锚桩式支撑
1—桩柱；2—挡土板；3—锚桩；
4—拉杆；5—回填土

(2) 锚桩式支撑。当开挖宽度较大的基坑时，如用横撑会因其自由长度大而稳定性差，此时可用锚桩式支撑，如图 1-9 所示。

(3) 板桩支撑。在土质差、地下水位高的情况下，开挖深且大的基坑时，常采用板桩作为土壁的支护结构。它既可挡土也可挡水，又可避免流砂的产生，防止临近地面下沉。

板桩结构分为板桩墙与拉杆（图 1-10）两部分。板桩墙常用的材料有型钢和钢筋混凝土。

(4) 重力式支护结构。水泥土搅拌桩（或称深层搅拌桩）支护结构是近年来发展起来的一种重力式支护结构。它是通过搅拌桩机将水泥与土进行搅拌，形成柱状的水泥加固土（搅拌桩）。由水泥土搅拌桩搭接而形成水泥土墙，它既具有挡土作用，又兼有隔水作用。水泥土墙通常布置为格栅式，如图 1-11 所示。

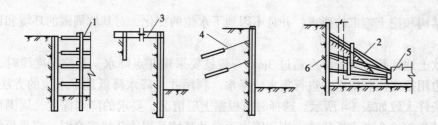

图 1-10 板桩结构
1—钢构架；2—斜撑；3—拉杆；4—土锚杆；5—先施工的基础；6—板桩墙

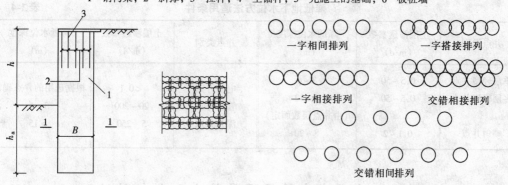

图 1-11 水泥土墙
1—搅拌桩；2—插筋；3—面板

图 1-12 钢筋混凝土灌注桩排布置形式

(5) 排桩式支护。排桩式支护结构常用的构件有型钢桩、混凝土或钢筋混凝土灌柱桩和预制桩，支撑方式有钢及钢筋混凝土内支撑和锚杆支护。排桩式支护的布置形式有稀疏排桩支护、连续排桩支护和框架排桩支护。

桩排的布置形式与土质情况，土压力大小、地下水位高低有关，分一字相间排列、一字相接排列、交错相接排列、交错相间排列等，见图 1-12。

(6) 土钉支护。土钉支护是以土钉作为主要受力构件的边坡支护技术，它由密集的土钉群、被加固的原位土体、喷射的混凝土面层和必要的防水系统组成。又称土钉墙。土钉是用作加固或同时锚固原位土体的细长杆件。通常采取土层中钻孔，置入变形钢筋并沿孔全长注浆的方法做成。土钉依靠与土体之间界面粘结力或摩擦力，在土体发生变形的条件下被动受力，主要是受拉力作用。

(7) 地下连续墙。在地质、水文条件不良的地区，或在城市开挖很深的基坑时放坡即受限制，如用直壁开挖（如用钢板桩支护）和井点降水的方法，打钢板桩会使邻近地面受到振动而增大地基荷载；井点降水会使水中的孔隙水排出，孔隙水压力下降或消散，都能产生地面的附加沉降。而地下连续墙既可挡土护壁，截水防渗，也可用作承受上部结构荷载。地下连续墙作为临时性支护措施不经济，常用作永久性结构，目前在高层建筑或地下结构的深基础工程中选用较多。

1.9 降低地下水位的方法有哪些？其适用范围如何？

基坑工程中的降低地下水位也称地下水控制，即在基坑工程施工过程中，地下水要满足支护结构和挖土施工的要求,并且不因地下水位的变化,对基坑周围的环境和设施带来危害。

在软土地区基坑开挖深度超过 3m,一般就要采用井点降水。开挖深度浅时,也可以边开挖边用排水沟和集水井进行集水坑降水。利用井点降水降低地下水位的方法有多种,其适用条件大致如表 1-4 所示。选择时应根据土层情况,要求的降水深度,周围环境,支护结构种类等综合考虑后优选。当用降水而危及基坑及周边环境安全时,宜采用截水或回灌方法。

降低地下水位方法适用条件　　　　　表 1-4

井点类别	土层渗透参数 (m/d)	降低水位深度 (m)	井点类别	土层渗透参数 (m/d)	降低水位深度 (m)
单层轻型井点	0.5~50	3~6	电渗井点	<0.1	根据选用的井点确定
多层轻型井为	0.5~50	6~12 (由井点层数而定)	管井井点	20~200	3~5
喷射井点	0.1~2	8~20	深井井点	5~250	>15

1.10 流砂产生的原因是什么?如何防治?

粒径很小的非黏性土,在动水压力作用下,土颗粒极易失去稳定,而随地下水一起流动涌入坑内,这种现象称为流砂,也称为管涌冒砂。

1. 产生流砂的原因

产生流砂的原因有其外因和内因。外因取决于外部水位条件,内因取决于土的性质。

(1) 产生流砂的外因

地下水的渗流对单位土体内的土颗粒产生的压力称为动水压力,用 P_D 表示,它与单位土体内渗流水受到土颗粒的阻力 T 大小相等、方向相反。如图 1-13 所示,水在土体内从 A 向 B 流动,沿水流方向任取一土柱体 AB,其长度为 L,横断面积为 S,两端点 A、B 之间的水头差为 $H_A - H_B$。计算动水压力时,考虑到地下水的渗流加速度很小 ($\alpha \approx 0$),因而忽略惯性力。

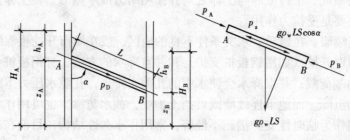

图 1-13 饱和土体中动水压力的计算

作用于 AB 土体上的力有:

① P_A、P_B 为 A、B 两端的静水压力,$P_A = g\rho_u h_A S$,$P_B = g\rho_u h_B S$,其中 g 为重力加速度,ρ_w 为水的体积质量,S 为截面面积;

②土柱体内水的重量（等于饱和土柱中孔隙水的重量与土颗粒所受浮力的反力之和）$g\rho_w LS$；

③P_z 为土柱体中的土颗粒对渗流水的总阻力，$P_z = TLS$，T 为土体的阻力。

根据静力平衡条件，得

$$P_A - P_B - P_Z + g\rho_w LS\cos\alpha = 0$$

将 $\cos\alpha = \dfrac{z_A - z_B}{L}$ 代入上式，可得

$$T = g\rho_w \frac{(h_A + z_A) - (h_B + z_B)}{L} = h\rho_w \frac{H_A - H_B}{L} \lg\rho_w \tag{1-21}$$

式中 $I = \dfrac{H_A - H_B}{L} = \dfrac{\Delta H}{L}$ 称为水力坡度（或水力坡降）。

根据作用力与反作用力定律知，土粒对渗流水作用以阻力 T，则渗流水对土粒作用以动水压力 P_D，其大小相等，方向相反，即

$$P_D = -T = -I\gamma_w \tag{1-22}$$

由此式可知：动水压力与水力坡度成正比；动水压力的作用方向与水流方向相同。

由于动水压力与水流方向一致，所以当水在土中渗流的方向改变时，动水压力对土就会产生不同的影响。如水流从上向下，则动水压力与重力方向相同，加大土粒间的压力。如水流从下向上，则动水压与重力方向相反，减小土粒间压力，也就是土粒除了受水的浮力外，还要受到动水压力向上举的趋势。如果动水压力等于或大于土的有效重度 γ'，即

$$P_D \geqslant \gamma' \tag{1-23}$$

此时，土粒即可能失去自重，在动水压力作用下处于悬浮状态，随着渗流的水一起流动，即出现所谓流砂。

(2) 产生流砂的内因

由土的三相比例指标换算公式可知，土的有效重度与孔隙的比的关系：

$$\gamma' = \gamma_{sat} - \gamma_w = \frac{d_s - 1}{1 + e}\gamma_w \tag{1-24}$$

式中 γ_{sat}——土的饱和重度；

d_s——土的密度；

e——土的孔隙比。

所以，土粒愈细，孔隙比愈大，有效重度愈小，就愈容易产生流砂。黏性土的粒径虽小，但有粘结力，若将土粒互相粘结为整体，即可提高抵抗动水压力的能力。

流砂一般容易发生在粉质黏土、细砂、粉砂和淤泥中。所以，为避免施工过程出现流砂，施工前即应了解工程场地的地质、水文情况，以便预先采取措施防治。

2. 流砂的防治措施

防治流砂的途径有：一是减少或平衡动水压力；二是设法使动水压力方向向下；三是截断地下水流。其具体措施有：

(1) 枯水期施工：因地下水位低，坑内外水位差和动水压力小，因此不易产生流砂。

(2) 抛大石块法：在施工过程中如发生局部的或轻微的流砂，可组织人力分段抢挖，使挖土速度超过冒砂速度，挖至标高后，立即铺设芦席并抛大石块，增加土的压重，以平衡动水压力。

(3) 打钢板桩法：将板桩沿基坑周围打入坑底面一定深度，增加地下水从坑外流入坑内的渗流路线，从而减小水力坡度，降低动水压力，防止流砂发生。

(4) 水下挖土法：就是不排水施工，使坑内外的水压相平衡，不致形成动水压力。

(5) 人工降低地下水位法：如采用轻型井点、喷射井点及管井井点等，由于地下水的渗流向下，使动水压力的方向也朝下，增大土粒间的压力，从而有效地制止流砂的产生。

(6) 地下连续墙法：沿基坑四周筑起一道连续的钢筋混凝土墙，截止地下水流入基坑内。

以上流砂防治的各种方法，需视工程条件选定，但还要权衡其技术经济效果。通常以用井点降水方法为多，并可与钢板桩配合使用。

1.11 井点降水的原理是什么？施工时降低地下水位有何作用？

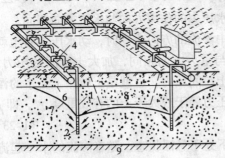

图1-14 轻型井点系统降低地下水位示意
1—井点管；2—滤管；3—总管；4—弯联管；
5—水泵房；6—原地下水位线；7—降低后的地下水位线；8—基坑；9—不透水层

开挖土质不好且地下水位较高的深基坑（槽）时，应采用井点降水的方法。即在基坑开挖前，预先在基坑四周埋设一定数量的滤水管（井），在基坑（槽）开挖前和开挖过程中，从管（井）内不间断抽水排出，使其四周地下水位下降而形成水位降落漏斗；漏斗的竖向外缘线称为水位降落曲线。当各管（井）所形成的水位降落曲线互相衔接时，大面积的水位即降落至基底以下（图1-14）。降低地下水后，可使所挖的土始终保持干燥状态，从根本上防止了流砂的发生，改善了工作条件；同时土内水分排除后，边坡可改陡，减少了挖土量。此外，由于动水压力向下作用，可以加速地基土的固结，防止基底隆起，以利于提高工程质量。

1.12 轻型井点降水的设计步骤是什么？

轻型井点降水的设计步骤如下：

(1) 认真阅读拟降水工程的有关资料

包括工程地质资料、地基处理方法及基础形式、场地周围的环境等。

(2) 轻型井点的布置

布置轻型井点应根据基坑大小与深度、土质、地下水位高低与流向、降水深度要求而定。

1) 平面布置：当基坑（槽）宽度小于6m，且降水深度不超过5m时，一般可用单排井点，布置在地下水的上游一侧，其两端延伸长度一般不小于该坑（槽）的宽度为宜，如图1-15所示；如基坑宽度大于6m或土质不良，则宜采用双排井点。当基坑面积较大时，宜采用环形井点，如图1-16所示。为便于挖土机械和运土车辆出入基坑，环形井点也可在地下水的下游保留一段不设井管，而形成不封闭的布置。井管与坑壁距离不宜小于1m，以防止坑壁产生泄漏而影响抽水系统的真空度。井管间距应根据土质、降水深度、工程性质按计算或经验确定，一般为 0.8~1.6m。靠近河流处与总管四角部位，井管应适当加密。

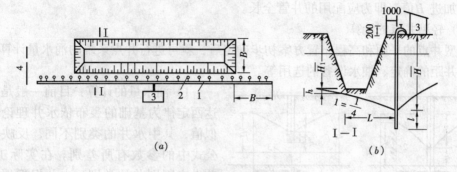

图 1-15 单排井点布置
(a) 平面布置；(b) 高程布置
1—总管；2—井点管；3—水泵房；4—地下水流向

2) 高程布置：高程布置即是井点系统的竖向布置，取决于基坑（槽）的开挖深度、地下水位高度、降水深度等条件。井管的埋设深度 $\overline{H}$（不包括滤管）可按下式计算（如图 1-15b 和 1-16b 所示）：

$$\overline{H} \geqslant \overline{H}_1 + \overline{h} + IL \tag{1-25}$$

式中　$\overline{H}_1$——总管平台面至基坑（槽）底的距离；

$\overline{h}$——坑（槽）底面至拟将降低的地下水位的距离，一般取 0.5~1.0；

I——水力坡度，可取实测或经验值，环形井点取 $I=\dfrac{1}{10}$，单排井点取 $I=\dfrac{1}{4}$；

L——单排井点时为井管至坑（槽）底的另一边缘水平距离，双排或环形井点时为井管至基坑中心的水平距离，两者的方向均为坑（槽）的宽度方向。

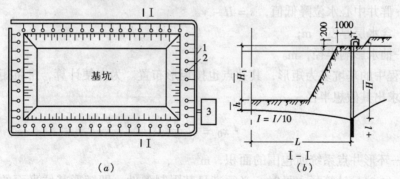

图 1-16 环形井点布置
1—总管；2—井点管；3—抽水设备

考虑到轻型井点系统中真空泵的实际真空度一般不能达到理论值，以及管路系统的水头损失和可能局部漏水等因素等都会影响有效吸水深度。因此，按上式计算出的井管的埋

设深度 $\overline{H}$ 不大于 6m，如计算出的 $\overline{H}$ 稍大于 6m 时，可降低井管的埋设面以减少井管的埋设深度，常采用降低总管的办法。为使井管与总管连接方便，井管上端露出地面 0.2～0.3m，加进 $\overline{H}$ 值，即为应配用的井管全长。

(3) 轻型井点的计算

轻型井点的平面和高程布置方案初步确定后，就可进行井点系统的涌水量计算、井管数量和井距的确定、抽水设备的选用等。

1) 涌水量的计算：目前一般是运用以达西定律为基础的裘布依水井理论求其近似值，其中水井的类别不同，反映在计算公式中的参数有所差别。在实际工程中，首先应判别井的类别。水井根据地下有无压力分为无压井和承压井。当水井布置在具有潜水自由面的含水层中时（即地下水面为自由水面），称为无压井（图 1-17a、b）；当水井布置在承压含水层中时（含水层中的地下水充满在两层不透水层间，含水层中的地下水面具有一定水压），称为承压井（图 1-17c、d）。另外，根据井底是否达到不透水层，可将水井分为完整井和非完整井，达到者为完整井（图 1-20a、c），否则为非完整井（图 1-17b、d）。在实际工

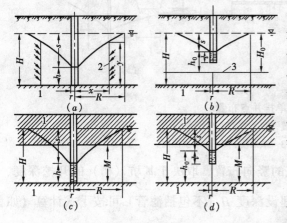

图 1-17 水井的分类
(a) 无压完整井；(b) 无压非完整井；(c) 承压完整井；
(d) 承压非完整井
1—不透水层；2—距井轴 x 处的渗流面；
3—抽水影响深度线

程中，以无压非完整井较为多见。

根据达西定律，推导出无压完整井的环形井点涌水量的计算式：

$$Q = 1.364K \frac{(2H - s)s}{\lg R - \lg x_0} \tag{1-26}$$

式中 s——群井中心水位降低值，$s = H - y$。
H——含水层厚度，m；
R——抽水影响半径，m。

实际工程中的基坑多为矩形，其井点也按矩形布置。为方便计算，常将矩形面积按等值圆计算并求出其假想半径 x_0：

$$x_0 = \sqrt{\frac{A}{\pi}} \tag{1-27}$$

式中 A——环形井点系统所包围的面积，m^2。

应用式 (1-26) 计算涌水量时，必须满足其限制条件，即矩形基坑平面的长宽比不大于 5，或基坑宽度不大于两倍的抽水影响半径；否则，需要先将基坑分块以满足上述条件，然后逐块计算涌水量，再相加即为总涌水量。

应用上述公式时，需要事先确定式中的 K 和 R 两个参数。

测定土的渗透系数 K 的方法有现场抽水试验和试验室测定两种。对于重大的工程，

宜采用现场抽水试验的方法。

抽水影响半径 R，与土的渗透系数、含水层厚度、水位降低值及抽水时间等因素有关。工程中常用库萨金公式来确定抽水影响半径：

$$R = 1.95s\sqrt{HK} \tag{1-28}$$

式中符号同前。该公式系经验公式，欠准确。所以现场仍以抽水试验的方法确定抽水影响半径 R。

无压非完整井的环形井点涌水量：无压非完整井的环形井点系统如图 1-18 所示。其涌水量的计算较为复杂，为了简化计算，仍可采用无压完整井的环形井点涌水量计算公式，只是式中的 H 应换成抽水影响深度 H_0（当井底距不透水层的距离很大时，抽水时扰动显然不能影响至下层），H_0 值系经验值，可查表 1-5 选用。当算得的 H_0 大于实际含水层厚度 H 时，则仍取 H 值。

抽水影响深度 H_0 值　　　　　　　　表 1-5

$\dfrac{s'}{s'+l}$	0.2	0.3	0.5	0.8
H_0/m	1.3 $(s'+l)$	1.5 $(s'+l)$	1.7 $(s'+l)$	1.85 $(s'+l)$

对于承压井，工程中不多见，在此从略。

2) 井管数量与井距的确定：首先根据地下水在土中的渗透速度、滤管的构造与尺寸，确定单根井管的最大出水量 q（m³/d）：

$$q = \pi dl v = 65\pi dl \sqrt[3]{K} \tag{1-29}$$

式中　d——滤管的直径，m；
　　　l——滤管的长度，m；
　　　v——地下水的渗透速度，m/d；
　　　K——土的渗透系数，m/d。

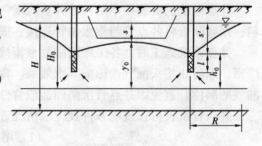

图 1-18　无压不完整井的环形井点计算简图

然后根据井点系统总涌水量 Q 和单根井管最大出水量 q，确定井管的最少根数 n：

$$n = 1.1\dfrac{Q}{q} \tag{1-30}$$

式中，1.1 为考虑井管堵塞等因素的备用系数。

根据井点系统布置方式，确定井管的最大间距 D_0（m）：

$$D_0 = \dfrac{L_0}{n} \tag{1-31}$$

式中　L_0——总管的全部长度，m。

实际采用的井管间距 D 应当与总管上接头尺寸相适应，即选取与计算值相近的标准距 0.8m、1.2m、1.6m 或 2.0m，而且以 $D < D_0$ 为宜，这样就需要对 n 作调整。有时用环形井点作不封闭布置时，也需要按经验对 D_0 和 n 作调整。调整后，应对井点系统范围内某一不利点的降水深度进行校核，可用下式检查其是否满足要求：

$$s_i = H - y_i = H - \sqrt{H^2 - \dfrac{Q}{1.364K}\left[\lg R - \dfrac{1}{n}\lg(x_1 \cdot x_2 \cdots x_n)\right]} \tag{1-32}$$

如果核算结果不能满足降水要求，则可调整井管的埋深或增加井管数量等，直至满足要求为止。

3) 抽水设备的选择

①真空泵：其类型有干式（往复式）和湿式（旋转式）两种。由于干式真空泵排气量大，在轻型井点降水中采用较多；湿式真空泵具有重量轻、振动小，容许水分渗入等优点，但排气量小，宜在粉砂土和黏性土中使用。干式真空泵的型号有 W_4、W_5、…W_7 等，选择时，除要求其所产生的真空度满足规定外，还要根据计算中的井管数和总管长度来选择相应的型号。

②水泵：常选用离心泵，选择时应根据井点系统总涌水量和井管吸水深度而定。

一般情况下，一套抽水设备的总管长度不大于 100~120m。当主管过长时，可采用多套抽水设备。

1.13 轻型井点系统是如何施工的？

轻型井点系统的施工主要包括施工准备、井点系统安装与使用。

井点施工前，应认真检查井点设备、施工机具、砂滤料规格和数量、水源、电源等准备工作情况。同时还要挖好排水沟，以便泥浆水的排放。为检查降水效果，必须选择有代表性的地点设置水位观测孔。

井点系统的安装顺序是：挖井点沟槽，敷设集水总管；冲孔，沉设井点管、灌填砂滤料；用弯联管将井点管与集水总管连接；安装抽水设备；试抽。

井点系统施工时，各工序间应紧密衔接，以保证施工质量。各部件连接接头均应安装严密，以防止接头漏气，影响降水效果。弯联管宜采用软管，以便于井点安装，减少可能漏气的部位，避免因井点管沉陷而造成管件损坏。

井点管沉设可按现场条件及土层情况选用下列方法：

（1）用冲水管冲孔后，沉设井点管；

（2）直接利用井点管水冲下沉；

（3）套管式冲枪水冲法或振动水冲法成孔后沉设井点管。

井点管沉设当采用冲水管冲孔方法进行时，可分为冲孔（图 1-19a）与沉管（图 1-19b）两个过程。冲孔时，先用起重设备将冲管吊起来并插在井点位置上，然后开动高压水泵，将土冲松，冲管则边冲边沉。冲孔所需的水压，根据土质不同，一般为 0.6~1.2MPa。冲孔时应注意冲管垂直插入土中，并作上下、左右摆动，以加剧土层松动。冲孔孔径不应小于 300mm，并保持垂直，上下一致，使滤管有一定厚度的砂滤层。冲孔深度应比滤管底深 0.5m 以上，以保证滤管埋设深度，并防止被井孔中的沉淀泥砂所淤塞。

井孔冲成后，应立即拔出冲管，插入井点管，紧接着

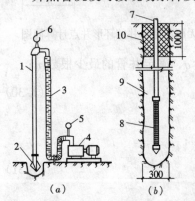

图 1-19 井管的埋设
(a) 冲孔；(b) 埋管与封口
1—冲管；2—冲头喷嘴；3—胶皮管；4—高压水泵；5—压力表；6—起重机吊钩；7—井管；8—滤管；9—砂过滤层；10—黏土封口

就灌填砂滤料，以防止坍孔。砂滤料的灌填质量是保证井点管施工质量的一项关键性工作。井点管要位于冲孔中央，使砂滤层厚度均匀一致；要用干净粗砂灌填，并填至滤管顶上 1~1.5m，以保证水流畅通。

每根井点管沉后应检验渗水性能，检验方法是：在正常情况下，当灌填砂滤料时，井点管口应有泥浆水冒出；如果管口没有泥浆水冒出，应从井点管口向管内灌清水，测定管内水位下渗快慢情况，如下渗很快，则表明滤管质量良好。

轻型井点系统安装完毕后，应立即进行抽水试验，以检查管路接头质量、井点出水状况和抽水机械运转情况等，如发现漏气、漏水现象，应及时处理。

轻型井点使用时，一般应连续抽水（特别是开始阶段）。时抽时停，滤网易堵塞，也容易抽出土粒，使出水混浊，并会引起附近建筑物由于土粒流失而沉降开裂；同时由于中途停抽，地下水回升，也会引起土方边坡坍塌等事故。

正常的排水是细水长流，出水澄清。抽水时需要经常检查井点系统工作是否正常，以及检查、观测井中水位下降情况，如果有较多井点管发生堵塞，影响降水效果时，应逐根用高压水反向冲洗或拔出重埋。

采用井点降水时，应对附近的地面及其上的建筑物进行沉降观测，以便采取防护措施。

1.14 推土机的工作特点如何？它适用于哪些土方工程？

推土机是在履带式拖拉机的前方安装推土铲刀（推土板）而成。按铲刀的操纵机构不同，推土机分为索式和液压式两种。索式推土机的铲刀借助本身的自重切土，在硬土中的切土深度较小；液压式推土机的铲刀借助油压的作用力强制切土，切土深度较大。同时，液压推土机的铲刀还可以调整角度，具有更大的灵活性。推土机能单独完成挖土、运土和卸土工作，具有操纵灵活、运转方便、所需工作面较小、行驶速度较快等特点。其主要适用于一至三类土的浅挖短运，如场地清理或平整，开挖深度不大的基坑以及回填，推筑高度不大的路基等。此外，还可以牵引其他无动力的土方机械，如拖式铲运机、松土器、羊足碾等。推运土方的运距，一般不超过100m。运距过长，土将从铲刀两侧流失过多，影响其工作效率。最为有效的运距为30~60m。铲刀刨土长度一般是6~10m。

1.15 铲运机的工作特点如何？它适用于哪些土方工程？

铲运机是一种能综合完成挖、装、运、填的机械，对行驶道路要求较低，操纵灵活，生产率较高。按行走机构可将铲运机分为拖拉式铲运机（图1-20）和自行式铲运机两种（图1-21）；按铲斗操纵方式，又可将铲运机分为索式和油压式两种。

铲运机一般适用于含水量不大于27%的一至三类土的直接挖运，常用于坡度在20°以内的大面积场地

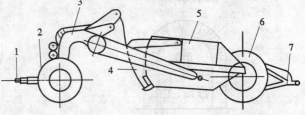

图1-20 C5-6型拖拉式铲运机
1—拖把；2—前轮；3—辕架；4—斗门；5—铲斗；6—后轮；7—尾架

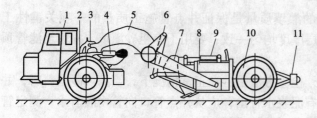

图 1-21 C4-7 型自行式铲运机
1—驾驶室；2—前轮；3—中央枢架；4—转向油缸；5—辕架；
6—提斗油缸；7—斗门；8—铲斗；9—斗门油缸；10—后轮；
11—尾架

平整、大型基坑的开挖、堤坝和路基的填筑等，不适于砾石层、冻土地带和沼泽地区使用。坚硬土开挖时要用推土机助铲或用松土器配合。拖拉式铲运机的运距以不超过 800m 为宜，当运距在 300m 左右时效率最高；自行式铲运机的行驶速度快，可适用于稍长距离的挖运，其经济运距为 800～1500m，但不宜超过 3500m。

铲运机的开行路线合理与否，直接影响生产效率，要预先根据挖填方区的分布合理地组织。开行路线一般有以下两种形式：

（1）环形路线，如图 1-22；
（2）8 字形路线，如图 1-23。

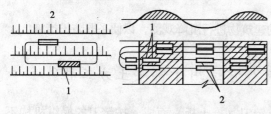

图 1-22 环形路线
（a）环形路线；（b）大循环路线
1—铲土；2—卸土

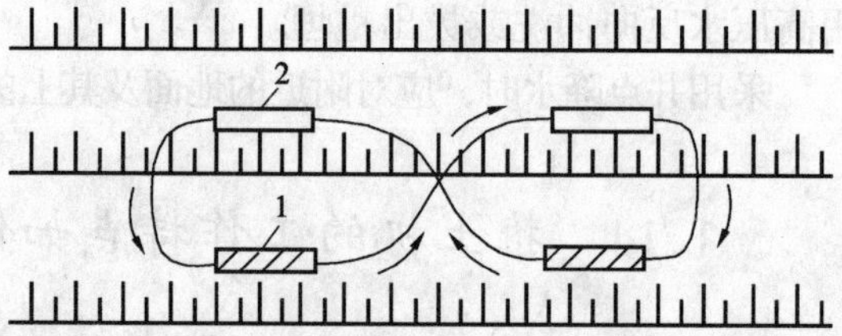

图 1-23 8 字形路线
1—铲土；2—卸土

1.16 正铲挖掘机的工作特点如何？它适用于哪些土方工程？

正铲挖掘机工作特点是土斗自下而上强制切土，随挖掘的进程向前开行，因此，正铲挖掘机一般开挖停机面以上的土，需配备运输车辆运土，其挖掘力大，生产率高，只适宜于开挖土质较好，无地下水位区域的一至四类土。

根据正铲挖掘机与运输汽车的相对位置不同，正铲挖掘机挖土和卸土有两种方式：

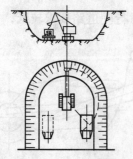

图 1-24 正铲挖土机正向
挖土后方卸土

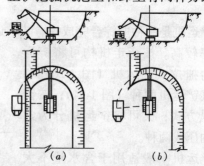

图 1-25 正铲挖土机正向挖土侧向卸土
（a）高侧卸土；（b）平侧卸土

(1) 正向挖土、后方卸土,如图1-24;

(2) 正向挖土,侧向卸土,如图1-25。

挖土机挖掘出的土方的几何断面称为工作面,也叫掌子面。工作面的大小和形状,一般根据机械的性能、挖土和卸土的方式以及土壤的性质等因素来确定。根据工作面的大小和基坑的断面,即可布置挖土机的开行通道。当基坑开挖的深度小,而面积大时,只布置一层通道,如图1-26所示,第一次开行采用正向挖土、后方卸土,第二、三次都可用正向挖土、侧向卸土,一次挖到底,出入口通道的位置可设在坑的两端,其坡度一般为1:8。当基坑的深度较大时,则通道可布置成多层。基底需要保留约300mm的保护层,以后用人工开挖,以免开挖时破坏基底原状土结构。

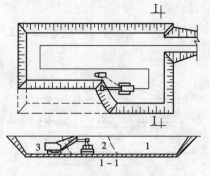

图1-26 正铲开挖基坑
1、2、3—通道断面及开挖顺序

1.17 反铲挖掘机的工作特点如何?它适用于哪些土方工程?

反铲挖土机的工作特点是土斗自上向下强制切土,随挖随行或后退,主要用于开挖停机面以下的土壤,不需设置进出口通道。其挖土深度和宽度取决于动臂与斗柄长,挖掘力比正铲小,适用于直接开挖一、二类土,常用于开挖深度不大的沟槽和基坑,以及水下挖土。

反铲挖掘机的开行路线有以下两种:

(1) 沟端开行:如图1-27(a)所示,挖土机位于基槽一端挖土,随挖随退,后退方向与基槽开挖方向一致。反铲挖土机如能在基槽两侧卸土,其最大挖土宽度为1.7倍挖土机的有效挖土半径。如基坑宽度超过1.7倍挖土机的有效挖土半径时,则可将基坑分条平行开挖,如图1-27(b)所示。

(2) 沟侧开行:如图1-27(c)所示,挖土机位于基槽一侧挖土,随挖随平行于基槽移动。由于挖土机移动方向与挖土方向相垂直,所以机身稳定性较差,开挖的深度和宽度均较小,最大宽度为0.8倍挖土机的有效挖土半径,但可就近卸土堆置。一般在场地宽敞的临时性窄沟开挖中采用。

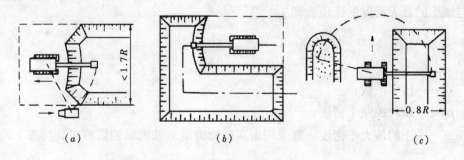

图1-27 反铲的开行方式
(a) 沟端开行;(b) 宽基坑分条沟端开行;(c) 沟侧开行

1.18 拉铲挖掘机的工作特点如何？它适用于哪些土方工程？

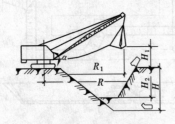

图 1-28 拉铲挖土机

拉铲挖土机如图 1-28 所示，其工作特点是利用土斗自重及拉索拉力切土，随挖随行或后退，主要用以开挖停机面以下的土层。由于其土斗悬吊在钢丝绳下面无刚性的斗柄，动臂又较长，施放土斗切土时，可利用土斗的惯性将其甩出动臂半径范围外，所以其挖土宽度和深度较大，一般用于开挖一至三类土的基坑（槽），也可用于开挖水下土。

1.19 抓铲挖掘机的工作特点如何？它适用于哪些土方工程？

抓铲挖土机的工作特点是土斗直上直下，借助土斗的自重切土抓取，用以开挖停机面以下的土层。其挖掘力较小，只能直接开挖一、二类土。由于其工作幅度小，移动频繁而影响效率，故一般用于开挖窄而深的独立柱的基坑、沉井等，特别适用于水下挖土。

如图 1-29 所示，抓铲挖土机一般由正、反铲挖土机更换工作装置而成，或由履带式起重机改装。其挖掘半径取决于主机型号、动臂长及仰角；可挖深度取决于所用的的钢索长度。

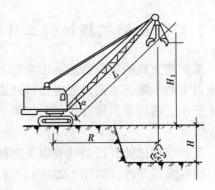

图 1-29 履带式抓铲挖土机

1.20 填土的密实度如何评价？

填土压实后应达到一定的密实度及含水量要求，密实度要求一般由设计根据工程结构的性质，使用要求以及土的性质确定。

填土的密实度和质量指标常用压实系数表示。压实系数（压实度）λ_c 为土的控制干密度与该土的最大密度的比值，即

$$\lambda_c = \frac{\rho_d}{\rho_{dmax}} \tag{1-33}$$

式中　λ_c——压实系数；

ρ_d——设计控制干密度；

ρ_{dmax}——土的最大干密度，宜采用击实试验确定。如无试验资料时，可按下式计算

$$\rho_{dmax} = \eta \frac{\rho_w d_s}{1 + 0.01 w_{op} d_s} \tag{1-34}$$

式中　η——经验系数，黏土取 0.95，粉质黏土取 0.96，粉土取 0.97；
　　　ρ_w——水的密度；
　　　d_s——土粒相对密度；
　　　w_{op}——最优含水量（%）；
　　　w_p——土的塑限。

压实系数一般由设计根据工程结构性质、使用要求以及土的性质确定；如未作规定，可参考表 1-6。

压实填土的质量控制　　　　　　　　　　　表 1-6

结构类型	填土部位	压实系数 λ_c	控制含水量（%）
砌体承重结构和框架结构	在地基主要受力层范围内	≥0.97	$w_{op} \pm 2$
	在地基主要受力层范围下	≥0.95	
排架结构	在地基主要受力层范围内	≥0.96	
	在地基主要受力层范围下	≥0.94	

注：1. 压实系数 λ_c 为压实填土的控制干密度 ρ_d 与最大干密度 ρ_{dmax} 的比值，w_{op} 为最优含水量；
　　2. 地坪垫层以下及基础底面标高以上的压实填土，压实系数不应小于 0.94。

施工前，应按 $\rho_d = \lambda_c \rho_{dmax}$ 确定设计控制干密度，作为检查施工质量的依据。

1.21　影响填土压实的主要因素有哪些？施工过程中如何保证填土压实的质量？

填土压实的质量，常用土的干密度 ρ_d 来衡量，干密度越大，其密实度也越大，影响填土压实的因素主要有：土的类别、含水量、压实功和铺土厚度。

（1）土的类别的影响

根据颗粒级配或塑性指数土可分为黏性土和非黏性土（砂土和碎石类土）。黏性土的颗粒小（$d < 0.005$ mm），孔隙比和压缩性大，颗粒的间隙又小，透气排水困难，所以压实过程慢，较难压实。而砂土的颗粒粗（$d = 0.005 \sim 2$ mm），孔隙比和压缩性小，颗粒的间隙大，透气排水性好，所以较容易压实。对这两类土施加相同的压力后，砂土所获得的干密度大于黏性土所获得的干密度。

（2）含水量的影响

填土中的含水量是影响压实效果的重要因素。土粒间含有适量的自由水，可在压实过程中起润滑作用，减小土粒间相对移动的阻力，因而易于压实；若土粒间含水量很小，在压实过程中不足以产生润滑作用，需要较大的压实功才能克服土粒间的阻力，所以难压实；如土粒间含水量过大，土体处于饱和状态，而水又是不可压缩的，施加的压实功的一部分为水所承受，则土体不可能压实。当压实功一定时，变化含水量至某一值，可使填土压实后获得某一最大干密度，该含水量称为最

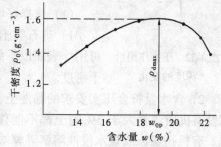

图 1-30　干密度与含水量的关系

佳水量，如图1-30所示。

(3) 压实功的影响

由试验知，在同类土中施加不同的压实功，可得到若干条相应的含水量ω与干密度ρ_0的关系曲线，如图1-31（a）所示。从图中可以看出：(1) 当填土中的含水量较小时，若要求压实效果相同，含水量不同，需要施加的压实功不同，即当要求压实效果相同时，干土要比湿土多消耗压实功；(2) 当填土中的含水量增大至某一限度时，压实功的增加也不能改善压实效果；(3) 当填土的含水量在某一适当值时，开始压实，土的干密度会急剧增加；待到接近土的最大干密度时，压实功虽增加许多，而土的干密度则没有多大变化，如图1-31（b）所示。由此可以看出，盲目增大压实功不仅不能增加压实效果，反而降低了压实功效。此外，大面积松土不宜用重型碾压机械直接滚压；否则，土层有强烈起伏现象，压不实。如果先用轻碾压实，再用重型碾压实就会取得较好效果。

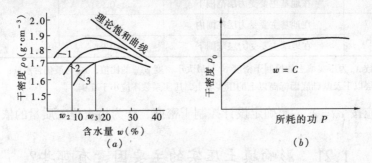

图1-31 压实功对填土压实的影响
（a）不同压实功对压实效果的影响；（b）压实功与干密度关系曲线
1、2—压实功较大的机械夯实曲线；3—压实功较小的人工夯实曲线

(4) 铺土厚度的影响

土层在压实功的作用下，其压应力随深度增加而逐渐减小（图1-32），因而土层经压实后，表层的密实度增加最大，超过一定深度后，则增加较小或没有增加。其影响深度与压实机械、土的性质和含水量等有关。铺土厚度应小于压实机械的影响深度，铺得过厚，需要的压实功则大，铺得过薄，则需增加总压实遍数。最优铺土厚度既能使土层压实又能使压实功耗费最少的铺土厚度。

为了保证填土达到密实性和稳定性的基本要求，施工时应从以下方面进行控制：

(1) 选择好填土的土料

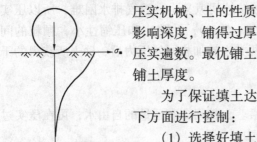

图1-32 压实作用沿深度的变化

1) 碎石类土、砂土和爆破石碴（粒径不大于每层铺厚的2/3）可用作表面以下的填料。级配良好的砂土，经压实后将得到很高的干密度。

2) 含水量符合压实要求的黏性土，可用作各层填料。淤泥、耕土、冻土、膨胀性土以及有机质含量大于5%的土都不能作为有压实要求的填土，因为这些土日久会出现渗水、有机物腐蚀或被水侵蚀溶解等弊端，均能产生较大的沉陷。

3) 填方中采用两种透水性不同的土料时，需分层铺填，不能混杂使用，以避免由于混杂不匀而在压实的土层中形成水囊（水囊中的水渗透扩散后，同样会发生沉陷）。一般要求下层铺筑透水性较大的土料，上层填筑透水性较小的土料，填方基土表面应作成适当的排水坡度以便泄水。边坡不得用透水性较小的填料封闭。

（2）控制适宜的含水量

黏性土填料施工含水量的控制范围，应在填土的干密度—含水量关系曲线中根据设计干密度确定。如无击实试验条件，设计压实系数为0.9时，施工含水量与最优含水量之差可控制在-4%～2%范围内，也可参考有关资料。经验认为，最优含水量大约为该类土的塑限含水量 ω_p 加2（即 ω_p+2）。如含水量偏高，可采用翻松、晾晒或均匀掺入干土、碎砖、生石灰等吸水性填料，乃至换选填料；如含水量偏低，可采用预先洒水润湿、增加压实遍数或使用大功能压实机械等措施。填料为碎石类土（充填物为砂土时，辗压前宜充分洒水湿透，以提高压实效果）。

（3）确定适宜的铺土厚度与压实遍数

适宜的铺土厚度应该是功能消耗少（即碾压遍数夯击次数少），工作效率高，即以压实的填土单位厚度中功能消耗最小者为好。填方每层铺土厚度和压实遍数应根据土质、压实系数和机具性能确定。

1.22 如何检查填土压实的质量？

填土施工过程中应检查排水措施、每层填筑厚度、含水量控制和压实程序。对有密实度要求的填土，在夯实或压实之后，要对每层填土的质量进行检查。

施工前应按 $\rho_d = \lambda_c \rho_{dmax}$ 确定设计控制干密度，作为检查施工质量的依据，检查压实后土的实际干密度，可采用环刀法（或灌砂法）取样，试样取出后，先称量出土的密度，并测定其含水量，然后用下式计算土的实际干密度 ρ_0：

$$\rho_0 = \frac{\rho}{1 + 0.01\omega} \tag{1-35}$$

式中　ρ——土的密度（g/m³）；

　　　ω——土的含水量（%）。

填土压实后所测得土的实际干密度 ρ_0 不应小于设计控制干密度 ρ_d；否则，应采取相应措施，提高压实质量。

每层取土样数量，应按相应规范规定执行。取样部位应在每层压实后的下半部。用灌砂法取样应为每层压实后的全部深度。

填土压实后的干密度应有90%以上符合设计要求，其余10%的最低值与设计值之差不得大于0.08g/cm³，且不应集中。

1.23 土方开挖与回填有哪些主要的安全技术措施？

（1）基坑开挖时，两人操作间距应大于2.5m。多台机械开挖，挖土机间距应大于10m。在挖土机工作时，不许进行其他作业。挖土应由上而下，逐层进行，严禁先挖坡脚或逆坡挖土。

（2）挖土方不得在危岩、孤石的下边或贴近未加固的危险建筑物的下面进行。

（3）基坑开挖应严格按要求放坡。操作时应随时注意土壁的变动情况，如发现有裂纹或部分坍塌现象，应及时进行支撑或放坡，并注意支撑的稳固和土壁的变化。当采取不放坡开挖，应设置临时支护，各种支护应根据土质及基坑深度经计算确定。

（4）机械多台阶同时开挖，应验算边坡的稳定，挖土机离边坡应有一定的安全距离，以防坍方，造成翻机事故。

（5）在有支撑的基坑（槽）中使用机械挖土时，应防止碰坏支撑。在坑（槽）边使用机械挖土时，应计算支撑强度，必要时应加强支撑。

（6）基坑（槽）回填土时，下方不得有人，所使用的打夯机等要检查电路线路，防止漏电、触电。停机时，要关闭电闸。

（7）拆除护壁支撑时，应按照回填顺序，从下而上逐步拆除；更换支撑时，必须先安装新的，再拆除旧的。

2 基 础 工 程

2.1 何谓预制桩和灌注桩？其各自的特点是什么？

预制桩是在工厂或施工现场制作的各种材料和形式的桩，如钢筋混凝土桩、钢管桩、型钢桩等，然后用沉桩设备将桩沉入土中。其中钢筋混凝土预制桩可制作成各种需要的断面及长度，最常见的有实心方桩和离心管桩两种。其承载力较大，桩的制作及沉桩工艺简单，不受地下水位高低变化的影响，在工程中应用较广。沉桩方法有锤击沉桩、振动沉桩、静压沉桩等。

灌注桩是在施工现场的桩位就地成孔，然后在孔内灌入桩体材料成桩，其中钢筋混凝土灌注桩应用最多，是在现场桩位上成孔，然后在孔内安放钢筋笼，浇筑混凝土成桩，成孔方法有泥浆护壁钻孔、套管成孔、干作业成孔及人工挖孔等。灌注桩与预制桩相比，可节约钢材、木材和水泥且施工工艺简单，成本降低，同时可以制成不同长度的桩以适应持力层的起伏变化，其缺点是施工操作要求较严，技术间隔时间较长，成桩后不能立即承受荷载。

2.2 桩架的作用是什么？如何确定桩架的高度？

桩架的作用是吊桩就位，悬吊桩锤，打桩时引导桩身方向并保证桩锤能沿着所要求方向冲击，因此，要求桩架稳定性好，锤击落点准确，可调整垂直度、机动性、灵活性好，工作效率高。确定桩架高度时应满足以下条件：

$$H \geqslant h_1 + h_2 + h_3 + h_4 + h_5$$

式中 H——桩架高度，m；

h_1——桩长，m；

h_2——滑轮组高度，m；

h_3——桩锤高度，m；

h_4——桩帽及锤垫厚度，m；

h_5——起锤工作余位高度，m；

2.3 桩锤的种类及特点是什么？如何选择桩锤？

桩锤是对桩施加冲击力，将桩打入土中的主要机具，有落锤、单动汽锤、双动汽锤和柴油锤、振动锤等。

落锤一般由生铁铸成,利用锤本身的重量自高处落下产生的冲击力将桩打入土中。重量1~5t,落锤构造简单,使用方便,提升高度可随意调整。每分钟打击速度为6~12次,效率较低。适用于在一般土层及黏土和含有砾石的土层中打桩。

单动汽锤是利用蒸汽或压缩空气的压力将锤头上举,然后自由下落冲击桩顶沉桩,其冲击部分是汽缸,工作时,高压蒸汽或压缩空气推动汽缸升起,达到顶部时,排出汽体,锤体自由下落夯桩击顶,将桩沉入土中。单动汽锤重量1.5~15t,每分钟打击次数为20~80次,适用于各种桩在各类土中施工。

双动汽锤是利用蒸汽或压缩空气的压力将锤头上举及下冲,增加桩锤的夯击能量。双动汽锤重量约0.6~6t,每分钟锤击次数为100~120次,适用于打各种材料、种类的桩,使用压缩空气时,可用于水下打桩。还可用于拔桩。

柴油锤是利用燃油爆燃产生的力,推动活塞上下往复运动进行沉桩的。分为导杆式和筒式两种(图2-1)。其冲击部分是沿导杆或缸体上下活动的活塞。首先,利用机械能将活塞提升到一定高度,然后迅速自由下落,这时汽缸中的空气被压缩,温度剧增;同时,柴油通过喷嘴喷入汽缸中被点燃,其作用力将活塞上抛,反作用力将桩击入土中。这样,活塞不断下落、上抛,循环进行将桩沉入土中。柴油锤的特点是整机质量轻、体积小,使用安装方便,不需外部能源及动力设备。可用于打木桩、板桩、钢板桩、钢筋混凝土桩。但施工中有噪声、污染和振动。另外,这种桩锤不适于在松软土中打桩。

振动锤又称激振器(图2-2),安装在桩头,用夹桩器将桩与振动箱固定。在电机的带动下,使振动锤中的偏心重锤相向旋转,其横向偏心力相互抵消,而垂直离心力则叠加,使桩产生垂直的上下振动,这时桩及桩周土体处于强迫振动状态,从而使桩周土体强度显著降低和桩尖处土体挤开,破坏了桩与土体间的粘结力,桩周土体对桩的摩阻力和桩尖处土体抗力大大减少,桩在自重和振动力的作用下克服惯性阻力而逐渐沉入土中。

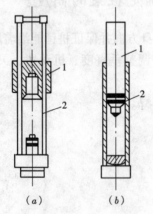

图2-1 柴油锤类型示意图

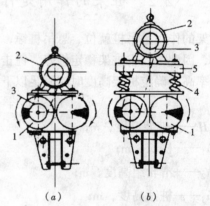

图2-2 振动桩锤构造示意图
(a)刚性式;(b)柔性式
1—激振器;2—电动机;3—传动带;
4—弹簧;5—加荷板

振动桩锤沉桩效率高,施工适应性强。可应用于粉质黏土、松散砂土、黄土和软土中的钢筋混凝土桩、钢桩、钢管桩的陆上、水上、平台上的直桩施工及拔桩施工。在砂土中效率最高,一般不适用于密实的砾石和密实的黏性土地基打桩,也不适用于打斜桩。

桩锤的类型，应根据施工现场的情况，机具设备的条件及工作方式和工作效率进行选择；然后根据现场工程地质条件，桩的类型、密集程度及施工条件来选择桩锤重。

2.4 为什么要确定打桩顺序？如何确定打桩顺序？

为了使桩能顺利地达到设计标高，保证质量及进度，减少因桩打入先后对邻桩造成的挤压和变位，防止周围建筑物破坏，打桩前应根据桩的规格、入土深度，桩的密集程度和桩架在场地内的移动方便来拟定打桩顺序。当桩的中心距小于4倍桩径时，打桩顺序尤为重要。打桩顺序影响挤土方向，打桩向哪个方向推进，则向哪个方向挤土。根据桩的密集程度，可选用下述打桩顺序：由一侧向单一方向进行（图2-3a）；自中间向两个方向对称进行（图2-3b）；自中间向四周进行（图2-3c）。第一种打桩顺序，打桩推进方向宜逐排改变，以免土朝一个方向挤压，而导致土挤压不均匀，对同一排桩，必要时还要采用间隔跳打的方式。对大面积的桩群，宜采用后两种打桩顺序，以免土受到严重挤压，使桩难以打入，或使先打入的桩受挤压而倾斜。大面积的桩群，宜分成几个区域，由多台打桩机采用合理的顺序进行打设。

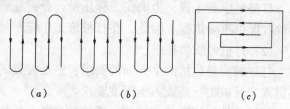

图 2-3 打桩顺序
(a) 由一侧向单一方向进行；(b) 由中间向两个方向进行；(c) 由中间向四周进行

2.5 锤击打桩的施工工艺和质量控制要点是什么？

(1) 锤击打桩施工工艺

1) 定锤吊桩

定锤是打桩机就位后，将桩锤和桩帽吊起固定在桩架上，使锤底高度高于桩顶，便于吊桩。吊桩是利用桩架上的钢丝绳和卷扬机将桩提升就位。桩提升到垂直状态后，送入桩架导杆内，稳住桩顶后，先使桩尖对准桩位，扶正桩身，然后将桩下放插入土中。这时桩的垂直度偏差不得超过0.5%。

桩就位后，在桩顶放上弹性衬垫，扣上桩帽，待桩稳定后，即可脱去吊钩，再将桩锤缓慢放在桩帽上。这时要求桩锤底面、桩帽上下面及桩顶应保持水平；桩锤、桩帽（送桩）和桩身中心线应在同一轴线上，在锤重作用下，桩将沉入土中一定深度，待下沉稳定后，再次校正桩位和垂直度后，即可开始打桩。

2) 打桩

开始沉桩应起锤轻压并轻击数锤，观察桩身、桩架、桩锤等垂直一致，方可正常施工。打桩宜"重锤低击"，重锤低击桩锤对桩头的冲击小，动量大，因而桩身反弹小，桩头不易损坏。另外，由于重锤低击的落距小，因而可以提高锤击频率，打桩速度快、效率高，对较密实的土层，如砂或黏土能较容易穿过。

打桩过程中应经常检查打桩架的垂直度，如偏差超过1%以上，应找出原因进行纠正，不得以强行回扳的方法纠偏，必要时拔桩重新回填桩孔再插入施打。在较厚的黏土或粉质黏土层中施打预制桩时，每根桩应连续施打，打桩过程间歇时间不宜太大。打桩过程应随时观察桩锤的回弹情况。如桩锤经常回弹太大，桩的入土速度慢，说明桩锤太轻，应更换桩锤；如桩锤发生突发的较大的回弹，说明桩尖遇到障碍，应停止锤击，找出原因后进行处理；打桩时还要随时注意贯入度的变化情况，当贯入度骤减或桩身突然发生倾斜、位移或桩锤有较大回弹，或桩身出现严重裂缝破碎等情况时，应暂停打桩，并及时会同有关单位研究处理。

打桩是隐蔽工程，为确保工程质量，分析处理打桩过程中出现的质量事故和对工程质量验收提供重要依据。因此，在打桩施工中应对每根桩的施打做好原始记录。

(2) 打桩的质量控制

打桩的质量包括两个方面的要求：一是位置的偏差是否在允许范围之内；二是能否满足贯入度及桩尖标高或入土深度要求。

打桩的控制原则是：桩端（指桩的全断面）位于一般土层时，以控制桩端设计标高为主，贯入度可作为参考。桩端位于坚硬、硬塑的黏土、中密以上粉土、砂土、碎石类土、风化岩石时，以贯入度控制为主，桩端标高可作参考；当贯入度已达到而桩端标高未达到时，应继续锤击3阵，按每阵10击的贯入度不大于设计规定的数值加以确认，必要时，施工控制贯入度应通过试验与有关单位会商确定。当桩端位于一般土层时，以控制桩端设计标高为主，贯入度可作参考。

2.6 何谓打桩的贯入度和最后贯入度？施工中应在什么条件下测定最后贯入度？

贯入度是指每锤击一次桩的入土深度。在打桩过程中常指最后贯入度，即最后一击桩的入土深度。实际施工中，一般是采用最后10击桩的平均入土深度作为其最后贯入度。

振动法沉桩是以振动箱代替桩锤，其质量控制是以最后三次振动（加压），每次10min或5min，测出每分钟的平均贯入度，以不大于设计规定的数值为合格。

测量最后贯入度应在下列正常条件下进行：桩锤的落距符合规定，桩帽和弹性衬垫等正常；锤击没有偏心，桩顶没有破坏或破坏处已凿平。

2.7 接桩的方法有几种？各适用于什么情况？

预制钢筋混凝土长桩，因受施工设备条件的限制，使单根预制桩的制作长度受到限制时，一般分成数节，分节打入，现场接桩。预制钢筋混凝土桩的分节长度应根据施工条件及运输条件确定，接头不宜超过两个。预应力管桩接头数量不宜超过四个。桩的连接方法有焊接、法兰接及硫磺胶泥锚接三种。前二种可用于各类土层；硫磺胶泥锚接适用于软土层，且对一般建筑桩基或承受拔力的桩宜慎重选用。

焊接法接桩（图2-4），钢板宜用低碳钢，焊条宜用E43，接桩一般在距地面1m左右进行，将上节桩用桩架吊起，对准下节桩头，用仪器校正垂直度，上下节桩的中心线偏差不得大于5mm，节点弯曲矢高不得大于桩长0.1%，且不大于20mm；焊接时应先将四角点焊固定，然后对称焊接，并确保焊缝质量和设计尺寸。

硫磺胶泥锚接法又称浆锚法（图2-5）。制桩时，在上节桩下端伸出四根锚筋，下节桩上端预留4个锚筋孔。接桩时，首先将上节桩对准下节桩，使四根锚筋插入锚筋孔（孔径为锚筋直径的2.5倍）。下落上节桩身，使其紧密结合。然后，将其上提约200mm（以四根锚筋不脱离锚筋孔为度），此时，安设好施工夹箍（由四块木板，内侧用人造革包裹40mm厚的树脂海棉块而成）。将熔化的硫磺胶泥注满锚筋孔内并使其溢出桩面，然后，使上节桩下落，当硫磺胶泥冷却并拆除施工夹箍后即可继续打桩或压桩。

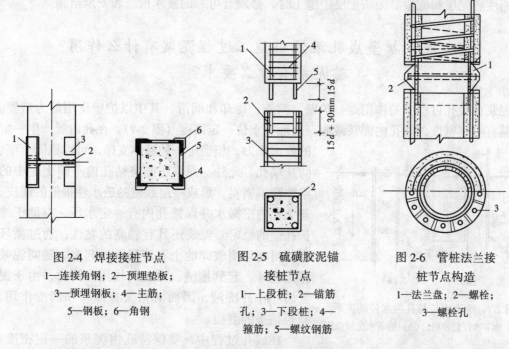

图2-4 焊接接桩节点
1—连接角钢；2—预埋垫板；
3—预埋钢板；4—主筋；
5—钢板；6—角钢

图2-5 硫磺胶泥锚接桩节点
1—上段桩；2—锚筋孔；3—下段桩；4—箍筋；5—螺纹钢筋

图2-6 管桩法兰接桩节点构造
1—法兰盘；2—螺栓；3—螺栓孔

法兰法接桩主要用于离心法成型的钢筋混凝土管桩中（图2-6），由法兰盘和螺栓组成。制桩时，用低碳钢制成的法兰盘与混凝土整浇在一起，接桩时，上下节之间用沥青纸或石棉板衬垫，垂直度检查无误后，在法兰盘的钢板中穿入螺栓，并对称地将螺帽逐步拧紧。锤击数次后，再拧紧螺帽，并用点焊焊固螺帽。法兰盘和螺栓外露部分涂上防锈油漆或防锈沥青胶泥，即可继续沉桩。法兰盘接桩速度快、质量好，但法兰盘制作工艺较复杂，用钢量大，造价高。

2.8 钢筋混凝土灌注桩的成孔方法有哪些？各适用于什么情况？

钢筋混凝土灌注桩常用的成孔方法有：泥浆护壁成孔灌注桩，干作业成孔灌注桩，套管成孔灌注桩，人工挖孔灌注桩等。

泥浆护壁钻孔灌注桩适用于地下水位以下的黏性土、粉土、砂填土、碎（砾）石土及风化岩层，以及地质情况复杂、夹层多、风化不均，软硬变化较大的岩层；冲击钻成孔灌注桩除适应以上地质情况外，还能穿透旧基础、大弧石等障碍物，但在岩溶发育地区应慎重使用。

干作业成孔灌注桩适用于地下水位以上的黏性土、粉土、填土、中等密实以上的砂土、风化岩层。

套管成孔灌注桩适用于黏性土、粉土、淤泥质土、砂土及填土；在厚度较大、灵敏度较高的淤泥和流塑状态的黏性土等软弱土层中采用时，应制定质量保证措施，并经工艺试验成功后方可实施。

人工挖孔灌注桩当在地下水位较高，特别是有承压水的砂土层、滞水层、厚度较大的高压缩性淤泥层和流塑淤泥质土层中施工时，必须有可靠的技术措施和安全措施。

2.9 泥浆护壁成孔灌注桩施工过程泥浆有什么作用？对泥浆有什么要求？

泥浆在成孔过程中的作用是：护壁、携渣、冷却和润滑，其中以护壁作用最为重要。泥浆具有一定密度，如孔内泥浆液面高出地下水位一定高度（图2-7），在孔内就产生一定的静水压力，相当于一种液体支撑，可以稳固土壁、防止塌孔。此外，泥浆还能将钻孔内不同土层中的空隙渗填密实，形成一层致密的透水性很低的泥皮，避免孔内壁漏水并保持孔内有一定水压，有助于维护孔壁的稳定。泥浆还具有较高的黏性，通过循环泥浆可将切削破碎的土石渣屑悬浮起来，随同泥浆排出孔外，起到携渣、排土的作用。同时，由于泥浆循环作冲洗液，因而对钻头有冷却和润滑作用，减轻钻头的磨损。

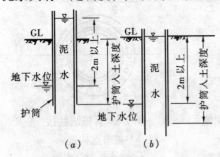

图2-7 地下水位与孔内水位的关系
（a）地下水位较浅时；（b）地下水位较深时

在成孔过程中，要保持孔内泥浆的一定密度。在砂土和较厚的夹砂层中泥浆密度应控制在$1.1 \sim 1.3 t/m^3$；在穿过砂类卵石层或容易塌孔的土层中泥浆密度应控制在$1.3 \sim 1.5 t/m^3$；在黏土和粉质黏土中成孔时，可注入清水，以原土造浆护壁，排渣时泥浆密度控制在$1.1 \sim 1.2 t/m^3$。泥浆可就地选择塑性指数$I_p \geq 17$的黏土调制，质量指标为黏土$18 \sim 22s$，含砂率不大于$4\% \sim 8\%$，胶体率不小于90%。成孔时应经常测定泥浆密度，并定期测定黏度、含砂率和胶体率。当由于地下水稀释等原因使泥浆密度减小时，常采用添加膨润土来增大密度。

2.10 套管成孔灌注桩的施工要点是什么？

套管成孔灌注桩又称沉管灌注桩，按其成孔方法有锤击沉管灌注桩、振动沉管灌注桩等。施工工艺是采用锤击打桩机或振动打桩机将带有预制钢筋混凝土桩尖或带有活瓣式桩尖的一定直径的钢制桩管（上面开有加料口）沉入土中，然后在钢管内放入钢筋骨架，边浇筑混凝土，边锤击或边振动拔出钢管形成灌注桩。其工艺过程如图2-8所示。

锤击沉管灌注桩施工时，首先桩机就位，吊起桩管使其对准预先埋设在桩位的预制钢筋混凝土桩尖，放置麻（草）绳垫于桩管与桩尖连接处，以作缓冲层和防止地下水进入，然后缓慢放入桩管，套入桩尖压入土中；桩管上部扣上桩帽，并检查桩锤、桩帽、桩管、桩尖是否在同一垂直线上，桩管垂直度偏差应小于0.5%桩管高度，即可锤击沉管。初打应低锤轻击并观察桩管无偏移时方可正常施打。当桩管打至设计所要求的深度和贯入度后，用吊砣检查管内有无淤泥或渗水，并测孔深后，停止锤击，在管内放入钢筋笼，用吊斗将混凝土灌入桩管内，待混凝土灌满桩管后开始拔管。拔管过程应保持对桩管进行连续低锤密击，使钢管不断得到冲击振动，从而振密混凝土，拔管速度不宜过快而且要均匀，第一次拔管高度应控制在能容纳第二次所需要灌入的混凝土量为限，不宜拔得过高，应保证管内不少于2m高度的混凝土，在拔管过程应用测锤检查管内混凝土的下落情况，拔管速度对一般土层以不大于1m/min为宜，在软弱土层和软硬土交界宜控制在0.3~0.8m/min。拔管过程应向管内继续加灌混凝土，以满足灌注量的要求。

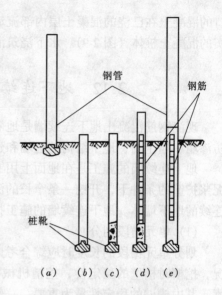

图2-8 沉管灌注桩施工过程
(a)就位；(b)沉钢管；(c)开始灌注混凝土；(d)下钢筋骨架继续浇筑混凝土；(e)拔管成型

2.11 水下浇筑混凝土的施工特点和对混凝土的要求是什么？

泥浆护壁成孔灌注桩混凝土的浇筑是在泥浆中进行的，故称为水下混凝土浇筑。浇筑水下混凝土必须在与周围环境水隔离的条件下进行。最常用的是导管法。导管作为水下混凝土的灌注通道，混凝土倾落时沿竖向导管下落，使混凝土不与环境水接触，导管的底部以适当的深度埋在灌入的混凝土内，导管内的混凝土在一定的落差压力作用，压挤下部管

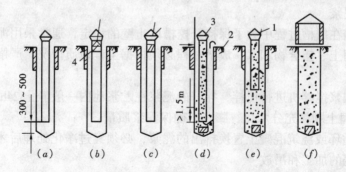

图2-9 滑阀式（隔水塞）导管法施工
(a) 安设导管（导管底部与孔底之间预留出300~500mm空隙）；(b) 悬挂隔水塞（或滑阀），使其与导管水面紧贴；(c) 灌入混凝土；(d) 剪断铁丝，隔水塞（或滑阀）下落孔底；(e) 连续灌注混凝土，上提导管；(f) 混凝土灌注完毕，拔出护筒
1—漏斗；2—灌注混凝土过程中排水；3—测绳；4—隔水塞（或滑阀）

口的混凝土在已浇的混凝土层内部流动、扩散，以完成混凝土的浇筑工作，形成连续的密实的混凝土桩体（图 2-9）。水下浇筑混凝土时对混凝土的要求见 2.12（6）。

2.12　地下连续墙的施工工艺要点是什么？

现浇钢筋混凝土地下连续墙是地下工程和基础工程中广泛应用的一项新技术，可作为防渗墙、挡土墙、地下结构的边墙和建筑物的基础。

地下连续墙的施工是在地面上用专门的挖槽设备，沿开挖工程周边已铺筑的导墙。在泥浆护壁的条件下，开挖一条窄长的深槽，后在槽内放置钢筋笼，浇筑混凝土，筑成一道连续的地下墙体。地下连续墙的施工技术比较复杂，特别应注意以下的工艺过程：

(1) 单元槽段划分

划分单元槽段的长度时应综合考虑现场水文地质条件，附近现有建筑（构筑）物的情况，挖槽时槽壁的稳定性，挖槽机械类型，钢筋笼的重量以及地下连续墙构造要求等因素，其中槽壁的稳定性最为重要，一般情况下，单元槽段的长度为 4~8m。

(2) 筑导墙

导墙主要作用为地下连续墙定线、定标高、支承挖槽机等施工荷载，挖槽时定向，存储泥浆，稳定浆位，维护上部土体稳定和防止土体坍落等。导墙的施工精度直接关系到地下连续墙的施工精度，因此，要特别注意导墙内净空尺寸、垂直与水平精度和平面位置等质量。导墙水平筋必须连接起来，使导墙成为一个整体。

(3) 槽段开挖

地下连续墙的槽段开挖，约占整个施工时间的一半以上，因此要根据土质条件，施工精度要求及工期要求，选择好成槽机械进行施工。槽段挖掘时要严加控制垂直度和偏斜度，开槽速度应根据地质情况、机械性能、成槽精度要求等条件来确定，要连续作业，钻进过程应保持护壁泥浆不低于规定高度。对有承压水及渗漏水的地层，应加强对泥浆的调整和管理，以防止大量水进入槽内稀释泥浆而危及槽壁安全。

(4) 护壁泥浆

地下连续墙在成槽过程中为了保持开挖槽段土壁的稳定，通常采用泥浆护壁。泥浆的主要成分是膨润土、掺合物和水。成槽过程必须根据工程地质情况，严格控制泥浆的性能指标。

泥浆应用泥浆搅拌机进行搅拌，拌好的泥浆在贮浆池内一般静止 24h 以上，最低不少于 3h，以便膨润土颗粒充分水化、膨胀，确保泥浆质量。

通过沟槽循环或浇筑混凝土置换排出的泥浆，必须经过净化处理后才能继续使用。

(5) 钢筋笼的加工和吊放

钢筋笼应根据地下连续墙体的钢筋设计尺寸和单位槽段，接头形式及现场起重能力等确定。其宽度应按单元槽段组装成一个整体，分节制作的钢筋笼应在制作台上预先进行试装配，组装时，必须预定插入浇筑混凝土导管的位置；为了保证钢筋笼的保护层厚度，可在钢筋笼外侧焊上用扁铁弯成的板式垫块，以固定钢筋笼的位置。

钢筋笼是整体吊装的，制作时应保证钢筋笼在吊运过程中有足够的刚度。

钢筋笼应在清槽换浆液 3~4h 内吊放完毕。钢筋笼插入槽内时，应对准中心，并防止左右摆动而损伤槽壁。

(6) 混凝土的浇筑

地下连续墙混凝土的浇筑是采用水下浇筑混凝土的导管法进行的，考虑到该施工工艺，混凝土配合比设计应比设计强度提高5MPa。水泥应采用42.5级或52.5级普通硅酸盐水泥或矿渣水泥，石子宜用卵石，最大粒径不大于导管内径的1/6和钢筋最小净距的1/4，且不大于40mm；使用碎石粒径宜为0.5~20mm，砂宜用中粗砂；水压比不大于0.60；单位水泥用量不大于370kg/cm³；砂率宜为40%~45%；混凝土应具有良好的和易性，施工坍落度宜为18~20cm，并有一定的流动度保持率。

(7) 接头施工

地下连续墙混凝土浇筑时，相邻的单元槽段的施工接头，最常用的是接头管方式，接头钢管在钢筋笼吊放前用吊车吊放入槽段内，管外径等于槽宽，起到侧模作用，接着吊入钢筋笼并浇筑混凝土。在槽段混凝土初凝前，用千斤顶或卷扬机转动及提动接头管，以防接头管与混凝土粘结。在混凝土浇筑后2~4h，先每次拔0.1m左右，拔至0.5~1.0m时，如无发现异常现象，则可每隔30min拔出0.5~1.0m，直至将接头管拔出，然后，进行下一单元槽段的施工。

2.13 何谓沉井基础？其施工方法与特点是什么？

沉井是用混凝土或钢筋混凝土制成的井筒（下有刃脚，以利于下沉和封底）结构物。施工时先按基础的外形尺寸，在基础的设计位置上制造井筒，然后在井内挖土，使井筒在自重（有时须配重）作用下，克服土的摩阻力缓慢下沉，当第一节井筒顶下沉接近地面时，再接第二节井筒，继续挖土，如此循环往复，直至下沉到设计标高，最后浇筑封底混凝土，用混凝土或砂砾石充填井孔，在井筒顶部浇筑钢筋混凝土顶板，即成为深埋的实体基础，如图2-10所示。

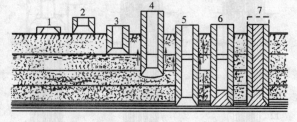

图2-10 沉井施工过程示意图
1—开始浇筑；2—接高；3—开始下沉；4—边下沉边接高；
5—下沉至设计标高；6—封底；7—施工内部

沉井基础既是结构基础，又是施工时的挡土、防水围堰结构物，其埋置深度大、整体性强、稳定性好、刚度大，能承受较大的上部荷载，且施工设备和施工技术简单，节约场地，所需净空高度小。沉井可在墩位筑岛制造，井内取土靠自重下沉，也可采用辅助下沉措施，如采用泥浆润滑套、空气幕等方法，以便减小下沉时井壁摩阻力和井壁厚度等。

刃脚在井筒最下端，形如刀刃，在沉井下沉时起切入土中的作用，井筒是沉井的外壁，在下沉过程中起挡土作用，同时还需有足够的重量克服筒壁与土之间的摩阻力和刃脚底部的土阻力，使沉井能在自重作用下逐步下沉。

在施工沉井时，要注意均衡挖土，平稳下沉，如有倾斜则及时纠偏。

2.14 何谓管柱基础？其施工方法与特点是什么？

管柱基础的施工是在水面上施工，不受季节性影响，能尽量使用机械设备，改善劳动条件，提高工效，加速工程进度，降低成本。管柱基础适用于各种土质的基底，尤其是在水深、岩面不平、无覆盖层或覆盖层很厚的自然条件下，不宜修建其他类型的基础中使用。

管柱基础按条件的不同，施工方法也不同，一般可分为：需要设置防水围堰的低承台或高承台基础和不需要设置防水围堰的低承台或高承台基础两类。两类施工方法以前者比较复杂，如图2-11所示。管柱基础在施工时，必须设置控制管柱倾斜和防止位移的导向结构，导向结构应布置在便于下沉和接高管柱处。

管柱分为管柱体、连接措施和管靴三部分。管柱体有钢筋混凝土管柱、预应力混凝土管柱和钢管柱三种。钢筋混凝土管柱在下沉振动不大的情况下采用，适用于入土深度不大于25m，常用的直径为1.55～5.8m；预应力混凝土管柱的下沉深度大于25m，能承受较大的振动荷载，管壁抗裂性强，常用的直径为3.0～3.6m；钢管柱的直径为1.4～3.2m。管柱是采用分段预制，分段接长，其分节长度可由运输设备、起重能力及构件情况而定。连接措施一般采用法兰栓结。管靴置于管柱最下节，以便于管柱下沉时，使管柱穿越覆盖层或切入基岩风化层中，要求管靴具有足够的强度和刚度。

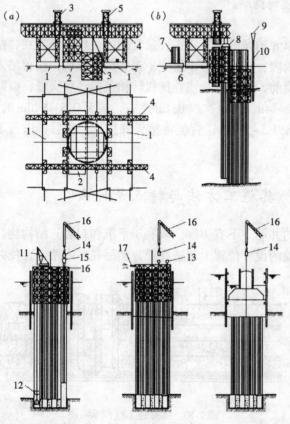

图2-11 设置防水围堰管柱基础施工示意图
(a) 拼装围图 围图下沉；(b) 管柱下沉插打钢板桩柱管柱插孔
1—导向船；2—拼装铁驳；3—钢围；4—连接梁；5—天车；6—运输铁驳；7—管柱；8—振动打桩机；9—打桩机；10—钢板桩；11—钻机；12—钻头；13—灌筑混凝土导管；14—混凝土吊斗；15—钻机平台；16—吊机；17—吸泥机

管柱下沉应根据覆盖层土质和管柱下沉深度等采用不同的施工方法。有振动沉桩机振动下沉，振动与管内除土下沉，振动配合吸泥机吸泥下沉，振动配合高压射水下沉，振动配合射水、射风、吸泥下沉等。施工时，根据土质、管柱下沉深度、结构特点、振动力大小及其对周围建筑设施的影响等具体情况规定振动下沉速度的最低限度，每次连续振动时间不宜超过5min。管柱下沉到设计标高后，管柱内安放钢筋骨架后进行水下混凝土浇筑。

2.15 如何进行桩基础工程的验收？

验收桩基工程，应检验是否符合设计要求和施工质量验收规范的规定，在验收前，不得切去混凝土预制桩和灌注桩的桩顶。

桩基工程的桩位验收，除设计有规定外，应按下述要求进行：当桩顶设计标高与施工场地标高相同时，或桩基施工结束后，有可能对桩位进行检查时，桩基工程的验收应在施工结束后进行。当桩顶设计标高低于施工场地标高，送桩后无法对桩位进行检查时，对打入桩可在每根桩桩顶沉至场地标高时，进行中间验收，待全部桩施工结束，承台或底板开挖到设计标高后，再做最终验收。对灌注桩可对护筒位置做中间验收。

工程桩应进行承载力检验。对于地基基础设计等级为甲级或地质条件复杂，或成桩质量可靠性低的灌注桩，应采用静载荷试验的方法进行检验，检验桩数不应小于总数的1%，且不应少于3根，当总数少于50根时，不应少于2根。

桩身质量应进行检验。对设计等级为甲级工地质条件复杂，成桩质量可靠性低的灌注桩，抽检数量不应少于总数的30%，且不应少于20根；其他桩基工程的抽检数量不应少于总数的20%，且不应少于10根；对混凝土预制桩及地下水位以上且终孔后经过核验的灌注桩、检验数量不应少于总桩数的10%，且不得少于10根。每个柱子承台下不得少于1根。

桩基工程验收时，应提交下列资料：

（1）工程地质勘察报告、桩基施工图、图纸会审纪要、设计变更及材料代用通知单等；

（2）桩位测量放线图，包括工程桩位线复核签证单；

（3）制作桩的材料试验记录、成桩质量检查报告；

（4）单桩承载力检测报告；

（5）基坑挖至设计标高的基础竣工平面图及桩顶标高图。

3 砌筑工程

3.1 砌筑工程中的垂直运输机械主要有哪些？各有何特点？

砌筑工程垂直运输量很大，在施工过程中不仅要运送大量的建筑材料，而且要运送大量的施工工具和各种预制构件。目前常用的垂直运输设施有轻型塔式起重机、井架、龙门架、施工电梯等。

塔式起重机具有提升、回转、水平运输等功能，不仅是重要的吊装设备，而且也是重要的垂直运输设备，尤其在吊运长、大、重的物料时有明显的优势，故在可能条件下宜优先选用。

井架（图3-1）稳定好、运输量大，是砌体工程施工中最常用的垂直运输设施，可用型钢或钢管加工成定型产品，也可用脚手架材料搭设而成。井架多为单孔，也可构成两孔或多孔井架，内设有吊盘。为扩大起吊运输的服务范围，常在井架上安装起重臂，臂长5~10m。起重能力为5~10kN。吊盘起重量能力为10~15kN，其中可放置运料的手推车或其他散装材料。搭设高度可达40m，需设缆风绳保持井架的稳定。

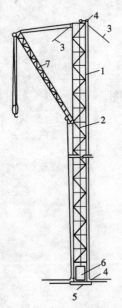

图3-1 钢井架
1—井架；2—钢丝绳；3—缆风绳；
4—滑轮；5—垫梁；6—吊盘；
7—辅助吊臂

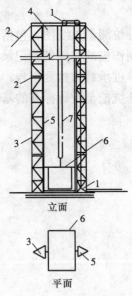

图3-2 龙门架
1—滑轮；2—缆风绳；3—立柱；
4—横梁；5—导轨；6—吊盘；
7—钢丝绳

龙门架是由两根三角形截面或矩形截面的立柱及天轮梁（横梁）组成的门式架。在龙门架上设滑轮、导轨、吊盘、缆风绳等，进行材料、机具和小型预制构件的垂直运输（图3-2）。龙门架构造简单、制作容易、用材少、装拆方便，但刚度和稳定性较差，一般适用于中小型工程。

施工电梯多为人、货两用，其主要由底笼（外笼）、驱动机构、安全装置、附墙架、起重装置和起重拔杆等构成。按驱动方式可分为齿条驱动和绳轮驱动两种。齿条驱动电梯又有单吊箱（笼）式和双吊箱（笼）式两种，并装有可靠的限速装置，适于20层以上建筑工程使用；绳轮驱动电梯为单吊箱（笼），无限速装置，轻巧便利，适于20层以下建筑工程使用。

3.2 砌筑砂浆的种类和适用范围有哪些？对砌筑砂浆有哪些要求？

砂浆是由胶结材料、细骨料及水组成的混合物。砂浆中常用的胶结材料有水泥、石灰等。细骨料以天然砂使用最多，有时也可以用细的炉渣等代替。此外还可以加入有塑化作用的掺合料。按照组成成分不同，砂浆可分为水泥砂浆、石灰砂浆和混合砂浆等几种。砂浆种类选择及其等级的确定，应根据设计要求。

水泥砂浆和混合砂浆用可于砌筑潮湿环境和强度要求较高的砌体，对基础，一般只用水泥砂浆。

石灰砂浆宜用于砌筑干燥环境中以及强度要求不高的砌体，不宜用于潮湿环境的砌体，因为石灰属气硬性材料，在潮湿环境中，石灰膏不但难以硬结，而且会出现溶解流散现象。

砂浆的拌制一般用砂浆搅拌机，要求搅拌均匀。

对新拌制的砂浆，要求必须具有良好的和易性。为了改善砂浆的和易性，便于施工操作，提高砌体灰缝的饱满程度，可在砂浆中掺入无机或有机塑化剂。

制备混合砂浆和石灰砂浆的石灰膏，应经筛网过滤，并在化灰池中熟化不少于7d，严禁使用脱水硬化的石灰膏。

砂浆应随拌随用。水泥砂浆和水泥混合砂浆必须分别在拌合后3h和4h内使用完；如施工期间最高气温超过30℃，必须分别在拌合后2h和3h内使用完毕。

3.3 砌筑用砖有哪些种类？其外观质量和强度指标有何要求？

砌筑用砖分为实心砖和空心砖两种。根据使用材料和制作方法的不同又分为烧结普通砖、蒸压灰砂砖、粉煤灰砖和炉渣砖等。黏土空心砖按用途又分为烧结空心砖和烧结多孔砖，烧结空心砖仅用于非承重部位。

常用烧结普通砖的尺寸为240mm×115mm×53mm。即4块砖长加4个灰缝为1m，8块砖宽加8个灰缝为1m，16块砖厚加16个灰缝为1m。通常以砖的抗压强度为主要标准来确定砖的强度等级，同时各强度等级的砖亦要分别满足一定的抗折强度要求。常用砖的强度等级有MU5.0、MU7.5、MU10、MU15、MU20、MU25和MU30号等。要求砖的尺寸准确，无缺棱、掉角、裂纹和翘曲现象。

3.4 砖砌体的质量要求是什么？

(1) 横平竖直

要求砌体灰缝应横平竖直，上下对齐，无游丁走缝。所以砌筑时必须立皮数杆、挂线砌筑，并应随时吊线、直尺检查和校正墙面的平整度和竖向垂直度。

(2) 灰浆饱满

要求砖砌体水平和竖向灰缝砂浆应饱满，实心砖砌体水平灰缝的砂浆饱满度不得低于80%。检查时，每检验批抽查不少于5处，用百格网检查砖底面与砂浆的粘结痕迹面积，每处掀3块取平均值。

灰缝应厚薄均匀。水平灰缝厚度和竖向灰缝的宽度一般为10mm，不应小于8mm，也不应大小12mm。根据门窗洞口、过梁、圈梁、层高等设计要求的标高，在保证砖砌体竖向整皮砌筑的前提下，可确定水平灰缝厚度和皮数杆上每皮砖的高度。

(3) 错缝搭接

砌体中的砖块应相互搭砌，无论表面或内部都不准出现通缝（上下二皮砖搭接长度小于25mm皆称通缝），以加强砌体的整体性。为此，应采用适宜的组砌方式。

(4) 接槎可靠

砖墙结构原则上应同时砌筑，以保证其整体性，但由于施工的需要，常常不得不做临时间断（即留槎），过后再接槎补齐。接槎处的砌体的水平灰缝填塞困难，如果处理不当，会影响砌体的整体性和抗震性能。接槎时，必须先将留槎处的表面砂浆清理干净，再浇水湿润，并保证砂浆饱满，灰缝平直通顺，使接槎处的前后砌体粘成整体。

3.5 砖墙的砌筑工艺及要求是什么？

砖墙的砌筑一般有抄平、放线、摆砖样、立皮数杆、盘角、挂线、砌筑、勾缝、清理等工序。

(1) 抄平放线

砌筑完基础或每一楼层后，应校核砌体的轴线和标高。

砌墙前先在基础面上按标准的水准点定出各层标高，并用1:3水泥砂浆或C10细石混凝土找平。然后根据龙门板上标志的轴线，弹出墙身轴线、边线及门窗洞口位置。二楼以上墙的轴线可以用经纬仪或垂球将轴线引测上去。

(2) 摆砖样（摆底）

按选定的组砌方法，在墙基顶面放线位置用干砖试摆砖样。目的是为了校对所放出的墨线在门窗洞口、附墙垛等处是否符合砖的模数，以尽可能减少砍砖，提高砌砖效率，并使砌体灰缝均匀，组砌得当。一般在房屋外纵墙方向摆顺砖、在山墙方向摆丁砖，摆砖由一个大角摆到另一个大角，砖与砖留10mm缝隙。

(3) 立皮数杆

皮数杆是方木或铝制的标志杆，上面画有每皮砖及灰缝的厚度，门窗口、过梁、楼板、梁底等的标高位置。砌筑时用来控制墙体竖向尺寸及各部位构件的竖向标高，并保证灰缝厚度的均匀性。

皮数杆一般设置在房屋的四大角以及纵横墙的交接处，如墙面过长时，应每隔10~15m立一根。皮数杆需用水平仪统一竖立，使皮数杆上的±0.00与建筑物的±0.00相吻合，以后就可以向上接皮数杆。

（4）盘角、挂线

砌墙是先从墙角开始，即在墙角部位根据皮数杆先砌若干皮砖，称为盘角，作为挂线的依据。墙角也是控制墙面横平竖直的主要依据，所以要求墙面必须双向垂直。

墙角砌好后，即可挂线，作为砌筑中间墙体的依据，以保证墙面平整，一般一砖墙可用单面挂线，一砖半墙以上则应用双面挂线。

（5）砌筑

为保证的砌筑质量要求，一般采用"三一砌砖法"，即一块砖、一铲灰、一揉压，并随手将挤出的砂浆刮去的砌筑方法。这种砌筑法的优点是灰缝容易饱满、粘结力好，墙面整洁。当选择铺浆法砌筑时铺浆长度不得超过750mm；施工期间气温超过30℃时，铺浆长度不超过500mm。在砌筑时还要做到"上跟线下跟棱"，即使砖的上棱对准挂线，下棱对准墙体的棱线。

（6）勾缝

勾缝是砌清水墙的最后一道工序，可以用砂浆随砌随勾缝，叫做原浆勾缝；也可砌完墙后再用1:1.5水泥砂浆或加色砂浆勾缝，称为加浆勾缝。勾缝具有保护墙面和增加墙面美观的作用，为了确保勾缝质量，勾缝前应清除墙面粘结的砂浆和杂物，并洒水润湿，在砌完墙后，应画出1cm的灰槽，灰缝可勾成凹、平、斜或凸形状。勾缝完后应清扫墙面。

3.6 砖墙临时间断处的接槎方式有几种？有何要求？

接槎是指相邻砌体不能同时砌筑而设置的临时间断，便于先砌砌体与后砌砌体之间的接合。为使接槎牢固，应保证接槎部位的砌体砂浆饱满，应砌成斜接，斜槎水平投影长度不应小于高度的2/3；如果留斜槎确有困难，也可留直槎，但必须砌成阳槎，并加设拉结筋如图3-3。拉结筋的数量为每12cm墙厚放置1φ6的钢筋（12cm厚墙放置2φ6的钢筋）；间距沿墙高不得超过50cm；埋入长度从留槎处算起，每边均不应小于50cm，抗震设防烈度为6度、7度的地区不应小于100cm；末端应有90°弯钩。抗震设防烈度8度及其以上地区不得留直槎。

对于设置钢筋混凝土构造柱的墙体，构造柱与墙体的连接处应砌成马牙槎，每一马牙槎沿高度方向的尺寸不宜超过300mm，并应沿墙高按设计要求设置拉结筋。施工时应先砌墙后浇构造柱。

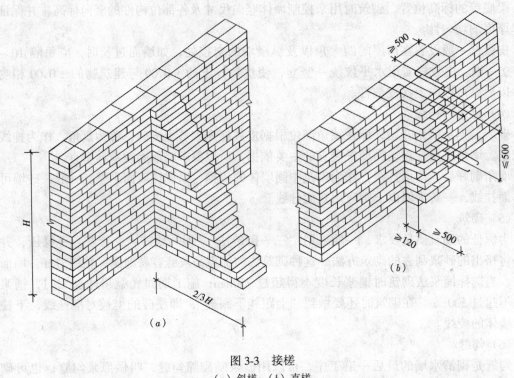

图 3-3 接槎
（a）斜槎；（b）直槎

3.7 中小型砌块施工前为什么要编排砌体排列图？编制砌块排列图应注意哪些问题？

由于中小型砌块体积较大、较重，不如砖块可以随意搬动，因此在吊装前应绘制砌块排列图，如图 3-4 所示，以指导吊装砌筑施工。

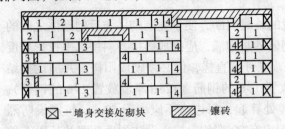

图 3-4 砌块排列图示例
1—主规格砌块；2、3、4—副规格砌块

砌块排列应按下列原则：

（1）尽量以主规格为主、副规格为辅排列，排列应符合模数。

（2）砌块应错缝搭接，搭砌长度不得小于块高的 1/3，且不应小于 150mm，当搭砌长度不足时，应在水平灰缝内设 2φ4 的钢筋网片，网片两端离该垂直灰缝距离不得小于 300mm。

（3）外墙转角处及纵横墙交接处，应交错咬槎同时砌筑，与后砌半砖隔墙交接处，应沿墙高每 800mm 在水平灰缝内设 2φ4 的钢筋网片。

（4）空心砌体外墙转角处，楼梯间四角的砌体孔洞内，宜配置不少于 1φ12 的竖向钢筋并贯通全墙高度锚固于基础或圈梁，孔洞应用 C20 细石混凝土浇捣密实。局部必须镶砖时，应尽量使砖的数量达到最低限度、镶砖部分应分散布置。

3.8 砌筑工程质量的基本要求是什么?

(1) 砌体工程所用的材料应有产品的合格证书、产品性能检测报告。块材、水泥、钢筋、外加剂等尚应有材料主要性能的进场复验报告。严禁使用国家明令淘汰的材料。

(2) 砌筑基础前,应校核放线尺寸,允许偏差应符合表3-1的规定。

放线尺寸的允许偏差 表3-1

长度 L、宽度 B (m)	允许偏差 (mm)	长度 L、宽度 B (mm)	允许偏差 (mm)
L（或 B）≤30	±5	60＜L（或 B）≤90	±15
30＜L（或 B）≤60	±10	L（或 B）＞90	±20

(3) 砌筑顺序应符合下列规定:基底标高不同时,应从低处砌起,并应由高处向低处搭砌,当设计无要求时,搭接长度不应小于基础扩大部分的高度;砌体的转角处和交接处应同时砌筑,当不能同时砌筑时,应按规定留槎、接槎。

(4) 在墙上留置临时施工洞口,其侧边离交接处墙面不应小于500mm,洞口净宽度不应超过1m。抗震设防烈度为9度的地区建筑物的临时施工洞口位置,应会同设计单位确定。临时施工洞口应做好补砌。

(5) 不得在下列墙体或部位设置脚手眼:120mm厚墙、料石清水墙和独立柱;过梁上与过梁成60°角的三角形范围及过梁净跨度1/2的高度范围内;宽度小于1m的窗间墙;砌体门窗洞口两侧200mm(石砌体为300mm)和转角处450mm(石砌体为600mm)范围内;梁或梁垫下及其左右500mm范围内;设计不允许设置脚手眼的部位。

(6) 施工脚手眼补砌时,灰缝应填满砂浆,不得用干砖填塞。

(7) 设计要求的洞口、管道、沟槽应于砌筑时正确留出或预埋,未经设计同意,不得打凿墙体和在墙体上开凿水平沟槽。宽度超过300mm的洞口上部,应设置过梁。

(8) 尚未施工楼板或屋面的墙或柱,当可能遇到大风时,其允许自由高度不得超过有关的规定。如超过规定限值时,必须采用临时支撑等有效措施。

(9) 搁置预制梁、板的砌体顶面应找平,安装时应坐浆。当设计无具体要求时,应采用1:2.5的水泥砂浆。

(10) 砌体施工质量控制等级应分为三级,并应符合表3-2的规定。

砌体施工质量控制等级 表3-2

项目	施工质量控制等级		
	A	B	C
现场质量管理	制度健全,并严格执行;非施工方质量监督人员经常到现场,或现场设有常驻代表;施工方有在岗专业技术管理人员,人员齐全,并持证上岗	制度基本健全,并能执行;非施工方质量监督人员间断地到现场进行质量控制;施工方有在岗专业技术管理人员,并持证上岗	有制度;非施工方质量监督人员很少作现场质量控制;施工方有在岗专业技术管理人员

续表

项 目	施工质量控制等级		
	A	B	C
砂浆、混凝土强度	试块按规定制作，强度满足验收规定，离散性小	试块按规定制作，强度满足验收规定，离散性较小	试块强度满足验收规定，离散性大
砂浆拌合方式	机械拌合；配合比计量控制严格	机械拌合；配合比计量控制一般	机械或人工拌合；配合比计量控制较差
砌筑工人	中级工以上，其中高级不少于20%	高、中级工不少于70%	初级工以上

（11）设置在潮湿环境或有化学侵蚀性介质的环境中的砌体灰缝内的钢筋应采取防腐措施。

（12）砌体施工时，楼面和屋面堆载不得超过楼板的允许荷载值。施工层进料口楼板下，宜采用临时加撑措施。

（13）分项工程的验收应在检验批验收合格的基础上进行。检验批的确定可根据施工段划分。

（14）砌体工程检验批验收时，其主控项目应全部符合规范的规定；一般项目应有80%及以上的抽检处符合验收规范的规定，或偏差值在允许偏差范围以内。

3.9 砌筑工程中的安全防护措施有哪些？

在砌筑操作前，必须检查施工现场各项准备工作是否符合安全要求，如道路是否畅通，机具是否完好牢固，安全设施和防护用品是否齐全，经检查符合要求后才可施工。

砌基础时，应检查和注意基坑土质的变化情况。堆放砖石材料应离开坑边1m以上。砌墙高度超过地坪1.2m以上时，应搭设脚手架。架上堆放材料不得超过规定荷载值，堆砖高度不得超过三皮侧砖，同一块脚手板上的操作人员不应超过两人。按规定搭设安全网。

不准站在墙顶上做刮缝及清扫墙面或检查大角垂直等工作。不准用不稳固的工具或物体在脚手板上垫高操作。

砍砖时应面向墙面，工作完毕应将脚手板和墙上的碎砖、灰浆清扫干净，防止掉落伤人。正在砌筑的墙上不准走人。不准站在墙上做划线、刮缝、吊线等工作。山墙砌完后，应立即安装桁条或临时支撑，防止倒塌。

雨天或每日下班时，应做好防雨准备，以防雨水冲走砂浆，致使砌体倒塌。冬期施工时，脚手板上如有冰霜、积雪，应先清除后才能上架子进行操作。

砌石墙时不准在墙顶或架上修石材，以免振动墙体影响质量或石片掉下伤人。不准徒手移动上墙的石块，以免压破或擦伤手指。不准勉强在超过胸部的墙上进行砌筑，以免将墙体碰撞倒塌或上石时失手掉下，造成安全事故。石块不得往下掷。运石上下时，脚手板要钉装牢固，并钉防滑条及扶手栏杆。

对有部分破裂和脱落危险的砌块，严禁起吊；起吊砌块时，严禁将砌块停留在操作人员的上空或在空中整修；砌块吊装时，不得在下一层楼面内进行其他任何工作；卸下砌块时应避免冲击，砌块堆放应尽量靠近楼板两端，不得超过楼板的承重能力；砌块吊装就位时，应待砌块放稳后，方可松开夹具。

凡脚手架、井架、门架搭设好后，须经专人验收合格后方准使用。

4 混凝土结构工程

4.1 模板的作用及对模板的要求是什么？

模板结构由模板和支撑两部分构成。

模板是新浇混凝土结构或构件成型的模型，使硬化后的混凝土具有设计所要求的形状和尺寸；支撑部分的作用是保证模板形状和位置，并承受模板和新浇筑混凝土的重量以及施工荷载。

模板结构是钢筋混凝土工程施工时所使用的临时结构物，但它对钢筋混凝土工程的施工质量和工程成本影响很大。因此，在钢筋混凝土结构施工中，对模板结构有以下基本要求：

(1) 应保证结构和构件各部分形状、尺寸和相互位置正确；
(2) 具有足够的强度、刚度和稳定性，并能可靠地承受新浇混凝土的自重荷载、侧压力以及施工过程中的施工荷载；
(3) 构造简单，装拆方便，并便于钢筋的绑扎和安装，有利于混凝土的浇筑及养护，能多次周转使用；
(4) 模板接缝严密，不得漏浆；
(5) 对清水混凝土工程及装饰混凝土工程，应能达到设计效果。

4.2 如何进行模板结构设计？

常用的木拼板模板和定型组合钢模板，在其经验适用范围内一般不需进行验算，对重要结构的模板、特殊形式的模板或超出经验适用范围的一般模板，应进行设计或验算，以确保工程质量和施工安全，防止浪费。

模板结构的设计包括模板结构形式以及模板材料的选择、模板及支架系统各部件规格尺寸的确定以及节点设计等。模板系统是一种特殊的工程结构、模板及其支架应根据工程结构形式、荷载大小，地基土类别、施工设备和材料供应等条件进行设计。

(1) 荷载计算

1) 模板及支架的自重。可根据模板设计图纸计算确定。肋形楼板及无梁楼板的自重标准值可参考表4-1确定。

楼板模板荷载表（kN/m³）　　表4-1

模 板 构 件	木模板	定型组合钢模板
平板模板及小楞自重	0.30	0.50
楼板模板自重（包括梁模板）	0.50	0.75
楼板模板及其支架自重（楼层高度4m以下）	0.75	1.10

2）新浇筑混凝土自重标准值。普通混凝土采用 24kN/m³，其他混凝土可根据实际密度确定。

3）钢筋的自重标准值。决定于结构构件的钢筋用量，可根据工程图纸确定。一般梁板结构每立方米钢筋混凝土的钢筋用量：楼板 1.1kN，梁 1.5kN。

4）施工人员及施工设备荷载标准值计算模板及直接支承模板的小楞时：均布活荷载为 2.5kN/m²，另应以集中荷载 2.5kN 再行验算，比较两者所得的弯矩值，取其大者；计算直接支承小楞的构件时，均布活荷载为 1.5kN/m²。

计算支架立柱及其他支承结构件时，均布活载为 1.0kN/m²；

对大型浇筑设备如上料平台、混凝土泵等按实际情况计算。混凝土堆集料高度超过 100mm 时，按实际高度计算。模板单块宽度小于 150mm 时，集中荷载可分布在相邻的两块板上。

5）振捣混凝土时产生的荷载标准值。水平面模板为 2.0kN/m²；垂直面模板（作用范围在新浇筑混凝土侧压力的有效压头高度之内）为 4.0kN/m²。

6）新浇筑混凝土对模板的侧压力标准值。影响新浇筑混凝土侧压力标准值的主要因素是浇筑速度、混凝土的温度、密度、坍落度、外加剂性能和捣实方法等。混凝土浇筑速度愈快，则侧压力愈大；掺有缓凝作用的外加剂，会使侧压力增大；机械捣实比手工捣实所产生的侧压力要大。

当采用内部振动捣器时，若混凝土浇筑速度在 6m/h 以下，新浇筑的普通混凝土作用于模板的最大侧压力可按下列两式计算（取其中的较小值）：

$$F = 0.22 \gamma_c t_0 \beta_1 \beta_2 V^{1/2} \tag{4-1}$$

$$F = \gamma_c H \tag{4-2}$$

式中　F——新浇筑混凝土对模板的侧压力（kN/m²）；

　　　γ_c——混凝土的重力密度（kN/m³）；

　　　t_0——新浇混凝土的初凝时间（h），可按实测确定，当缺乏试验资料时，可采用 $t_0 = 200/(T+15)$ 计算（T 为混凝土的温度，℃）；

　　　V——混凝土的浇筑速度（m/h）；

　　　H——混凝土侧压力计算位置处至新浇混凝土顶面的总高度（m）；

　　　β_1——外加剂影响修正系数，不掺外加剂时取 1.0，掺具有缓凝作用的外加剂时取 1.2；

　　　β_2——混凝土坍落度影响修正系数，当坍落度小于 30mm 时，取 0.85；50～90mm 时，取 1.0；110～150mm 时，取 1.15。

混凝土侧压力的计算分布图形如图 4-1 所示，图中 h 为有效压头高度。

$$h = F/\gamma \tag{4-3}$$

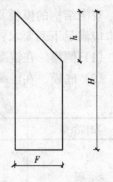

图 4-1　混凝土侧压力的计算分布图形

7）倾倒混凝土时对垂直面模板产生的水平荷载按表 4-2 采用。

倾倒混凝土时产生的水平荷载标准值（kN/m²）　　表 4-2

项次	向模板中供料方法	水平荷载	项次	向模板中供料方法	水平荷载
1	用溜槽、串筒或导管输出	2.0	3	用容量 0.2～0.8m³ 的运输器具倾倒	4.0
2	用容量 0.2 及小于 0.2m³ 的运输器具倾倒	2.0	4	用容量大于 0.8m³ 的运输器具倾倒	6.0

注：作用范围在有效压头高度以内。

上述各项荷载应根据不同的结构构件，按表 4-3 规定进行荷载组合。

计算模板及其支架的荷载组合　　表 4-3

项次	项目	荷载类别 计算强度用	荷载类别 验算刚度用
1	平板和薄壳的模板及其支架	(1)+(2)+(3)+(4)	(1)+(2)+(3)
2	梁和拱模板的底板及支架	(1)+(2)+(3)+(5)	(1)+(2)+(3)
3	梁、拱、柱（边长≤300mm）、墙（厚≤100mm）的侧面模板	(5)+(6)	(6)
4	厚大结构、柱（>300mm）、墙（厚>100mm）的侧面模板	(6)+(7)	(6)

计算模板及其支撑时的荷载设计值，应采用荷载标准值乘以相应的荷载分项系数求得，荷载分项系数应按表 4-4 采用。

（2）模板结构设计有关技术规定

计算模板和支架的强度时，考虑到模板是一种临时性结构，可根据相应结构设计规范中规定的安全等级为第三级的结构构件来考虑。计算钢模板、木模板及支架时，都应遵守相应结构的设计规范。

荷载分项系数　　表 4-4

项次	荷载类别	γ_1
1	模板及支撑自重	1.2
2	新浇筑混凝土自重	1.2
3	钢筋自重	1.2
4	施工人员及施工设备荷载	1.4
5	振捣混凝土时产生的荷载	1.4
6	新浇筑混凝土对模板侧面的压力	1.2
7	倾倒混凝土时产生的荷载	1.4

计算模板刚度时，允许的变形值为：结构表面外露的模板，为模板构件计算跨度的 1/400；结构表面隐蔽的模板，为模板构件计算跨度的 1/250；模板支架的压缩变形值或弹性挠度，为相应的结构计算跨度的 1/1000。

为防止模板及其支架在风荷作用下倾覆，应从构造上采取有效的防倾覆措施。当验算模板及支架在自重和风荷载作用下的抗倾覆稳定性时，应符合有关的专门规定。

4.3 模板拆除的要求及模板拆除的顺序是什么？

现浇结构的模板及其支架拆除的混凝土强度，应符合设计要求；当设计无具体要求时，应满足下列要求：

（1）侧模　在混凝土强度能保证其表面及棱角不因拆除模板而受损坏后，方可拆除；

（2）底模　在混凝土强度符合表 4-5 规定后，方可拆除。

底模拆模时所需混凝土强度　　表 4-5

结构类型	结构跨度（m）	按设计的混凝土强度标准值的百分率计（%）
板	≤2	≥50
板	>2，≤8	≥75
板	>8	≥100

续表

结构类型	结构跨度（m）	按设计的混凝土强度标准值的百分率计（%）
梁、拱、壳	≤8 >8	≥75 ≥100
悬臂构件	—	≥100

模板的拆除顺序一般是先拆非承重模板，后拆承重模板；先拆侧模板，后拆底模板。框架结构模板的拆除顺序一般是柱→梁侧板→梁底板。

拆除大型结构的模板时，必须事前制定详细方案。

4.4 钢筋的冷拉质量应如何控制？

钢筋的冷拉，可利用冷拉应力控制法或冷拉率控制法。对不能分清炉批号的热轧钢筋，应采取冷拉率控制。

当采用冷拉应力控制法时，对抗拉强度较低的热轧钢筋，如拉到符合标准的冷拉应力时，其冷拉率已超过限值，将对结构使用非常不利，故规定最大的冷率限值。加工时按冷拉控制应力进行冷拉，冷拉后检查钢筋的冷拉率，如小于规定数值时，则为合格；如超过规定的数值，则应进行力学性能试验。

当采用冷拉率控制法时，其控制值应由试验确定，对同炉批钢筋测定的试件不宜少于4个。由于控制冷拉率为间接控制法，由试验统计资料表明，同炉批钢筋按平均冷拉率冷拉后的抗拉强度的标准偏差 σ 约为 $15\sim20N/mm^2$，为满足95%的保证率，应按冷拉控制应力增加 1.645σ，约为 $30N/mm^2$，因此，用冷拉率控制方法冷拉钢筋时，钢筋的冷拉应力比冷拉应力控制法高。

对多根连接的钢筋，用控制应力的方法进行冷拉时，其控制应力和每根的冷拉率均应符合规定；当用控制冷拉率的方法进行冷拉时，冷拉率可按总长计，但冷拉后每根钢筋的冷拉率不得超过规定值，钢筋的冷拉速度不宜过快。

4.5 钢筋闪光对焊的工艺原理和施工要点是什么？

闪光对焊的原理是利用对焊机使两段钢筋接触，通以低电压的强电流，把电能转化为热能（图4-2）。待钢筋被加热到一定温度后，即施加轴向压力挤压（称为顶锻），便形成对焊接头。

钢筋闪光对焊工艺有连续闪光焊、预热闪光焊和闪光—预热—闪光焊三种工艺。

（1）连续闪光焊 先将钢筋夹入对焊机的两电极中，闭合电源，然后使钢筋两端面轻微接触。这时即有电流通过。因钢筋两端面不平，接触面很小，故电流密度和接触电阻很大，因此接触点很快熔化，形成"金属过梁"。过梁进一步加热，使熔化金属的微粒自钢筋两端面的间隙中喷

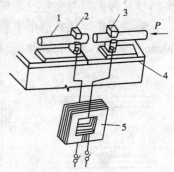

图4-2 闪光对焊原理图
1—钢筋；2—固定电极；3—可动电极；4—机座；5—焊接变压器

出，产生金属蒸气飞溅，形成闪光现象。闪光一开始，即徐徐移动钢筋，形成连续闪光过程。待钢筋烧化到规定的长度后，以适当的压力进行顶锻，使两根钢筋焊牢。

（2）预热闪光焊　预热闪光焊是在连续闪光焊前增加一次预热过程，以达到均匀加热的目的。其焊接工艺是先闭合电源，然后使两钢筋端面交替接触和分离。这时钢筋端面的间隙即发出断续的闪光，而形成预热过程。当钢筋烧化到规定的预热留量后，随即进行连续闪光和顶锻，使钢筋焊牢。该工艺能先使大直径钢筋预热后，再连续闪光烧化，进行加压顶锻。

（3）闪光-预热-闪光焊　这种工艺是在预热闪光焊前加一次闪光过程，目的是先进行连续闪光，使钢筋端部烧化平整；再使接头部位进行预热，接着再连续闪光，最后顶锻，完成整个焊接过程。对端面不平的大直径钢筋的焊接，宜采用这种工艺。

4.6 电弧焊的工艺原理是什么？常用接头形式及适用情况如何？

电弧焊是利用弧焊机使焊条与焊件之间产生高温电弧，使焊条和高温电弧范围内的焊件金属熔化。熔化的金属凝固后，便形成焊缝和焊接接头。

钢筋电弧焊的接头形式有搭接焊接头、帮条焊接头、剖口焊接头和熔槽帮条焊接头。

搭接接头用于焊接直径10~40mm的HPB235级、HRB335级钢筋。焊接前钢筋宜预弯，以保证两钢筋的轴线在一直线上（图4-3）。

帮条焊接头适用于焊接直径10~40mm的HPB235级、HRB335级、HRB400级和RRB400级钢筋。帮条宜采用与主筋同级别、同直径的钢筋制作（图4-4）。

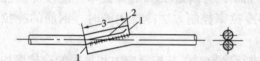

图4-3　搭接焊接头形式
1—定位焊缝；2—弧坑拉出方位；3—搭接长度

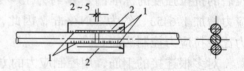

图4-4　帮条焊
1—定位焊缝；2—弧坑拉出方位

坡口焊接头适用于在现场焊接装配式构件接头中直径18~40mm的HPB235级、HRB335和HRB400级和RRB400级的钢筋，这种接头比上两种接头节约钢材。按焊接位置不同可分为平焊与立焊。施焊前应先将钢筋端部剖成剖口（图4-5）。

熔槽帮条焊接头适用于直径大于25mm钢筋的现场安装焊接。施焊时应加边长为40~60mm的角钢作垫模，同时起帮条作用（图4-6）。

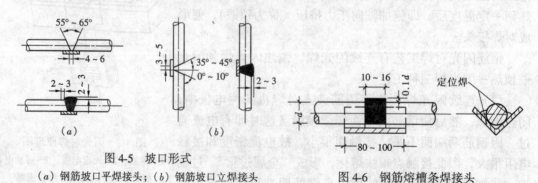

图4-5　坡口形式
（a）钢筋坡口平焊接头；（b）钢筋坡口立焊接头

图4-6　钢筋熔槽条焊接头

4.7 电渣压力焊的工艺原理及适用情况是什么？

电渣压力焊是将两根钢筋安放成竖向对接形式，利用焊接电流通过两根钢筋端面间隙。在焊剂层下形成电弧过程和电渣过程，产生弧热和电阻热，熔化钢筋，加压完成的一种压焊方法。多用于现浇钢筋混凝土结构中竖向钢筋的连接。

电渣压力焊可用手动电渣压力焊机或自动压力焊机施焊。手动电渣压力焊机由焊接变压器、夹具及控制箱等组成，如图4-7所示。

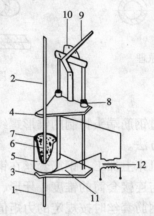

图4-7 电渣压力焊示意图
1、2—钢筋；3—固定电极；4—滑动电极；5—焊剂盒；6—导电剂；7—焊剂；
8—滑动架；9—操纵杆；10—标尺；11—固定架；12—变压器

4.8 钢筋机械连接的方法有哪些？其适用范围如何？

钢筋机械连接是通过连接件的机械咬合作用或钢筋端面的承压作用，使两根钢筋能够传递力的连接方法。

在应用钢筋机械连接时，应由技术提供单位提交有效的形式检验报告。钢筋连接工程开始前及施工过程中，应对每批进场钢筋进行接头工艺检验。

常用的机械连接接头有挤压套筒接头、锥螺纹套筒接头和直螺纹套筒接头等。其适用范围见表4-6。

钢筋机械连接方法及分类　　　　表4-6

机械连接方法		适 用 范 围	
		钢筋级别	钢筋直径（mm）
钢筋套筒挤压连接		HRB335，HRB400，RRB400	16~40
			16~40
钢筋锥螺纹套筒连接		HRB335，HRB400，RRB400	16~40
			16~40
钢筋全效粗直螺纹套筒连接		HRB335，HRB400	16~40
钢筋滚压直螺纹套筒连接	直接滚压	HRB335，HRB400	16~40
	挤肋滚压		16~40
	剥肋滚压		16~50

4.9 钢筋挤压套筒连接和锥螺纹套筒连接的原理是什么？

（1）钢筋挤压套筒连接

钢筋挤压套筒连接是在常温下采用特别钢筋连接机，通过挤压力使连接用的钢套筒发生塑性变形，与带肋钢筋紧密咬合在一起，从而形成连接接头。如图4-8所示。

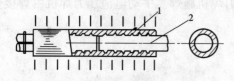

图4-8 钢筋挤压接头工艺原理
1—钢套筒；2—钢筋

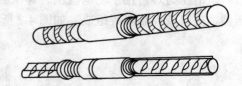

图4-9 锥螺纹连接钢筋示意图

（2）钢筋锥螺纹套筒连接

钢筋锥螺纹套筒连接是通过钢筋端头特制的锥形螺纹和锥螺纹套管，按规定的力矩值将两根钢筋咬合在一起的连接方法。

锥螺纹套筒是工厂在专用机床上加工，钢筋套丝在钢筋套丝机上进行，钢筋锥螺纹丝头的锥度、牙形、螺距等必须与连接套筒的锥度、牙形、螺距一致。

钢筋锥螺纹连接是在加工钢筋套丝时按规定的力矩值拧上锥螺纹连接套，施工时再对正轴线将另外一端钢筋拧入连接套，用力矩扳手按规定的力矩值拧紧，见图4-9。

4.10 为什么要进行钢筋下料长度的计算？如何计算钢筋的下料长度？

设计图中注明的钢筋尺寸（不包括弯钩尺寸）是钢筋的外轮廓尺寸，称为钢筋的外包尺寸。外包尺寸的大小是根据构件尺寸、钢筋形状及保护层厚度确定的。

钢筋加工前直线下料时，如果下料长度按外包尺寸的总和来计算，则加工后钢筋尺寸大于设计要求的外包尺寸，那么，或使弯钩太长造成浪费，或造成保护层厚度不够而影响施工质量。原因是钢筋弯曲时外皮伸长、内皮缩短，只有轴线长度不变。因此，按外包尺寸下料是不准确的，只有按轴线长度下料加工，才能使钢筋形状、尺寸符合设计要求。

外包尺寸与轴线长度之间存在一个差值，这一差值称为"量度差值"，其大小与钢筋和弯心的直径以及弯曲的角度等因素有关。

钢筋下料时，其下料长度等于各段外包尺寸之和减去弯曲处的量度差值，再加上末端弯钩的增长值（或弯折增长值）。工程上实际计算时可按以下方法进行：

直钢筋下料长度 = 构件长度 − 保护层厚度 + 末端弯钩增长值

弯起钢筋下料长度 = 直段长度 + 斜段长度 − 弯曲处的量度差值 + 末端弯钩增长值

箍筋下料长度 = 箍筋周长 + 箍筋调整值

4.11 钢筋代换的原则是什么？如何进行钢筋代换？

当施工中遇有钢筋的品种或规格与设计要求不符时，可参照以下原则进行代换：
(1) 等强度代换：当构件受强度控制时，钢筋可按强度相等原则进行代换；
(2) 等面积代换：当构件按最小配筋率配筋时，钢筋可按面积相等原则进行代换；
(3) 当构件受裂缝宽度或挠度控制时，代换后应进行裂缝宽度或挠度验算。
等强度代换的计算方法：

$$n_2 \geqslant \frac{n_1 d_1^2 f_{y1}}{d_2^2 f_{y2}} \tag{4-4}$$

式中 n_2——代换钢筋根数；
n_1——原设计钢筋根数；
d_2——代换钢筋直径；
d_1——原设计钢筋直径；
f_{y2}——代换钢筋抗拉强度设计值（表4-7）；
f_{y1}——原设计钢筋抗拉强度设计值。

上式有两种特例：

(1) 设计强度相同，直径不同的钢筋代换：$n_2 \geqslant n_1 \dfrac{d_1^2}{d_2^2}$ (4-5)

(2) 直径相同，强度设计值不同的钢筋代换：$n_2 \geqslant n_1 \dfrac{f_{y1}}{f_{y2}}$ (4-6)

钢筋强度设计值（N/mm²）   表4-7

项次	钢筋种类	符号	抗拉强度设计值 f_y	抗压强度设计值 f'_y
1	热轧钢筋	HPB235	Φ	210	210
2	热轧钢筋	HRB335	Φ	300	300
3	热轧钢筋	HRB400	Φ	360	360
4	热轧钢筋	RRB400	Φ^R	360	360
5	冷轧带肋钢筋	LL550		360	360
6	冷轧带肋钢筋	LL650		430	380
7	冷轧带肋钢筋	LL800		530	380

钢筋代换后，有时由于受力钢筋直径加大或根数增多而需要增加排数，则构件截面的有效高度 h_0 减少，截面强度降低，通常对这种影响可凭经验适当增加钢筋面积，然后再作截面强度复核。

对矩形截面的受弯构件，可根据弯矩相等按下式复核截面强度：

$$N_2\left(h_{02} - \frac{N_2}{2f_c b}\right) \geqslant N_1\left(h_{01} - \frac{N_1}{2f_c b}\right) \tag{4-7}$$

式中 N_1——原设计的钢筋拉力等于 $A_{s1}f_{y1}$（A_{s1}——原设计钢筋的截面面积，f_{y1}——原

设计钢筋的抗拉强度设计值);

N_2——代换钢筋拉力，同上；

h_{01}——原设计钢筋的合力点至构件截面受压边缘的距离；

h_{02}——代换钢筋的合力点至构件截面受压边缘的距离；

f_c——混凝土的抗压强度设计值，对 C20 混凝土为 9.6N/mm²，对 C25 混凝土为 11.9 N/mm²，对 C30 混凝土为 14.3 N/mm²；

b——构件截面宽度。

4.12 混凝土配料时，为什么要进行施工配合比换算？如何换算？

混凝土的配合比是在实验室根据混凝土的配制强度经过试配和调整而确定的，称为实验室配合比。实验室配合比所用砂、石都是不含水分的。而施工现场砂、石都有一定含水率，且含水率大小随气温等条件不断变化，为保证混凝土的质量，施工中应按砂、石实际含水率对原配合比进行修正。根据现场砂、石含水率调整后的配合比称为施工配合比。

设原实验室配合比为水泥:砂:石子 = $1:x:y$，水灰比为 $\dfrac{W}{C}$。

现场测得砂含水率为 W_x，石子含水率为 W_y。

则施工配合比为水泥:砂:石子 = $1:x(1+W_x):y(1+W_y)$。水灰比 $\dfrac{W}{C}$ 不变，但加水量应扣除砂、石中的含水量。

4.13 混凝土搅拌制度包括哪些内容？

为了拌制出均匀、优质的混凝土，必须正确地确定搅拌制度，即一次投料量、搅拌时间和投料顺序等。

一次投料量　不同类型的搅拌机都有一定的进料容量。搅拌机不宜超载过多，如自落式搅拌机超载 10%，就会使材料在搅拌筒内无充分的空间进行掺合，影响混凝土拌合物的均匀性，并且在搅拌过程中混凝土会从筒中溅出。但亦不可装料过少，否则会降低搅拌机的生产率。故一次投料量宜控制在搅拌机的额定容量以下。施工配料就是根据施工配合比以及施工现场搅拌机的型号，确定现场搅拌时原材料的一次投料量。搅拌时一次投料量要根据搅拌机的出料容量来确定。

搅拌时间　从原材料全部投入搅拌筒时起到开始卸出时止所经历的时间称为搅拌时间。为获得混合均匀、强度和工作性能都能满足要求的混凝土，所需的最短搅拌时间称最短搅拌时间。一般情况下，混凝土的匀质性是随着搅拌时间的延长而增加，因而混凝土的强度也随着提高。但搅拌时间超过某一限度后，混凝土的匀质性便无显著地改进了，混凝土的强度也增加很少。故搅拌时间过长，不但会影响搅拌机的生产率，而且对混凝土强度的提高也无益处。甚至由于水分的蒸发和较软弱骨料颗粒经长时间的研磨破碎变细，还会引起混凝土工作性能的降低，影响混凝土的质量。

投料顺序　确定原料投入搅拌筒内的顺序应从提高搅拌质量、减少机械的磨损和混凝土的粘罐现象、减少水泥飞扬、降低电耗以及提高生产率等方面综合考虑。按照原材料加入搅拌筒内的投料顺序的不同，常用的有一次投料法和两次投料法等。

一次投料法是将砂、石、水泥装入料斗，一次投入搅拌机内，同时加水进行搅拌。为了减少水泥的飞扬和粘罐现象。对自落式搅拌机，常采用的投料顺序是：先倒砂子（或石子），再倒水泥，然后倒入石子（或砂子），将水泥夹在砂、石之间，最后加水搅拌。

二次投料法又分为预拌水泥砂浆和预拌水泥净浆法。预拌水泥砂浆法是将水泥、砂和水加入搅拌筒内进行搅拌，成为均匀的水泥砂浆后，再加入石子搅拌成均匀的混凝土。预拌水泥净浆法是先将水泥和水充分搅拌成均匀的水泥净浆后，再加入砂和石子搅拌成混凝土。试验表明，二次投料法的混凝土与一次投料法相比，混凝土强度可提高约15%。在强度相同的情况下，可节约水泥约15%~20%。

4.14 何谓混凝土的运输？对混凝土的运输有何要求？

混凝土的运输是指混凝土拌合料自搅拌机中出料至浇筑入模这一段运送距离，以及在运送过程中所消耗的时间。

混凝土由拌制地点运往浇筑地点有多种运输方法。不论采用何种运输方式，都应满足下列要求：

（1）在运输过程中应保持混凝土的均匀性，避免产生离析、泌水、砂浆流失、流动性减小等现象。混凝土运至浇筑地点，应符合浇筑时规定的坍落度（表4-8）。当有离析现象时，必须在浇筑前进行二次搅拌。

混凝土浇筑时的坍落度（mm） 表4-8

结 构 种 类	坍 落 度
基础或地面等的垫层、无配筋的大体积结构（挡土墙、基础等）或配筋稀疏的结构	10~30
板、梁和大型及中型截面的柱子等	30~50
配筋密列的结构（薄壁、斗仓、筒仓、细柱等）	50~70
配筋特密结构	70~90

注：1. 本表系采用机械振捣混凝土的坍落度，当采用人工捣实混凝土时其值可适当增大；
  2. 当需要配制大坍落度混凝土时，应掺用外加剂；
  3. 曲面或斜面结构混凝土的坍落度应根据实际需要另行选定；
  4. 轻骨料混凝土的坍落度，宜比表中数值减少10~20mm。

（2）混凝土应以最少的转载次数和最短的时间，从搅拌地点运至浇筑地点，使混凝土在初凝前浇筑完毕。

（3）混凝土的运输应保证混凝土的灌筑量。对于采用滑升模板施工的工程和不允许留施工缝的大体积混凝土的浇筑，混凝土的运输必须保证其浇筑工作能连续进行。

4.15 何谓泵送混凝土？对混凝土有什么要求？

混凝土泵运输又称泵送混凝土，是利用混凝土泵的压力将混凝土通过管道输送到浇筑地点。一次完成水平运输和垂直运输，配以布料杆还可以进行混凝土的浇筑。

泵送混凝土时，混凝土拌合物在泵的推力作用下将沿输送管流动。混凝土是否能在输送管内顺利流通，是泵送的关键。混凝土输送管道中的流动能力称可泵性。为使混凝土拌合物能顺利输送，在选择泵送混凝土的原材料和配合比时，应尽量满足下列要求：

(1) 粗骨料 当水灰比一定时，宜优先选用卵石，所选用的粗骨料的最大粒径 d_{max} 与输送管内径之间应符合以下要求：

对于碎石宜为：$D \geq 3 d_{max}$；

对于卵石宜为：$D \geq 2.5 d_{max}$；

如用轻骨料，则用吸水率小者为宜，并用水预湿，以免在压力作用下强烈吸水，使坍落度降低，而在管道中形成堵塞。

(2) 砂 宜用中砂。通过 0.315mm 筛孔的砂应不小于 15%。砂率宜控制在 40%～50%。如粗骨料为轻骨料时，还可适当提高。

(3) 水泥用量 水泥用量不宜过小；否则，混凝土容易产生离析现象。最少水泥用量视输送管径和泵送距离而定，一般每立方米混凝土中的水泥用量不宜少于 300kg。

(4) 混凝土坍落度 坍落度是影响混凝土与输送管壁间摩阻力大小的主要因素。较低的坍落度不但会增大输送阻力，造成混凝土泵送困难，而且混凝土不易被吸入泵内，影响泵送效率。过大的坍落度在输送过程中容易造成离析，同时影响浇筑后混凝土的质量。泵送混凝土适宜的坍落度为 8～18cm。泵送高度大时还可以加大。

(5) 水灰比 水灰比的大小对混凝土的流动阻力有较大的影响，泵送混凝土的水灰比宜为 0.5～0.6。

(6) 外加剂的应用 为提高混凝土的流动性，减少输送阻力，防止混凝土离析，延缓混凝土凝结时间，宜在混凝土中掺外加剂。适于泵送混凝土使用的外加剂有减水剂和加气剂。减水剂的作用是在不增加用水量的情况下，增大混凝土的流动性与和易性，以便于泵送；加气剂可在混凝土拌合料颗粒间形成众多的微细气泡，可起润滑作用，减少摩阻力，便于泵送。外加剂的掺量应视具体情况确定。

4.16 什么叫施工缝？施工缝留设的原则和处理方法有哪些？

由于技术上的原因或设备、人力的限制，混凝土的浇筑不能连续进行，中间的间歇时间需超过混凝土的初凝时间，则应留置施工缝（新旧混凝土接槎处称为施工缝）。施工缝宜留置在结构受剪力较小且便于施工的部位。施工缝的留设位置应符合下列规定：

(1) 柱，施工缝宜留置在基础的顶面、梁或吊车梁牛腿的下面、吊车梁的上面、无梁楼板柱帽的下面（图 4-10）。

(2) 与板连成整体的大截面梁，施工缝应留置在板底面以下 20～30mm 处。当板下有梁托时，施工缝应留置在梁托下部。

(3) 单向板，施工缝可留置在平行于板的短边的任何位置。

(4) 有主次梁的楼板宜顺着次梁方向浇筑，施工缝应留置在次梁跨度的中间 1/3 范

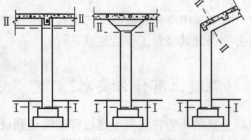

图 4-10 柱子施工缝位置

围内（图 4-11）。

（5）墙，施工缝留置在门洞口过梁跨中 1/3 范围内，也可留在纵横墙的交接处。

（6）双向受力板、大体积混凝土结构、拱、穹拱、薄壳、蓄水池、斗仓、多层刚架及其他结构复杂的工程，施工缝的位置应按设计要求留置。

施工缝所形成的截面应与结构所产生的轴向压力相垂直，以发挥混凝土传递压力好的特性。所以，柱、梁的施工缝截面应垂直于结构的轴线，板、墙的施工缝应与板面、墙面垂直，不得留斜槎。

在施工缝处继续浇筑混凝土时，为避免使已浇筑的混凝土受到外力振动而破坏其内部已形成的凝结结晶结构，必须待已浇筑混凝土的抗压强度不小于 $1.2N/mm^2$ 时，才可进行。

继续浇筑前，在已硬化的混凝土表面上，应清除水泥薄膜和松动石子以及软弱混凝土层，并加以充分湿润和冲洗干净，且不得有积水。然后，宜先在施工缝处铺一层水泥浆或与混凝土内成分相同的水泥砂浆，即可继续浇筑混凝土。混凝土应细致捣实，使新旧混凝土紧密结合。

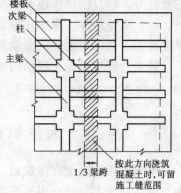

图 4-11　有主次梁楼板施工缝留置

4.17　混凝土捣实的原理是什么？施工中如何使混凝土振捣密实？常用的振捣机械及其适用情况如何？

新拌制的混凝土是具有弹、黏、塑性性质的一种多相分散体，具有一定的触变性。产生振动的机械将一定频率、振幅和激振力的振动能传递给浇筑入模的混凝土拌合物，混凝土中的固体颗粒都处于强迫振动状态，使颗粒之间的黏着力和内摩力大大降低，混凝土的黏度急剧下降，受振混凝土呈现液化而具有"重质液体"性质，因而能流向模板内的各个角落而充满模板。同时，混凝土中的骨料在其自重作用下向新的稳定位置沉落，粗颗粒间的空隙则被水泥砂浆所填满。混凝土拌合物中的气体以气泡状态浮升至表面排出，使骨料和水泥浆在模板中得到紧密的排列。

混凝土的捣实就是使入模的混凝土完成成型与密实的过程，从而保证混凝土结构构件外形正确，表面平整，混凝土的强度和其他性能符合设计的要求。

混凝土浇筑入模后应立即进行充分的振捣，使新入模的混凝土充满模板的每一角落，排出气泡，使混凝土拌合物获得最大的密实度和均匀性。

混凝土的振捣分为人工振捣和机械振捣。只有在采用塑性混凝土，而且缺少机械或工程量不大时才采用人工捣实。采用机械捣实，早期强度高，可以加快模板的周转，并能获得高质量的混凝土，应尽可能采用。

振动捣实机械按其工作方式不同可分为内部振动器、表面振动器、外部振动器等几种。

内部振动器又称插入式振动器，是施工现场使用最多的一种，适用于基础、柱、梁、墙等深度或厚度较大的结构构件的混凝土捣实。

表面振动器又称平板振动器,是由带偏心块的电动机和平板组成。平板振动器是放在混凝土表面进行振捣,适用于振捣楼板、地面、板形结构和薄壳等薄壁构件。

外部振动器又称附着式振动器,它是直接固定在模板上,利用带偏心块的振动器产生的激振力,通过模板传递给混凝土,达到振实的目的。适用于振捣断面较小或钢筋较密的柱、梁、墙等构件。附着式振动器的振动效果与模板的重量、刚度、面积及混凝土构件的厚度有关。当采用附着式振动器时,其设置间距应通过试验确定。

施工过程应根据工程结构的具体情况,正确选用捣动机械,以使混凝土达到密实的目的。

4.18 大体积混凝土结构浇筑的施工要点是什么?

厚大体积混凝土在浇筑后,水泥的水化热量大,水化热聚积在内部不易散发,结构表面与内部温度不一致,内外温度变形不同,产生温度应力,在混凝土中产生拉应力,若拉应力超过混凝土该龄期的抗拉强度时,则可能导致混凝土产生裂缝。在施工中为避免厚大体积混凝土由于温度应力作用而产生裂缝,可采取以下技术措施:

(1) 合理选择混凝土的配合比　尽量选用水化热低的水泥(如矿渣水泥、火山灰水泥等),并在满足设计强度要求的前提下,尽可能减少水泥的用量,以减少水泥的水化热。

(2) 骨料　混凝土中粗细骨料级配的好坏,对节约水泥和保证混凝土具有良好的和易性关系很大。粗骨料采用碎石和卵石均可,应采用连续级配或合理的掺配比例。其最大粒径不得大于钢筋最小净距的3/4。细骨料宜选用中砂或粗砂。对砂、石料的含泥量必须严格控制不超过规定值。石子的含泥量不得超过1%,砂子的含泥量不得超过3%。

(3) 外掺加剂的应用　在混凝土掺入外加剂或外掺料,可以减少水泥用量,降低混凝土的温升,改善混凝土的和易性和坍落度,满足可泵性的要求。常用的外加剂有缓凝剂、减水剂,外掺料有磨细矿渣粉、粉煤灰(一般以15%~25%为宜)等。

(4) 大体积混凝土的浇筑　应根据整体连续浇筑的要求,结合结构尺寸的大小、钢筋疏密、混凝土供应条件等具体的情况,合理分段分层进行。可选用以下三种方案(图4-12):

1) 全面分层:

图4-12(a)为全面分层浇筑方案。在整个模板内,将结构分成若干个厚度相等的浇筑层,浇筑区的面积即为结构平面面积。浇筑混凝土时从短边开始,沿长边方向进行浇筑,要求在逐层浇筑过程中,第二层混凝土要在第一层混凝土初凝前浇筑完毕。

2) 分段分层:

图4-12(b)为分段分层方案。当采用全面分层方案时浇筑强度很大,现场混凝土搅拌机、运输和振捣设备均不能满足施工要求时,可采用分段分层方案。浇筑混凝土时沿结构长边方向分成若干段,分段浇筑。第一段浇筑工作从底层开始,当第一层混凝土浇筑一段长度后,便回头浇筑第二层,当第二层浇筑一段长度后,回头浇筑第三层,如此向前呈阶梯形推进。分段分层方案适于结构厚度不大而面积或长度较大时采用。

3) 斜面分层:

图 4-12（c）为斜面分层方案。采用斜面分层方案时，混凝土一次浇筑到顶，由于混凝土自然流动而形成斜面。混凝土振捣工作从浇筑层下端开始逐渐上移。斜面分层方案多用于长度较大的结构。

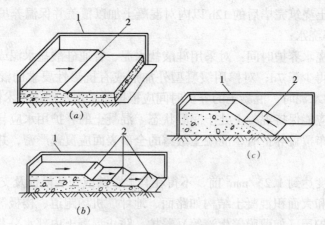

图 4-12 大体积混凝土浇筑方案
(a) 全面分层；(b) 分段分层；(c) 斜面分层
1—模板；2—新浇筑的混凝土

(5) 大体积混凝土的浇筑应在室外气温较低时进行，混凝土浇筑温度不宜超过 28℃。混凝土表面和内部温度差，应控制在设计要求的温差内。如设计无要求时，温差不宜超过 25℃。

根据施工季节的不同，大体积混凝土的施工可分别采用降温法和保温施工。夏季主要用降温法施工，降低混凝土的入模温度。即在搅拌混凝土时，掺入冰水，一般温度可控制在 5~10℃。在浇筑混凝土后采用冷水养护降温，但要注意水温和混凝土温度之差不超过 20℃，或采用覆盖材料养护。冬季可以采用保温法施工，利用保温模板和保温材料防止冷空气侵袭，以达到减少混凝土内外温差的目的。

(6) 混凝土测温　为了掌握大体混凝土的温升和降温的变化规律，以及各种材料在各种条件下的温度影响，需要对混凝土进行温度监测和控制。当发现混凝土内外温差超过 25℃时，应及时加强保温或延缓拆除保温材料，以防止混凝土产生过大的温差应力和裂缝。

4.19　什么叫混凝土的养护？常用的混凝土养护方法有哪几种？

混凝土的凝结与硬化是水泥与水产生水化反应的结果，在混凝土浇筑后的初期，采取一定的工艺措施，建立适当的水化反应条件的工作，称为混凝土的养护。养护的目的是为混凝土硬化创造必要的湿度、温度条件。

混凝土在温度为 20±3℃、相对湿度为 90% 以上的潮湿环境或水中的条件下进行的养护，称为标准养护。

为了加速混凝土的硬化过程，对混凝土进行加热处理，将其置于较高温度条件下进行硬化的养护，称为热养护，常用的热养护方法是蒸汽养护。

混凝土在常温下（平均气温不低于+5℃）采用适当的材料覆盖混凝土，并采取浇水润湿、防风防干、保温防冻等措施所进行的养护，称为自然养护。自然养护分洒水养护和喷涂薄膜养生液养护两种。混凝土的自然养护应符合下列规定。

（1）应在混凝土浇筑完毕后的12h以内对混凝土加以覆盖并保温养护，当日平均气温低于+5℃时，不得浇水；

（2）混凝土的浇水养护时间：对采用硅酸盐水泥、普通硅酸盐水泥或矿渣硅酸盐水泥拌制的混凝土，不得少于7d；对掺用缓凝型外加剂或有抗渗性要求的混凝土，不得少于14d；采用其他品种水泥时，混凝土的养护时间应根据所采用水泥的技术性能确定；

（3）浇水次数应能保持混凝土处于润湿状态。混凝土的养护用水应与拌制用水相同；

（4）采用塑料布覆盖养护时，混凝土敞露的全部表面应覆盖严密，并应保持塑料布内有凝结水；

（5）混凝土强度达到$1.2N/mm^2$前，不得在其上踩踏或安装模板及支架。

对高耸构筑物和大面积混凝土结构如路面、地坪、机场跑道、楼板等不便于覆盖浇水养护时，宜喷涂保护层（如薄膜养生液等）养护，防止混凝土内部水分蒸发。它是将过氯乙烯树脂塑料溶液用喷枪涂在混凝土表面上，养护剂中溶剂挥发后，便在混凝土表面形成一层不透水薄膜，使混凝土与空气隔绝，混凝土中的水分封闭在薄膜内而不蒸发，以保证水泥水化反应的正常进行。

大面积结构如地坪、楼板，也可采用蓄水养护。贮水池一类结构，可在拆除内模板、混凝土达到一定强度后注水养护。

4.20 何谓混凝土冬期施工的"抗冻临界强度"？

冬期新浇筑混凝土在受冻前达到某一初始强度值，然后遭到冻害，当恢复正温养护后，混凝土强度仍会继续增长，经28d后，其后期强度可达设计强度95%以上，这一受冻前的初始强度值叫做混凝土的抗冻临界强度。

根据大量试验资料，经综合分析计算后，规定了冬期浇筑的混凝土受冻前，其抗压强度不得低于混凝土的抗冻临界强度规定值：

硅酸盐水泥或普通硅酸盐水泥配制的混凝土，为设计混凝土强度标准值的30%；

矿渣硅酸盐水泥配制的混凝土，为设计的混凝土强度标准值的40%，但C10及C10以下的混凝土，不得小于$5N/mm^2$。

4.21 混凝土工程冬期施工常用方法有哪些？

混凝土冬期施工方法分三类：混凝土养护期间不加热的方法、混凝土养护期间加热的方法和综合方法。混凝土养护期间不加热的方法包括蓄热法、掺化学外加剂法；混凝土养护期间加热的方法包括电热法、蒸汽加热法和暖棚法；综合方法即把上述两种方法综合应用，如目前最常用的综合蓄热法，即在蓄热法基础上掺加外加剂（早强剂或防冻剂）或进行短时加热等综合措施。

混凝土冬期施工方法是保证混凝土在硬化过程中，为杜绝早期受冻所采用的综合措施。要考虑自然气温、结构类型的特点、原材料、工期限制、能源条件和经济指标。对工期不紧和无特殊限制的工程，从节约能源和降低冬期施工费用考虑，应优先选用养护期间不加热的施工方法或综合方法；在工期紧、施工条件不允许时才考虑选用混凝土养护期间加热的方法，一般要经过技术经济比较确定。一个理想的冬期施工方案应该是用最低的冬期施工费用，在最短的施工期限内，获得优良的施工质量。

4.22 现浇混凝土结构常见外观质量缺陷的原因是什么？应如何进行处理？

（1）露筋

露筋是指混凝土内部主筋、副筋或箍筋局部裸露在结构构件表面，产生露筋的原因是：钢筋保护层垫块过少或漏放，或振捣时位移，致使钢筋紧贴模板；结构构件截面小，钢筋过密，石子卡在钢筋上，使水泥浆不能充满钢筋周围；混凝土配合比不当，产生离析，靠模板部位缺浆或漏浆；混凝土保护层太小或保护层处混凝土漏振或振捣不实；木模板未浇水润湿，吸水粘结或拆模过早，以致缺棱、掉角、导致露筋。修整时，对表面露筋，应先将外露钢筋上的混凝土残渣及铁锈刷洗干净后，在表面抹1:2或1:2.5水泥砂浆，将露筋部位抹平；当露筋较深时，应凿去薄弱混凝土和突出的颗粒，洗刷干净后，用比原混凝土强度等级高一级的细石混凝土填塞压实，并加强养护。

（2）蜂窝

蜂窝是指结构构件表面混凝土由于砂浆少，石子多，局部出现酥松，石子之间出现孔隙类似蜂窝状的孔洞，造成蜂窝的主要原因是：材料计量不准确，造成混凝土配合比不当；混凝土搅拌时间不够，未拌合均匀，和易性差，振捣不密实或漏振，或振捣时间不够；下料不当或下料过高，未设串筒使石子集中，使混凝土产生离析等。如混凝土出现小蜂窝，可用水洗刷干净后，用1:2或1:2.5水泥砂浆抹平压实；对于较大的蜂窝，应凿去蜂窝处薄弱松散的颗粒，刷洗干净后，再用比原混凝土强度等级提高一级的细骨料混凝土填塞，并仔细捣实；较深的蜂窝，如清除困难，可埋压浆管、排气管，表面抹砂浆或灌筑混凝土封闭后，进行水泥压浆处理。

（3）孔洞

孔洞是指混凝土结构内部有尺寸较大的空隙，局部没有混凝土或蜂窝特别大，钢筋局部或全部裸露。产生孔洞的原因是：混凝土严重离析，砂浆分离，石子成堆，严重跑浆，又未进行振捣，混凝土一次下料过多、过厚、下料过高，振动器振动不到，形成松散孔洞；在钢筋较密的部位，混凝土下料受阻，或混凝土内掉入工具、木块、泥块、冰块等杂物，混凝土被卡住。混凝土若出现孔洞，应与有关单位共同研究，制定补强方案后方可处理，一般修补方法是将孔洞周围的松散混凝土清除后仔细浇灌、捣实。为避免新旧混凝土接触面上出现收缩裂缝，细石混凝土的水灰比宜控制在0.5以内，并可掺入水泥用量的万分之一的铝粉。

（4）裂缝

结构构件在施工过程中由于各种原因在结构构件上产生纵向的、横向的、斜向的、竖向的、水平的、表面的、深进的或贯穿的各类裂缝。裂缝的深度、部位和走向随产生的原因而异，裂缝宽度、深度和长度不一，无规律性，有的受温度、湿度变化的影响闭合或扩大。裂缝的修补方法，按具体情况而定，对于结构构件承载力无影响的一般性细小裂缝，可将裂缝部位清洗干净后，用环氧浆液灌缝或表面涂刷封闭；如裂缝开裂较大时，应沿裂缝凿八字形凹槽，洗净后用1:2或1:2.5水泥砂浆抹补，或干后用环氧胶泥嵌补；由于温度、干燥收缩、徐变等结构变化引起的裂缝，对结构承载力影响不大，可视情况采用环氧胶泥或防腐蚀涂料涂刷裂缝部位，或加贴玻璃丝布进行表面封闭处理；对有结构整体、防水防渗要求的结构裂缝，应根据裂缝宽度、深度等情况，采用水泥压力灌浆或化学注浆的方法进行裂缝修补，在表面封闭与注浆同时使用；严重裂缝将明显降低结构刚度，应根据情况采用预应力加固或钢筋混凝土围套、钢套箍或结构胶粘剂粘贴钢板加固等方法处理。

4.23 如何检查和评价混凝土工程的施工质量？

（1）混凝土在拌制、浇筑和养护过程中的质量检查

1）首次使用的混凝土配合比应进行开盘鉴定，其工作性能应满足设计要求。开始生产时应至少留置一组标准养护试件作强度试验，以验证配合比。

2）混凝土组成材料的用量，每工作班至少抽查两次，要求每盘称量偏差在允许范围之内。

3）每工作班混凝土拌制前，应测定砂、石含水率，并根据测试结果调整材料用量，提出施工配合比。

4）混凝土的搅拌时间，应随时检查。

5）在施工过程中，尚应对混凝土运输浇筑及间歇的全部时间、施工缝和后浇带的位置、养护制度进行检查。

（2）混凝土强度检查

为了检查混凝土强度等级是否达到设计要求，或混凝土是否已达到拆模、起吊强度及预应力混凝土构件是否达到张拉、放松预应力筋所规定的强度，应制作试块，做抗压强度试验。

1）检查混凝土是否达到设计强度等级

混凝土抗压强度（立方强度）是检查结构或构件混凝土是否达到设计强度等级的依据。其检查方法是，制作边长为150mm的立方体试块，在温度为$20 \pm 3℃$和相对湿度为90%以上的潮湿环境或水中的标准条件下，经28d养护后试验确定。试验结果，作为核算结构或构件的混凝土强度是否达到设计要求的依据。

2）检查施工各阶段混凝土的强度

为了检查结构或构件的拆模、出厂、吊装、张拉、放张及施工期间临时负荷的需要，尚应留置与结构或构件相同条件养护的试块。试块的组数可按实际需要确定。

3）混凝土强度验收评定标准

混凝土强度应分批进行验收。同一验收批的混凝土应由强度等级相同，龄期相同以及生产工艺和配合比基本相同的混凝土组成。每一验收批的混凝土强度，应以同批内全部标准试件的强度代表值来评定。

（3）现浇混凝土结构的外观检查

1) 一般规定

①现浇结构的外观质量缺陷,应由监理(建设)单位、施工单位等各方根据其对结构性能和施工性能影响的严重程度,按表 4-9 确定。

现浇结构外观的主要质量缺陷　　　　　表 4-9

名　称	现　　象	严 重 缺 陷	一 般 缺 陷
露筋	构件内钢筋未被混凝土包裹而外露	纵向受力钢筋有露筋	其他钢筋有少量露筋
蜂窝	混凝土表面缺少水泥砂浆而形成石子外露	构件主要受力部位有蜂窝	其他部位有少量蜂窝
孔洞	混凝土中孔穴深度和长度均超过保护层厚度	构件主要受力部位有孔洞	其他部位有少量孔洞
夹渣	混凝土中夹有杂物且深度超过保护层厚度	构件主要受力部位有夹渣	其他部位有少量夹渣
疏松	混凝土中局部不密实	构件主要受力部位有疏松	其他部位有少量疏松
裂缝	缝隙从混凝土表面延伸至混凝土内部	构件主要受力部位有影响结构性能或使用功能的裂缝	其他部位有少量不影响结构性能或使用功能的裂缝
连接部位缺陷	构件连接处混凝土缺陷及连接钢筋、连接件松动	连接部位有影响结构传力性能的缺陷	连接部位有基本不影响结构传力性能的缺陷
外形缺陷	缺棱掉角、棱角不直、翘曲不平、飞边凸肋等	清水混凝土构件有影响使用功能或装饰效果的外形缺陷	其他混凝土构件有不影响使用功能的外形缺陷
外表缺陷	构件表面麻面、掉皮、起砂、沾污等	具有重要装饰效果的清水混凝土构件有外表缺陷	其他混凝土构件有不影响使用功能的外表缺陷

②现浇结构拆模后,应由监理(建设)单位、施工单位对外观质量和尺寸偏差进行检查,做出记录,并应及时按施工技术方案对缺陷进行处理。

2) 外观质量

现浇结构的外观质量不应有严重缺陷。对已出现的严重缺陷,应由施工单位提出技术处理方案,并经监理(建设)单位认可后进行处理。对经处理的部位,应重新检查验收。

现浇结构的外观质量不宜有一般缺陷。对已出现的一般缺陷,应由施工单位按技术处理方案进行处理,并重新检查验收。

3) 尺寸偏差

现浇结构不应有影响结构性能和使用功能的尺寸偏差。混凝土设备基础不应有影响结构性能和设备安装的尺寸偏差。

对超过尺寸允许偏差且影响结构性能和安装、使用功能的部位,应由施工单位提出技术处理方案,并经监理(建设)单位认可后进行处理。对经处理的部位,应重新检查验收。

现浇结构和混凝土设备基础拆模后的尺寸偏差应符合表4-10、表4-11的规定。

现浇结构尺寸允许偏差和检验方法　　　　　　　　　表4-10

项　目		允许偏差（mm）	检验方法
轴线位置	基　　　础	15	钢尺检查
	独立基础	10	
	墙、柱、梁	8	
	剪力墙	5	
垂直度	层高 ≤5m	8	经纬仪或吊线、钢尺检查
	层高 >5m	10	经纬仪或吊线、钢尺检查
	全高（H）	$H/1000$ 且 ≤30	经纬仪、钢尺检查
标高	层高	±10	水准仪或拉线、钢尺检查
	全高	±30	
截面尺寸		+8, -5	钢尺检查
电梯井	井筒长、宽对定位中心线	+25, 0	钢尺检查
	井筒全高（H）垂直度	$H/1000$ 且 ≤30	经纬仪、钢尺检查
表面平整度		8	2m靠尺和塞尺检查
预埋设施中心线位置	预埋件	10	钢尺检查
	预埋螺栓	5	
	预埋管	5	
预留洞中心线位置		15	钢尺检查

注：检查轴线、中心线位置时，应沿纵、横两个方向量测，并取其中的较大值。

混凝土设备基础尺寸允许偏差和检验方法　　　　　　表4-11

项　目		允许偏差（mm）	检验方法
坐标位置		20	钢尺检查
不同平面的标高		0, -20	水准仪或拉线、钢尺检查
平面外形尺寸		+20	钢尺检查
凸台上平面外形尺寸		0, -20	钢尺检查
凹穴尺寸		+20, 0	钢尺检查
平面水平度	每米	5	水平尺、塞尺检查
	全长	10	水准仪或拉线、钢尺检查
垂直度	每米	5	经纬仪或吊线、钢尺检查
	全高	10	
预埋地脚螺栓	标高（顶部）	+20, 0	水准仪或拉线、钢尺检查
	中心距	±2	钢尺检查
预埋地脚螺栓孔	中心线位置	10	钢尺检查
	深　　度	+20, 0	钢尺检查
	孔垂直度	10	吊线、钢尺检查

续表

项　　目		允许偏差（mm）	检验方法
预埋活动地脚螺栓锚板	标高	+20，0	水准仪或拉线、钢尺检查
	中心线位置	5	钢尺检查
	带槽锚板平整度	5	钢尺、塞尺检查
	带螺纹孔锚板平整度	2	钢尺、塞尺检查

注：检查坐标、中心线位置时，应沿纵、横两个方向量测，并取其中的较大值。

5 预应力混凝土工程

5.1 什么叫预应力混凝土？预应力混凝土的种类有哪些？各有什么特点？

预应力混凝土是在外荷载作用前，预先在混凝土内建立预压应力的混凝土。混凝土的预压应力一般是通过张拉预应力钢筋实现的。

预应力混凝土按施加预应力大小的程度可分为全预应力混凝土和部分预应力混凝土；按施工方式不同可分为预制应力混凝土、现浇预应力混凝土和叠合预应力混凝土；按预加应力方法不同可分为先张法预应力混凝土和后张法预应力混凝土；在后张法中，按预应力筋与混凝土的粘结状态又分为有粘结预应力混凝土和无粘结预应力混凝土；按施加预应力的手段分为机械张拉预应力混凝土和电热张拉预应力混凝土。

全预应力混凝土是在全部使用荷载作用下构件受拉区边缘不允许出现拉应力的预应力混凝土。即构件全截面受压的混凝土，或单纯采用高强预应力筋作配筋的混凝土。

部分预应力混凝土是在全部使用荷载作用下构件受拉区边缘允许出现一定的拉应力或裂缝的混凝土，即只有部分截面受压的混凝土，或采用高强预应力筋与非预应力筋做混合配筋的混凝土。

先张法预应力混凝土是先张拉预应力筋，后浇筑混凝土的预应力混凝土生产方法，这种方法需要专用的生产台座和夹具，以便张拉和临时固定预应力筋。待混凝土达到设计强度等级后，放松预应力筋。预应力是靠钢筋与混凝土之间的粘结力传递给混凝土。先张法适用于预制厂生产中小型预应力混凝土构件。

后张法预应力混凝土是先浇筑混凝土后张拉预应力筋的预应力混凝土生产方法，这种方法在构件制作时需要预留孔道和使用专用的锚具。在混凝土达到设计所规定的强度等级后，张拉钢筋，预应力是通过锚具传递给混凝土的。张拉锚固的预应力筋要求进行孔道灌浆。后张法适用于施工现场生产大型预应力混凝土构件。

有粘结预应力混凝土是指预应力筋全长与周围混凝土相粘结。先张法的预应力筋直接浇筑在混凝土内。预应力筋和混凝土是有粘结的；后张法的预应力筋通过孔道灌浆与混凝土粘结，这种方法生产的预应力混凝土也是有粘结的。

无粘结预应力混凝土的预应力筋沿全长与周围混凝土能发生相对滑动，为防止预应力筋腐蚀及与周围混凝土粘结，采用涂油脂和缠绕塑料薄膜等措施生产的预应力混凝土为无粘结预应力混凝土。

预制预应力混凝土是在预制厂或在施工现场进行制作，经过运输和吊装安设到设计位置的预应力混凝土构件。它适于大批量生产，施工质量易控制，成本也较低。

现浇预应力混凝土是在设计的位置上支设模板进行制作，它适于建造大型和整体预应力混凝土结构。

叠合（组合）预应力混凝土是预制和现浇相结合进行制作，预制部分为预应力，而现浇部分采用非预应力。

5.2 预应力混凝土的材料及其要求是什么？

(1) 钢材

预应力混凝土应采用高强度钢材，预应力钢筋宜采用钢绞线、高强钢丝，也可采用热处理钢筋。

1）钢绞线

钢绞线是由6根钢丝围绕着一根芯丝顺一个方向扭结而成，芯丝直径较外围钢丝直径大 5%～7%，捻矩一般为 (12～16)d（d 为钢绞线直径）。常用的钢绞线为 7ϕ4 和 7ϕ5 两种。

钢绞线面积较大，柔软，操作方便，适用于先张法和后张法施工，将钢绞线外层涂防腐油脂并以塑料薄膜进行包裹，可用作无粘结预应力筋。

2）高强钢丝

高强钢丝是采用优质碳素钢盘条经冷拔制成的，直径3～8mm。冷拔后的高强钢丝内部存在强大的内应力，一般采用500℃低温回火处理，冷却到室温条件的高强钢丝，称为消除应力钢丝。

高强钢丝在一定拉力作用条件下，采用300～400℃的消除应力回火处理，其松弛损失可减少到消除应力钢丝的1/3左右，称为低松弛钢丝。

(2) 混凝土

预应力混凝土应采用高强度等级混凝土。因为采用高强度混凝土可以减小构件的截面尺寸和自重；高强度等级混凝土的弹性模量高，可以减少由于混凝土弹性缩短和徐变变形引起的预应力损失；高强度等级混凝土的抗拉强度高，可以推迟正截面和斜截面裂缝的出现；高强度等级混凝土局部承压能力高，有利于后张法锚具的布置且可减少锚具垫板的尺寸。

预应力混凝土必须保证混凝土强度和匀质性的要求，因为预应力混凝土构件有更多的部位承受高应力。

《混凝土结构设计规范》GB50010—2002规定，预应力混凝土结构的混凝土强度等级不宜低于C30；当采用钢绞线、钢丝、热处理钢筋作预应力筋时，混凝土强度等级不宜低于C40。

5.3 先张法和后张法的生产工艺是怎样的？

先张法施工是在浇筑混凝土之前，先将预应力筋张拉到设计的控制应力值，并用夹具将张拉的预应力筋临时固定在台座或钢模上，然后再浇筑混凝土，待混凝土达到一定强度（不应低于设计的混凝土立方体抗压强度标准值的75%），预应力筋与混凝土具有足够的粘结力时，放松预应力钢筋，借助于混凝土与预应力筋的粘结，使混凝土产生预压应力。

先张法生产可采用台座法和机组流水法。

用台座法生产时，预应力筋的张拉、临时固定、混凝土浇筑、养护和预应力筋的放张等工序均在台座上进行，用机组流水性生产时，构件同钢模通过固定的机组，按流水方式完成其生产过程。

先张法预应力构件在台座上生产时，其工艺流程如图5-1所示。

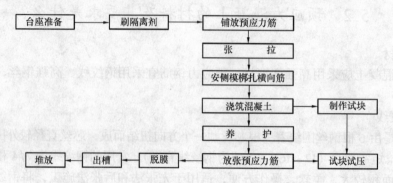

图5-1 先张法施工工艺流程

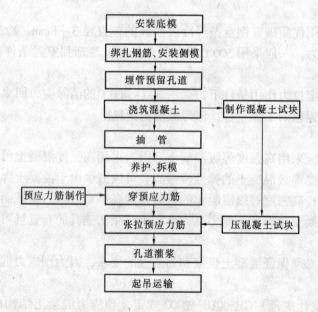

图5-2 后张法构件制作工艺流程

后张法施工是在浇筑混凝土构件时，在放置预应力筋的位置处留设孔道，待混凝土达到一定强度（不低于设计的混凝土立方体抗压强度标准值的75%）时，将预应力筋穿入孔道中并进行张拉，然后用锚具将预应力筋锚固在构件上，最后进行孔道灌浆。预应力筋承受的张拉力通过锚具传递给混凝土构件，使混凝土产生预压应力。锚具作为预应力筋的组成部分，永远留在构件上，不能重复使用。

后张法的特点是直接在构件上张拉预应力筋，构件在张拉预应力筋的过程中，完成混凝土的弹性压缩。因此，混凝土的弹性压缩不直接影响预应力筋有效应力值的建立。

预应力后张法构件的生产分为两个阶段。第一阶段为构件的生产，第二阶段为预加应力阶段，包括锚具与预应力筋的制作，预应力筋的张拉与孔道灌浆等工艺。

后张法预应力混凝土构件的工艺流程，如图5-2所示。

5.4 台座的作用及类型有哪些？台座的设计要点是什么？

台座是先张法生产的主要设备之一，采用台座法生产预应力混凝土构件时，台座承受应力筋的全部张拉力。

台座按照构造型式分墩式台座和槽式台座两类。选用时根据构件种类、张拉力的大小和施工条件确定。

（1）墩式台座

墩式台座由台墩、台面与横梁组成，如图5-3所示。目前，常用的是由台墩与台面共同受力的墩式台座。

台座的长度、宽度根据场地的大小、生产构件的类型而定。一般长度为100～150m；宽度主要取决于构件的布筋宽度、张拉与浇筑混凝土是否方便，一般为2～3m。在台座的端部应留出张拉操作用地和通道，两侧要有构件运输和堆放的场地。

承力墩式台座一般由现浇钢筋混凝土作成。台墩应有合适的外伸部分，以增大力臂而减少台墩自重。台墩应具有足够的强度、刚度和稳定性。稳定性验算一般包括抗倾覆验算与抗滑移验算。

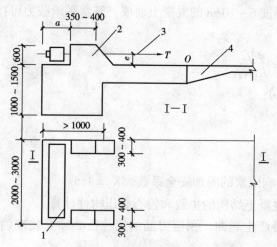

图 5-3 墩式台座
1—钢横梁；2—混凝土墩；
3—预应力筋；4—局部加厚的台面

台墩的抗倾覆验算，可按下式进行，如图5-4。

$$K = \frac{M_1}{M} = \frac{Gl + E_p e_2}{Ne_1} \geq 1.50 \tag{5-1}$$

式中 K——抗倾覆安全系数，一般不小于1.50；

M——倾覆力矩，由预应力筋的张拉力产生，$M = Ne_1$；

N——预应力筋的张拉力；

e_1——张拉合力作用点至倾覆点的力臂；

M_1——抗倾覆力矩，由台墩自重力和土压力等产生；

G——台墩的自重；

l——台墩的重心至倾覆点的力臂；

E_p——台墩后面的被动土压力合力，当台墩埋置深度较浅时，可忽略不计；

e_2——被动土压力合力至倾覆点的力臂。

对台墩与台面共同工作的台墩，台墩倾覆点的位置，按理论计算倾覆点应在混凝土台面

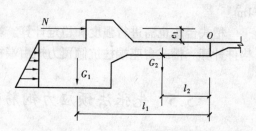

图 5-4 墩式台座稳定性验算简图

的表面处；但考虑到台墩的倾覆趋势，使得台面端部顶点出现局部应力集中和混凝土抹面层的施工质量。因此，倾覆点的位置宜取在混凝土台面往下 4~5cm 处。

台墩的抗滑移验算，可按下式进行：

$$K_c = \frac{N_1}{N} \geq 1.30 \tag{5-2}$$

式中　K_c——抗滑移安全系数，一般不小于 1.30；
　　　N_1——抗滑移力，对独立的台墩，由侧壁土压力和底部摩阻力等产生；对与台面共同工作的台墩，可不作抗滑移计算，而应验算台面的承载力。

台面是在夯实的碎石垫层上浇筑一层厚度 6~10cm 的混凝土而成，其水平承载力可按下式计算：

$$P = \frac{\varphi A f_c}{K_1 K_2} \tag{5-3}$$

式中　φ——轴心受压纵向弯曲系数，取 $\varphi = 1$；
　　　A——台面截面面积；
　　　f_c——混凝土轴心抗压强度设计值；
　　　K_1——超载系数，取 1.25；
　　　K_2——考虑台面截面不均匀和其他影响因素的附加安全系数，$K_2 = 1.5$。

台墩的牛腿和延伸部分，分别按钢筋混凝土结构的牛腿和偏心受压构件计算。

台墩横梁的挠度不应大于 2mm，并不得产生翘曲，预应力筋的定位板必须安装准确，其挠度不大于 1mm。

(2) 槽式台座

槽式台座由钢筋混凝土端柱、传力柱、上下横梁、柱垫、砖墙等组成，如图 5-5 所示。槽式台座既可承受张拉力，又可作为蒸汽养护槽，适用于张拉吨位较大的大型构件、吊车梁、屋架等构件的生产。

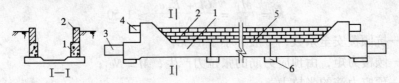

图 5-5　槽式台座
1—钢筋混凝土端柱；2—砖墙；3—下横梁；4—上横梁；5—传力柱；6—柱垫

槽式台座的长度一般不大于 76m，宽度随构件的外形及制作方式而定，一般不小于 1m。

槽式台座也需进行强度和稳定计算。端柱和传力柱的强度按钢筋混凝土结构偏心受力构件计算。槽式台座端柱抗倾覆力矩由端柱、横梁自重力及部分张拉力组成。

5.5　先张法预应力钢筋张拉与放张应注意哪些问题？

预应力筋的张拉力大小，直接影响预应力效果。张拉力越高，建立的预应力值越大，构件的抗裂性也越好；但预应力筋在使用过程中经常处于过高应力状态下，构件出现裂缝的荷载与破坏荷载接近，往往在破坏前没有明显的征兆，这是危险的。另外，如张拉力过大，造成构件反拱过大或预拉区出现裂缝，也是不利的；反之，张拉阶段预应力损失越大，建立的预应力值越低，也是不利的。

预应力筋的张拉应根据设计要求，采用合适的张拉方法、张拉顺序和张拉程序进行，并应有可靠的质量保证措施和安全技术措施。

预应力钢筋的张拉控制应力值 σ_{con} 不宜超过规定的张拉控制应力限值。

预应力筋放张过程是预应力的传递过程，应根据放张要求，确定合理的放张顺序、放张方法及相应的技术措施。

放张预应力钢筋时，混凝土强度应符合设计要求，当设计无具体要求时，不应低于设计的混凝土立方体抗压强度标准值的 75%。对于重叠生产的构件，需待最上一层构件的混凝土强度不低于设计的混凝土立方体抗压强度标准值的 75% 时，方可进行预应力筋的放张。过早放张会引起较大的预应力损失或产生预应力筋的滑动。预应力混凝土构件在预应力筋放张前要对混凝土试块进行试压，以确定混凝土的实际强度。

放张过程，应使预应力构件自由压缩，避免过大的冲击与偏心。同时，还应使台座承受的倾覆力矩和偏心力尽量减少。

预应力筋的放张顺序，应符合设计要求。当无设计要求时，放张顺序应符合下列规定：

(1) 对承受轴心预压力的构件（如压杆、桩等），所有预应力筋应同时放张；

(2) 对承受偏心预压力的构件，应先同时放张预压力较小区域的预应力筋，再同时放张预压力较大区域的预应力筋；

(3) 当不能按（1）、（2）项规定放张时，应分阶段、对称、相互交错地放张，以防止放张过程中构件发生翘曲、裂纹及预应力筋断裂等现象；

(4) 放张后预应力筋的切断顺序，宜由张端开始，逐次切向另一端。

对配筋不多的预应力钢丝放张可采用剪切、割断的方法，由中间向两侧逐根放张，以减少回弹量，利于脱模。对于配筋较多的预应力钢丝放张宜采用同时放张的方法，以防止最后的预应力钢丝因应力突然增大而断裂或使端部开裂。

当构件的预应力筋为钢筋时，放张应缓慢进行，对配筋不多的预应力钢筋，可采用逐根加热熔断或用预先设置在钢筋锚固端的楔块单根放张。配筋较多的预应力钢筋，所有钢筋应同时放张，可采用楔块或砂箱放张装置缓慢进行。

5.6 后张法预应力钢筋、锚具、张拉设备应如何配套使用？

后张法施工常用的预应力筋有单根钢筋、钢筋束、钢绞线束等，使用不同的预应力筋要配以相适应的锚具，张拉过程也需以相配的张拉机具进行。

(1) 单根钢筋用作预应力筋时，张拉端采用螺丝端杆锚具；固定端采用墩头锚具或帮条锚具。张拉设备常用拉杆式千斤顶（代号 YL），穿心式千斤顶（代号 YC），如装撑脚、张拉杆和连接器后也可用于张拉以螺丝端杆为张拉锚具的单根钢筋。

(2) 钢筋束、钢绞线束作预应力筋时，常用的锚具有 JM12 型锚具和 KT-Z 型锚具。

JM12 型锚具可用于锚固 3~6 根直径 12mm 的光圆或螺纹钢筋，也可用于锚固 5~6 根直径为 12mm 的钢绞线。KT-2 型锚具分为 A 型和 B 型两种，当预应力筋的最大张拉力超过 450kN 时采用 A 型，不超过 450kN 时采用 B 型，可用以锚固 3~6 根直径为 12mm 的钢筋束或钢绞线束。

当采用 JM12 型锚具时，采用穿心式千斤顶（代号 YC）张拉。

当采用 KT-Z 型锚具时，采用穿心式千斤顶（代号 YC）或锥锚式千斤顶（代号 YZ）张拉。

(3) 钢丝束作为预应力筋时，使用钢质锥形锚具可锚固以锥锚式双作用千斤顶张拉的钢丝束；锥形螺杆锚具可用以锚固 14~28 根直径 5mm 的钢丝束；钢丝束墩头锚具适用于锚固 12~54 根 $\phi 5$ 高强钢丝。张拉端采用 DM5A 型墩头锚具，固定端采用 DM5B 型墩头锚具，采用拉杆式千斤顶张拉。

5.7 如何计算预应力筋的下料长度？应考虑哪些因素？

预应力钢筋的制作与钢筋的直径、钢材的品种、锚具的种类、张拉设备和张拉工艺有关，目前常用的钢筋有单根钢筋、钢筋束或钢绞线束、钢丝束。

单根粗钢筋预应力筋的制作包括配料、对焊、冷拉等工序。预应力筋的下料长度应计算确定。应考虑预应力筋钢材品种、锚具形式、焊接接头、钢筋冷拉伸长率、弹性回缩率、张拉伸长值、构件孔道长度、张拉设备与施工方法等因素。

如图 5-6 所示，单根粗钢筋预应力筋下料长度 L 按下式计算：

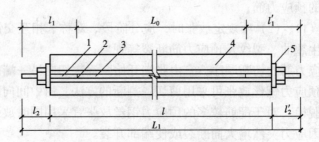

图 5-6 单根粗钢筋下料长度计算示意图
1—螺丝端杆；2—对焊接头；3—粗钢筋；4—混凝土构件；5—垫板

$$L = \frac{L_0}{1 + r - \delta} + nl_0 \tag{5-4}$$

式中 L——预应力筋钢筋部分的下料长度（mm）；

L_1——预应力成品全长（mm）；

l_1（l_1'）——锚具长度（如为螺丝端杆，一般为 320mm）；

l_2（l_2'）——锚具伸出构件外的长度（mm）；

L_0——预应力筋钢筋部分的成品长度（mm）；

l——构件的孔道长度（mm）；

l_0——每个对焊接头的压缩长度，一般 $l_0 = d$（d 为预应力钢筋直径）；

n——对焊接头数量(钢筋与钢筋、钢筋与锚具的对焊接头总数);

r——钢筋冷拉伸长率(由试验确定);

δ——钢筋冷拉弹性回缩率(由试验确定)。

钢筋束由直径为 12mm 的细钢筋编束而成,钢绞线束由直径 12mm 或 15mm 的钢绞线编束而成,每束 3~6 根,一般不需对焊接长。

钢筋束钢绞线束的下料长度,与构件的长度、所选用的锚具和张拉机具有关。

钢绞线下料长度如图 5-7 所示,按下式计算:

两端张拉时

$$L = l + 2(l_1 + l_2 + l_3 + 100) \tag{5-5}$$

一端张拉时

$$L = l + 2(l_1 + 100) + l_2 + l_3 \tag{5-6}$$

式中 l——构件的孔道长度;

l_1——夹片式工作锚厚度;

l_2——穿心式千斤顶长度;

l_3——夹片式工具锚厚度。

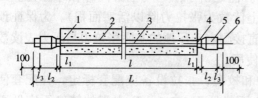

图 5-7 钢绞线下料长度计算简图
1—混凝土构件;2—孔道;3—钢绞线;4—夹片式工作锚;5—穿心式千斤顶;6—夹片式工具锚

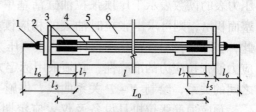

图 5-8 采用锥形螺杆锚具时钢丝束下料长度计算简图
1—螺母;2—垫板;3—锥形螺杆锚具;4—钢丝束;5—孔道;6—混凝土构件

采用锥形螺杆锚具两端同时张拉时(如图 5-8),钢丝束预应力筋的下料长度

$$L = L_0 + \Delta = l - 2l_5 + 2l_6 + 2(l_7 + D) + \Delta \tag{5-7}$$

式中 L——预应力筋的下料长度;

L_0——预应力筋的成品长度;

l——构件的孔道长度;

l_5——锥形螺杆长度(可取 380mm);

l_6——锥形螺杆的外露长度(可取 120mm);

l_7——锥形螺杆的套筒长度(可取 100mm);

D——钢丝伸出套筒的长度(可取 20mm);

Δ——钢丝应力下料后的弹性回缩值(由试验确定)。

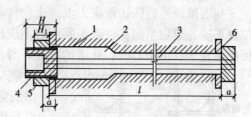

图 5-9 采用墩头锚具时钢丝束下料长度计算简图
1—混凝土构件;2—孔道;3—钢丝束;4—锚杯;5—螺母;6—锚板

采用锚杯式墩头锚具一端张拉时（图5-9），钢丝束预应力筋的下料长度

$$L = l + 2a + 2\delta - 0.5(H - H_1) - \Delta L - C \qquad (5-8)$$

式中　L——预应力筋的下料长度；

　　　l——构件的孔道长度；

　　　a——锚板厚度或锚杯底部厚度；

　　　δ——钢丝墩头留量（取钢丝直径的2倍）；

　　　H——锚杯高度；

　　　H_1——螺母高度；

　　　ΔL——张拉时钢丝伸长值；

　　　C——混凝土弹性压缩值（当其值很小时可略去不计）。

5.8　在张拉预应力筋前为什么要对千斤顶进行标定？标定期限有何规定？

用千斤顶张拉预应力筋时，预应力的张拉力是通过油泵上的油压表的读数来控制的，压力表的读数表示千斤顶张拉油缸活塞单位面积的油压力。理论上如已知张拉力 N、活塞面积 A，则可求出张拉时油表的相应读数 P。但是由于活塞与油缸间存在摩擦力。因此，实际张拉力往往比理论计算值小（压力表上读数为张拉力除以活塞面积）。为保证预应力筋张拉应力的准确性，必须采用标定方法直接测定千斤顶的实际张拉力与压力表读数之间的关系，绘制 $N - P$ 关系曲线，供施工时使用。

预应力筋张拉机具设备及仪表应定期维护和校验，张拉设备应配套标定，并配套使用。标定张拉设备用的试验机或测力计精度，不得低于±2%，压力表的精度不宜低于1.5级，最大量程不宜小于设备额定张拉力的1.3倍。标定时，千斤顶活塞的运行方向应与实际张拉工作状态一致。张拉设备的标定期限，不应超过半年。

5.9　孔道留设有哪些方法？分别应注意哪些问题？

孔道留设是后张法预应力混凝土构件制作中的关键工序之一。要求预留孔道的尺寸与位置正确，定位牢固，浇筑混凝土时不应出现位移和变形；孔道应平顺，端部的预埋锚垫板应垂直于孔道中心线；孔道的直径一般比预应力筋的外径（包括钢筋对焊接头的外径或需穿入孔道锚具外径）大10~15mm，以利于预应力钢筋穿入，成孔用管道应密封良好，接头应严密且不得漏浆，孔道留设的方法有钢管抽芯法、胶管抽芯法和预埋波纹管法等。

钢管抽芯法用于直线孔道，是预先将钢管埋设在模板内孔道位置处，在浇筑混凝土后，每隔一定时间慢慢转动钢管，使其不与混凝土粘结，待混凝土初凝后、终凝前抽出钢管形成孔道。

钢管要平直，表面必须圆滑，预埋前应除锈、刷

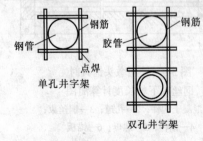

图5-10　固定钢管或胶管位置用的井字架

油，钢管在构件中用间距不大于 1.0m 的钢筋井字架（图 5-10）固定位置。每根钢管的长度一般不超过 15m，以便转动和抽管。钢管两端应各伸出构件外 0.5m 左右。较长的构件可采用两根钢管，中间用套管连接，如图 5-11 所示。

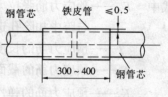

图 5-11 铁皮套管

抽管时间与水泥的品种、气温与养护条件有关。抽管宜在混凝土初凝之后、终凝之前进行，抽管过早，会造成塌孔事故；太晚，混凝土与钢管粘结牢固，抽管困难，甚至抽不出来。常温下抽管时间约在混凝土浇筑后 3~5h。

抽管顺序宜先上后下进行。抽管方法可用人工或卷扬机，抽管时必须速度均匀，边抽边转，并与孔道保持在一直线上。抽管后应及时检查孔道情况，并做好孔道清理工作，防止以后穿筋困难。

胶管抽芯法可用于留设直线、曲线或折线孔道。胶管有五层或七层夹布胶管和钢丝网橡皮管两种。前者质软，必须在管内充水或充气后方可使用。

胶管用钢筋井字架固定，间距不大于 0.5m，且曲线孔道处应适当加密。浇筑混凝土前，胶管内充入压力为 0.6~0.8MPa 的压缩空气或压力水。此时胶管直径增大约 3mm，待混凝土初凝后，放出压缩空气或压力水，管径缩小而与混凝土脱离，便于抽出。

钢丝网橡皮管质硬，具有一定弹性，预留孔道时与钢管一样，只是浇筑混凝土后不需转动，由于其有一定弹性，抽管时在拉力作用下断面缩小，易于拔出。

预埋波纹管法是将与孔道直径相同的金属波纹管埋入混凝土中留设孔道，金属管无需抽出，施工简便，孔道的形状和位置容易保证。金属波纹管刚度好、弯折方便、连接容易、与混凝土粘结良好，适用于各种直线和曲线孔道。预埋时金属波纹管用间距不大于 0.8m 的钢筋井字架固定。

在留设孔道的同时，需在设计规定的位置留设灌浆孔和排气孔。灌浆孔的间距：对预埋金属波纹管不宜大于 30m；对抽芯成形孔道不宜大于 12m；在曲线孔道的曲线波峰部位应设置排气兼泌水管，必要时可在最低点设置排水孔；留设灌浆孔或排气孔时，可用木塞或镀锌钢板成孔，灌浆孔及泌水管的孔径应能保证浆液畅通。

5.10 如何计算预应力筋的张拉力和钢筋的伸长值？

（1）预应力筋的张拉力 F_p 按下式计算：

$$F_p = m\sigma_{con}A_p \tag{5-9}$$

式中　m——超张拉系数。取值 1.03 或 1.05；
　　　σ_{con}——预应力筋的张拉控制应力值；
　　　A_p——预应力的截面面积。

（2）预应力筋的计算伸长值 Δl 可按下式计算：

$$\Delta l = \frac{F_p l}{A_p E_s} \tag{5-10}$$

式中　F_p——预应力筋张拉力，kN，直线筋取张拉端拉力，两端张拉的曲线筋取张拉端与跨中扣除孔道摩阻损失后拉力的平均值；

　　　l——预应力筋的长度（mm）；

　　　A_p——预应力筋的截面面积（mm²）；

　　　E_s——预应力筋的弹性模量（kN/mm²）。

5.11　后张法施工工艺过程可能有哪些预应力损失？应采取哪些方法来减少或弥补？

（1）预应力筋与孔道摩擦引起的预应力损失：

为了减少预应力筋与孔道摩擦引起的预应力损失，对抽芯成型孔道的曲线形预应力筋和长度在于24m的直线预应力筋，应采用两端张拉；长度等于或小于24m的直线预应力筋，可一端张拉，预埋波纹管孔道，对曲线预应力筋和长度大于30m的直线预应力筋，宜在两端张拉；长度等于或小于30m的直线预应力筋，可在一端张拉。

同一截面中有多根一端张拉的预应力筋时，张拉端宜分别设置在构件两端；当两端同时张拉同一根预应力筋时，为减少预应力损失，宜先在一端锚固，再在另一端补足张拉力后进行锚固。

（2）对配有多根预应力筋的预应力混凝土构件，分批张拉时，后批张拉钢筋的产生的混凝土弹性压缩对先批张拉钢筋的预应力损失，这是在后批张拉作用下，使构件混凝土再次产生弹性压缩而导致先批张拉的预应力筋应力下降，这应力损失值应加到先批张拉的预应力筋的张拉应力中。为此，先批张拉的预应力筋的张拉应力值应增加 $\alpha_E \cdot \sigma_{pci}$。

$$\alpha_E \cdot \sigma_{pci} = \frac{E_s}{E_c} \cdot \frac{(\sigma_{con} - \sigma_{l1} A_p)}{A_n} \tag{5-11}$$

式中　$\alpha_E \cdot \sigma_{pci}$——先批张拉钢筋应增加的应力损失值；

　　　α_E——钢筋弹性模量与混凝土弹性模量的比值；

　　　σ_{pci}——后批张拉钢筋在先批张拉钢筋重心处产生的混凝土法向应力（MPa）；

　　　E_s——钢筋的弹性模量（MPa）；

　　　E_c——混凝土的弹性模量（MPa）；

　　　σ_{con}——预应力筋张拉控制应力（N/mm²）；

　　　σ_{l1}——预应力的第一批应力损失值（包括锚具变形和摩擦损失）（MPa）；

　　　A_p——后批张拉的预应力筋截面面积（mm²）；

　　　A_n——构件混凝土的净截面面积（包括构件钢筋的折算面积）（mm²）。

采用分批张拉时，应按上式计算出分批张拉的预应力损失值，分别加到先批张拉预应力筋的张拉控制应力内，或采用同一张拉力值而后逐根复位张拉补足。

（3）对平卧叠浇的预应力混凝土构件，上层构件的重量产生的水平摩阻力会阻止下层构件在预应力筋张拉时混凝土弹性压缩的自由变形。待上层构件起吊后，由于摩阻力影响消失会增加混凝土弹性压缩的变形，从而引起预应力损失。该损失值随构件形式、隔离层性能和张拉方式不同而异。且在同样条件下，其分散性亦较大，目前尚未掌握其应力损失的规律。为便于施工，对平卧叠浇的预应力构件，宜先上后下逐层进行张拉，采用逐层增大超张拉的办法来减少或弥补该预应力损失，但底层超张拉值不宜超过规定的张拉控制应力限值。

在预应力筋张拉时，往往需采取超张拉的方法来弥补多种预应力的损失，此时，预应力筋的张拉应力较大。例如，多层叠浇的最下一层构件中的先批张拉钢筋，既要考虑钢筋的松弛，又要考虑多层叠浇的摩阻力影响，还要考虑后批张拉钢筋对先批张拉钢筋的影响，往往张拉应力会超过规定的限值，此时，可采取下述方法解决：

一是先采用同一张拉值，而后复位补足；二是分两阶段建立预应力，即全部预应力张拉到一定数值（如 $90\%\sigma_{con}$），再第二次张拉至控制值。

5.12 预应力筋张拉锚固后为什么进行孔道灌浆？对孔道灌浆有何要求？

预应力筋张拉后处于高应力状态，对腐蚀非常敏感，后张法有粘结预应力筋张拉后应尽早进行孔道灌浆。目的是保护预应力筋，防止预应力筋锈蚀；同时使预应力筋与结构混凝土形成整体，增加结构的整体性和耐久性。灌浆是对预应力筋的永久性保护措施。

孔道灌浆应采用强度等级不低于42.5级的普通硅酸盐水泥配制的水泥浆，灌浆用水泥浆的水灰比不应大于0.45，搅拌后3h泌水率不宜大于2%，且不应大于3%。泌水应能在24h内全部重新被水泥吸收。灌浆用水泥浆（或水泥砂浆）的抗压强度不应小于30N/mm^2。灌浆后，孔道内水泥浆应饱满、密实。为了增加孔道灌浆的密实性，在水泥浆中可掺入水泥用量0.2%的木质素磺酸钙或水量用量万分之0.5~1的铝粉或其他减水剂。但不得掺入氧化物或其他对预应力筋有腐蚀作用的外加剂。

灌浆前混凝土孔道应用压力水冲刷干净并润湿孔壁。孔道灌浆可用电动压浆泵，灌浆时，水泥浆应缓慢均匀地泵入，不得中断。灌满孔道并封闭气孔后，宜再继续加压至0.5~0.6MPa，并稳压一定时间，以确保孔道灌浆的密实性。对于不加外加剂的水泥浆灌浆，可采用二次灌浆法，以提高孔道灌浆的密实性。

灌浆顺序应先下后上，以避免上层孔道灌浆而把下层孔道堵塞。曲线孔道灌浆宜由最低点压入水泥浆，至最高点排气孔排出空气及溢出浓浆为止。

5.13 无粘结预应力的施工工艺如何？其锚头端部应如何处理？

（1）无粘结预应力混凝土结构施工工艺流程，如图5-12所示。

（2）无粘结预应力筋锚头端部处理：

无粘结预应力筋张拉完毕后，应及时对锚固区进行保护，无粘结预应力筋锚固区，必须有严格的密封防护措施，严防水汽进入，锈蚀预应力筋。

无粘结预应力筋锚固后的外露长度不小于30mm，多余部分宜用手提砂轮锯切割。在锚具与承压板表面涂以防水涂料。为了使无粘结筋端头全封闭，在锚具端头涂防腐润滑油

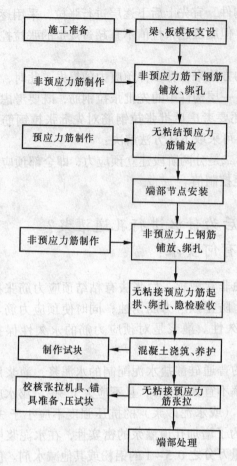

图 5-12 无粘结预应力
混凝土施工工艺流程图

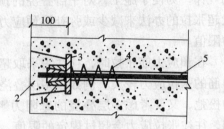

图 5-13 锚头端凹入式处理
1—夹片锚具；2—砂浆；3—承压钢板；
4—螺旋筋；5—无粘结预应力筋

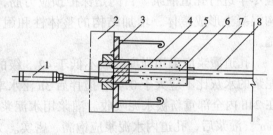

图 5-14 锚头端部处理 1
1—油枪；2—混凝土封闭；3—锚具；4—注入孔道的油脂；5—端部孔道；6—无涂层的端部钢丝；7—构件；8—有涂层的无粘结预应力束

脂后，罩上封端塑料盖帽。

对凹入式锚固区，锚具表面经涂防腐润滑脂处理后，再用微膨胀混凝土或低收缩防水砂浆密封，如图 5-13 所示。

对凸出式锚固区的处理方式，常采用两种方法，第一种是在孔道中注入油脂并加以封闭，如图 5-14 所示。

另一种方法是在两端留设的孔道内注入环氧树脂水泥砂浆，其抗压强度不低于 35MPa，灌浆同时封闭，如图 5-15 所示。

无粘结预应力筋的固定端，也可利用镦头锚板或挤压锚具采取内埋式做法，如图 5-16 所示。

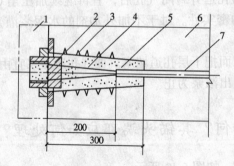

图 5-15 锚头端部处理 2
1—混凝土封闭；2—锚具；3—端部加固螺旋钢筋；
4—无涂层的端部钢丝；5—环氧树脂水泥砂浆；
6—构件；7—无粘结预应力束

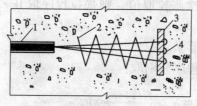
钢丝束镦头锚板

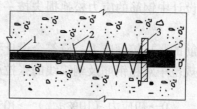
钢绞线挤压锚具

图 5-16　无粘结预应力筋固定端处理
1—无粘结筋；2—螺旋筋；3—承压钢板；4—冷镦头；5—挤压锚具

5.14　先张法与后张法的最大控制应力如何确定？

预应力钢筋张拉的控制应力按设计规定，控制应力的数值影响预应力的效果，根据《混凝土结构设计规范》GB50010—2002 的规定，预应力钢筋的张拉控制应力值 σ_{con} 不宜超过表 5-1 规定的张拉控制应力限值。

张拉控制应力限值　　　　　　　　　　　　　　　表 5-1

钢筋种类	张拉方法		钢筋种类	张拉方法	
	先张法	后张法		先张法	后张法
消除应力钢丝，钢绞线	$0.75f_{ptk}$	$0.75f_{ptk}$	热处理钢筋	$0.70f_{ptk}$	$0.65f_{ptk}$

注：1. 在下列情况下，表中的数值允许提高 $0.05f_{ptk}$：
　　为了提高构件制作、运输及吊装阶段的抗裂度而设置在使用阶段受压区的预应力钢筋；
　　为了部分抵消由于应力松弛、摩擦、钢筋分批张拉以及预应力钢筋与张拉台座之间的温差因素产生的预应力损失；
　　2. 张拉控制应力值 σ_{con} 不应小于 $0.4f_{ptk}$，其中 f_{ptk} 为预应力钢筋强度标准值。

5.15　先张法与后张法的张拉程序如何？为什么要采用该张拉程序？

预应力筋的张拉程序有超张拉和一次张拉两种。

超张拉是指张拉应力超过设计所规定的张拉控制应力值，采用超张拉方法时，预应力筋可按以下两种张拉程序之一进行。

$$0 \rightarrow 1.05\sigma_{con} \xrightarrow{持荷 2min} \sigma_{con} \tag{5-12}$$

$$0 \rightarrow 1.03\sigma_{con} \tag{5-13}$$

第一种张拉程序中，超张拉 5%，并持荷 2min，其目的是为了在高应力状态下加速预应力筋松弛早期发展，可以减少松弛引起的预应力损失约 50%；第二种程序中，超张拉 3%，其目的是为了弥补预应力筋的松弛损失。

如果在设计中钢筋的应力松弛损失按一次张拉取值,则张拉程序取 $0 \to \sigma_{con}$ 就可以满足要求。

预应力筋的张拉控制应力,应符合设计要求。

交通部规范中对粗钢筋及钢绞线的张拉程序分别取:

$$0 \to 初应力 (10\% \sigma_{con}) \to 105\% \sigma_{con} \xrightarrow{持荷 5min} 90\% \sigma_{con} \to \sigma_{con} \tag{5-14}$$

$$0 \to 初应力 \to 105\% \sigma_{con} \xrightarrow{持荷 5min} 0 \to \sigma_{con} \tag{5-15}$$

建立上述张拉程序的目的也是为了减少预应力的松弛损失。

6 滑升模板工程施工

6.1 何谓滑升模板？其工艺特点是什么？

滑升模板（又称滑动模板）施工是现浇混凝土工程中机械化施工程度较高的工艺之一。

滑升模板的施工是按照建筑物的平面布置，从地面开始沿墙、柱、梁等构件的周边，一次装设高为1.2m左右的模板，随着在模板内不断浇筑混凝土和绑扎钢筋，利用一套提升设备将模板不断向上提升，由于出模的混凝土自身强度能承受本身的重量和上部新浇混凝土的重量，所以能保持其已获得的形状而不会塌落和变形。这样，随着滑升模板的不断上升，在模板内分层浇筑混凝土，连续成型，逐步完成建筑物构件的混凝土浇筑。滑升模板装置如图6-1所示。

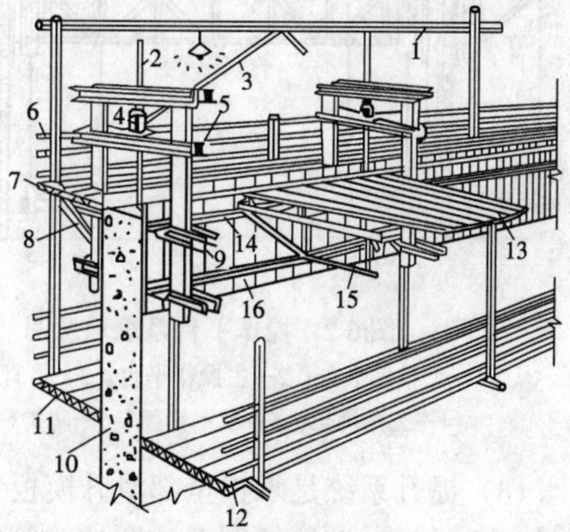

滑升模板初期主要用于筒壁构筑物（烟囱、水塔等）的施工，随着技术的进步，这项工艺应用的范围也不断扩大。滑升结构物的类型，已由构筑物发展到高层和超高层建筑物；滑升结构的截面形式，也由等截面发展到变截面，又由变截面发展到变坡变径。

图6-1 滑模装置总图
1—支架；2—支承杆；3—油管；4—千斤顶；5—提升架；6—栏杆；7—外平台；8—外挑架；9—收分装置；10—混凝土墙；11—外吊平台；12—内吊平台；13—内平台；14—上围圈；15—桁架；16—模板

滑升模板工艺的主要优点是：可大量节约模板和脚手架，节省劳动力，降低施工费用；加快工程的施工进度，缩短工期；提高工程质量，保证结构的整体性，有利于施工安全。

6.2 滑升模板系统的组成如何？

滑升模板系统主要由模板系统、操作平台系统和提升系统三大部分组成。

（1）模板系统 包括模板、围圈、提升架等。

模板的作用是确保混凝土按照设计要求的结构形体尺寸准确成型，并承受新浇筑混凝土的侧压力、冲击力和在滑升时混凝土对模板产生的摩阻力；另外，还要保证结构内的配筋、门窗洞口模板、预埋管线等能顺利地从模板上口安装施工。

模板支承在围圈上，与围圈的连接一般有两种方法：一种是模板挂在围圈上；另一种是模板搁置在围圈上。前者装拆稍费事，后者装拆方便，但需要有相应措施固定。

围圈在模板外侧横向布置，一般上下各布置一道，分别支承在提升架的立柱上。围圈的作用是固定模板的位置，保证模板所构成的几何形状不变，承受由模板传来的水平力（新浇筑混凝土的侧压力、冲击力和风荷载）和垂直力（一般为滑升时的摩阻力）。有时，围圈还可能承受操作平台及挑平台传递的荷载。围圈把模板和提升架联系在一起，构成模板系统，当提升架提升时，通过围圈带动模板，使模板向上滑升。

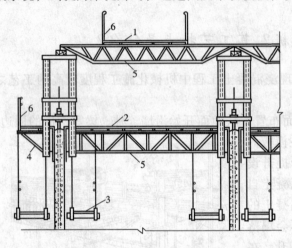

图 6-2 操作平台系统示意图
1—上辅助平台；2—主操作平台；3—吊脚手架；
4—三角挑架；5—承重桁架；6—防护栏杆

提升架（又称千斤顶架或门架）的作用是固定围圈的位置，防止模板的侧向变形；承受作用于整个模板上的竖向荷载；将模板系统和操作平台系统连成一体，并将模板系统和操作平台的全部荷载传递给千斤顶和支承杆。因此，提升架在模板系统中是个关键的部件。

（2）操作平台又称工作平台，主要包括主操作平台、外挑操作平台、吊脚手架等。在施工需要时，还可设置上辅助平台（图6-2）。它是供材料、工具、设备堆放和施工人员进行操作的场所。其承载负荷大，要求具有足够的强度和刚度。

（3）提升系统是承担全部滑升模板装置、设备及施工荷载向上滑动的动力装置，由支承杆、千斤顶、液压控制系统和油路等组成。

6.3 支承杆的作用及其常用的连接方式和特点是什么？

支承杆又称爬杆，是千斤顶向上爬升的轨道，又是滑升模板装置的承重支柱，承受着施工过程中的全部荷载。

支承杆一般采用直径为 25mm 的 HPB235 圆钢筋，钢筋要经过冷拉调直，其冷拉率不宜大于 4%。当采用楔块式千斤顶时，亦可用螺纹钢筋。螺纹钢筋冷拉调直时，其冷拉率不宜大于 1%。

支承杆连接的方式有三种，见图 6-3。

（1）焊接连接。即将上下支承杆轴线对准，接头采用单面或双面坡口焊焊牢，然后锉平焊口即可。其优点是接口加工简单，但现场焊接量大。

（2）榫接连接。即将接头的两端加工成榫套，连接时将短钢销插入下面支承杆的榫套上，再将上面的支承杆套在短钢销上。榫接连接的另一处方式是将上下两支

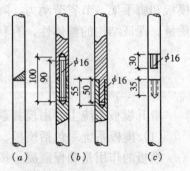

图 6-3 支承杆的连接方式
(a) 焊接连接；(b) 榫接连接；(c) 丝扣连接

承杆分别加工成母子榫。榫接连接施工方便，但受力性能较差，加工精度要求较高，在滑升过程中易被千斤顶卡头带起，一般不提倡。

(3) 丝扣连接。即在上下支承杆接头的两端分别加工成螺丝头和螺丝孔，连接时，将上支承杆的螺丝头旋入下支承杆的螺丝孔内。丝扣连接操作简单，安全可靠，效果较好，但要用管钳扭紧。

6.4 滑升模板施工中对混凝土有什么要求？何谓混凝土的出模强度？如何控制？

(1) 混凝土的配制

混凝土的配制除应满足设计要求的强度等级外，尚应满足滑模的施工要求。因此，要根据模板的滑升速度、现场的气温变化情况、原材料的情况等，试配几种配合比，以找出在不同气温条件下的混凝土初凝、终凝时间及强度增长曲线，供施工选用。

水泥的品种应根据施工环境温度的变化选用，高温宜选用凝结速度较慢的水泥，低温宜选用凝结较快、早期强度较高的水泥。混凝土的坍落度，当采用机械振捣时，以6~10cm为宜；采用人工振捣时，可适当增加。为了在不增加水泥用量和不降低混凝土强度的前提下，增大混凝土的坍落度，应采取掺加外加剂的办法。气温过高时，宜加入缓凝剂、减水复合外加剂；气温过低时，宜加入高效减水剂和低温早强抗冻剂。

(2) 混凝土凝结时间和出模强度的控制

滑模施工为了能减少混凝土对模板的摩阻力，保证出模混凝土的质量，即既有一定的强度，不塌陷，不变形，不被拉裂，又便于抹光，必须根据滑升速度适当控制混凝土的凝结时间，使出模的混凝土强度达到最优出模强度。根据滑模施工的技术条件，要求每小时平均滑升速度不能低于10cm，且浇筑上一层混凝土时，下一层混凝土仍处于塑性状态，故在设计混凝土配合比时，混凝土的初凝时间宜控制在2~4h左右，终凝时间宜控制在4~7h左右。混凝土的出模强度宜控制在$0.2 \sim 0.4 \text{N/mm}^2$（贯入阻力值为$0.3 \sim 1.05 \text{kN/cm}^2$）。

6.5 滑升模板施工中对混凝土的浇筑有何要求？

浇筑混凝土时，应先合理划分区段，使每段的浇筑数量和时间大致相同，并固定人员负责。应严格执行分层浇筑、分层振捣、均匀交圈的方法，使混凝土表面基本保持在同一水平面上，防止出现因混凝土表面高低不一，致使出模强度不一的问题。

混凝土初浇筑时（滑模组装后初升前的首次浇筑），浇筑高度可适当增加（一般为600~700mm，分2~3层浇筑），但必须在混凝土初凝前完成。当模板初升后进入随升随浇阶段时，每个浇筑层厚度以200mm左右为宜，框架柱的每个浇筑层厚度可增大到300mm。每个浇筑层的施工时间宜控制在2h左右。

预留孔洞、门窗口和管道等两侧的混凝土应对称均衡浇筑，以防挤动。入模的混凝土不得只向模板一侧倾倒，造成模板变形。

浇筑混凝土的顺序，应尽可能先浇筑结构相对复杂、施工比较困难的部位，截面较大的部位，受阳光直射的部位等；每层混凝土浇筑的方向，应有计划、均匀地交替调整变换,防止结构出现粘模、塌陷、倾斜和扭转。

混凝土的振捣,可采用机械或人工捣实。机械振捣时,应采用小型振动器。振捣时,振动器不要接触钢筋、模板和支承杆,插入下一层混凝土内的深度,宜小于50mm。

正常滑升时,新浇筑混凝土表面与模板的上口,宜保持50~100mm的距离,防止模板提升时将混凝土带起。

在浇筑混凝土的同时,应随时清理粘附在模板内表面的砂浆,保持模板洁净,防止结硬后增加滑升的摩阻力。

在滑升的过程中,应随时检查出模后的混凝土强度情况。一般用指压法检查其表面:凡指按稍显指痕但不粘手、不深陷者为合格;表面粘手、深陷者,说明强度不够,应暂缓提升;表面较硬且无指痕者,说明强度过高,应加快提升。

出模的混凝土应及时养护,可采用喷水养护,也可在混凝土表面喷薄膜养生液养护。

当剪力墙结构的外墙采用单一材料轻骨料混凝土时,每个浇筑层厚度应控制在250mm左右,入模前,混凝土应进行二次拌合,防止发生离析。内、外墙体不同品种混凝土的交接处理,宜采取隔离措施(如筛网),先浇筑一步(200~250mm)内墙普通混凝土,接着浇筑一步外墙轻骨料混凝土的方法。

7 脚手架工程

7.1 扣件式钢管脚手架有哪些搭设要求？

扣件式钢管脚手架是目前广泛应用的一种多立杆式脚手架，其不仅可以用作外脚手架，而且可以用作里脚手架、满堂红脚手架和模板支架等。

钢管扣件脚手架的搭设要求。落地式脚手架底部要设置底座和垫板，地基要分层夯实，并有可靠的排水措施，防止积水浸泡。立杆之间的纵向间距不大于2m；当为单排设置时，立杆离墙1.2~1.4m；当为双排设置时，里排立杆离墙0.4~0.5m，里、外排立杆之间间距为1.5m左右。对接时需要对接扣件连接，相邻的立杆接头要错开。立杆的垂直偏差不得大于架高的1/200。上下层相邻大横杆之间的间距（步架高）为1.8m左右。大横杆杆件之间的连接应用对接扣件连接。如采用搭接连接，搭接长度不应小于50mm。小横杆的间距不大于1.5m。当为单排设置时，小横杆的一头搁入墙内不少于240mm，一头搁于大横杆上，至少伸出100mm；当为双排设置时，小横杆端头离墙距离为50~100mm。小横杆与大横杆之间用直角扣连接。斜撑（剪刀撑）与地面的夹角宜在45°~60°范围内。交叉的两根斜撑分别通过回转扣件在立杆及小横杆的伸出部分上，以避免两根斜撑相交时把钢管别弯。斜撑的长度较大，因此除两端扣紧外，中间尚需增加2~4个扣节点。连墙件设置需从底部第一根纵向水平杆处开始均匀布置，位置应靠近脚手架杆件的节点处，与结构连接应牢固。每个连墙件抗风荷载的最大面积应不大于40m²，其间距可参考表7-1。

连墙件的布置　　　表7-1

脚手架类型	脚手架高度（m）	垂直间距（m）	水平间距（m）
双排	≤50	≤6	≤6
	>50	≤4	≤6
单排	≤24	≤6	≤6

7.2 碗扣式钢管脚手架的特点及搭设要求是什么？

碗扣式钢管脚手架由钢管立杆、横杆、碗扣接头等组成。其杆件节点处采用碗扣承插连接，由于碗扣是固定在钢管上的，构件全部轴向连接，力学性能好，其连接可靠，组成的脚手架整体性好，不存在扣件丢失问题。其基本构造和搭设要求与扣件式钢管脚手架类似，不同之处主要在于碗扣接头。

碗扣接头（图7-1）由上碗扣、下碗扣、横杆接头和上碗扣的限位销等组成。下碗扣焊在钢管上，上碗扣对应地套在钢管上，其销槽对准焊在钢管上的限位销即能上下滑动。连接时，只需将横杆接头插入下碗扣内，将上碗扣沿限位销扣下，并顺时针旋转、靠上碗扣螺旋面使之与限位销顶紧，从而将横杆和立杆牢固地连在一起，形成框架结构。碗扣间距600mm，碗扣处可同时连接9根横杆，可以互相垂直或偏转一定角度。可组成直线形、曲线形、直角交叉形式等多种形式。

碗扣式钢管脚手架搭设要求。立柱横距为1.2m，纵距可为1.2~1.4m，步架高为1.6~2.0m。对搭设高度在30m以下的垂直度应控制在1/200以内，高度在30m以上的垂直度应控制在1/600~1/400；总高垂直度偏差不大于100mm。连墙体应尽可能设置在碗扣接头内（图7-2），且布置均匀。对搭设高度在30m以下的脚手架，每40m²竖向面积应设置1个；对搭设高度大于40m的高层或荷载较大的脚手架每20~25m²竖向面积应设置1个。

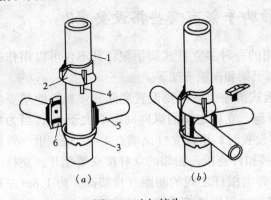
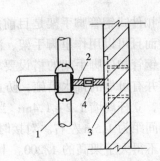

图7-1 碗扣接头
（a）连接前；（b）连接后
1—立杆；2—上碗扣；3—下碗扣；4—限位销；5—横杆；6—横杆接头

图7-2 碗扣式脚手架的连墙件
1—脚手架；2—连墙杆；
3—预埋件；4—调节螺栓

7.3 门式钢管脚手架的主要结构特点和搭设要求是什么？

门式脚手架是一种工厂生产、现场组拼的脚手架，是当今国际上应用最普遍的脚手架之一。它不仅可作为外脚手架，也可作为移动式里脚手架或满堂脚手架。门式脚手架具有几何尺寸标准化、结构合理、受力性能好、施工中装拆容易、安全可靠、经济实用等特点。门式脚手架是由2个门式框架、2个剪刀撑、1个水平梁架和4个连接器组合而成一个基本单元（图7-3）。由若干个基本单元通过连接器在竖向叠加，组成一个多层框架。在

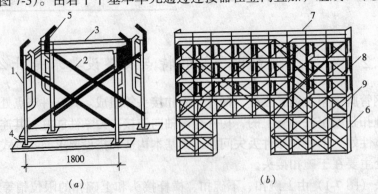

图7-3 门式脚手架
1—门式框架；2—剪刀撑；3—水平梁架；4—调节螺栓；5—连接器；
6—梯子；7—栏杆；8—脚手板；9—交叉斜杆

水平方向，用加固杆和水平梁架使相邻单元连成整体，加上斜梯、栏杆柱和横杆组成上下步相通的外脚手架。

门式脚手架的搭设顺序：铺放垫木→设立门架→安装剪刀撑→安装水平梁架→安装梯子→安装水平加固杆→安装连墙杆→……逐层向上……→安装交叉斜杆。

门式脚手架高度一般不超过45m，每5层至少应架设水平架一道，垂直和水平方向每隔4~6m应设一个连墙件，在转角处应用钢管通过扣件紧在相邻两个门式框架上。搭设后，应用水平加固杆（钢管）加强，通过扣件将水平加固杆扣在门式框架上，形成水平闭合圈。一般在10层框架以下，每3层设一道；在10层以上，每5层设一道。最高层顶部和最底层底部应各架设一道，同时还应设置交叉斜撑。框架超10层时，还应加设辅助支撑，高度方向每8~11层，宽度方向5个门式框架之间加设一组，使脚手架与墙体可靠连接。

7.4 升降式脚手架有哪几种类型？它们的主要特点是什么？

满搭式脚手架是沿结构外表面满搭的脚手架，在结构和装修工程施工中应用较为方便，但费料耗工，一次性投资大，工期亦长。近年来在高层建筑及筒仓、竖井、桥墩等施工中发展了多种形式的外挂脚手架，其中应用较为广泛的是升降式脚手架，包括自升降式、互升降式、整体升降式三种类型。

升降式脚手架主要特点是：①脚手架不需满搭，只搭设满足施工操作及安全各项要求的高度；②地面不需做支承脚手架的坚实地基，也不占施工场地；③脚手架及其上承担的荷载传给与之相连的结构，对这部分结构的强度有一定要求；④随施工进程，脚手架可随之沿外墙升降，结构施工时由下往上逐层提升，装修施工时由上往下逐层下降。

(1) 自升降式脚手架

自升降式脚手架的升降运动是通过手动或电动捯链交替对活动架和固定架进行升降来实现的。从升降架的构造来看，活动架和固定架之间能够进行上下相对运动。当脚手架工作时，活动架和固定架均用附墙螺栓与墙体锚固，两架之间无相对运动；当脚手架需要升降时，活动架与固定架中的一个架子仍然锚固在墙体上，使用捯链对另一个架子进行升降，两架之间便产生相对运动。通过活动架和固定架交替附墙，互相升降，脚手架即可沿着墙体上的预留孔逐层升降。

(2) 互升降式脚手架

互升降式脚手架将脚手架分为甲、乙两种单元，通过捯链交替对甲、乙两单元进行升降。当脚手架需要工作时，甲单元与乙单元均用附墙螺栓与墙体锚固，两架之间无相对运动；当脚手架需要升降时，一个单元仍然锚固在墙体上，使用捯链对相邻一个架子进行升降，两架之间便产生相对运动。通过甲、乙两单元交替附墙，相互升降，脚手架即可沿着墙体上的预留孔逐层升降。互升降式脚手架的性能特点是：①结构简单，易于操作控制；②架子搭设高度低，用料省；③操作人员不在被升降的架体上，增加了操作人员的安全性；④脚手架结构刚度较大，附墙的跨度大。它适用于框架剪力墙结构的高层建筑、水坝、筒体等施工。

(3) 整体升降式脚手架

在超高层建筑的主体施工中，整体升降式脚手架有明显的优越性，它结构整体好、升降快捷方便、机械化程度高、经济效益显著，是一种很有推广使用价值的超高建（构）筑外脚手架，被建设部列入重点推广的10项新技术之一。

整体升降式外脚手架以电动捯链为提升机，使整个外脚手架沿建筑物外墙或柱整体向上爬升。搭设高度依建筑物施工层的层高而定，一般取建筑物标准层4个层高加1步安全栏的高度为架体的总高度。脚手架为双排，宽以0.8~1m为宜，里排杆离建筑物净距0.4~0.6m。脚手架的横杆和立杆间距都不宜超过1.8m，可将1个标准层高分为2步架，以此步距为基数确定加体横、立杆的间距。

架体设计时，可将架子沿建筑物外围分成若干单元，每个单元的宽度参考建筑物的开间而定，一般在5~9m之间。

7.5 桥梁工程的脚手架是怎样的？

在桥梁工程中，可采用钢管脚手架作为桥梁施工时的模板支架。常用的形式有扣件式、螺栓式和承插式三种。扣件式钢管脚手架的特点是装拆方便、搭设灵活，能适应结构物平立面的变化。螺栓式钢管脚手架的基本构造形式与扣件式钢管脚手架大致相同，所不同的是用螺栓连接代替扣件连接。承插式钢管脚手架是在立杆上焊以承插短管，在横杆上焊以插栓，用承插方式组装而成。

在桥梁工程施工中，还经常利用钢制万能杆件组拼成桁架、墩架、塔架和龙门架等形式，作为桥梁墩台、索塔的施工脚手架，或作为吊车主梁形式安装各种预制构件。必要时，还可以作为临时的桥梁墩台和桁架。万能杆件装拆容易、运输方便，利用效率高，可以节省大量辅助结构所需的木料、劳动力和工期，适用范围较广。图7-4为两种用万能杆件拼成的塔架示意图，图7-5为两种用万能杆件拼成的浮式吊架示意图。

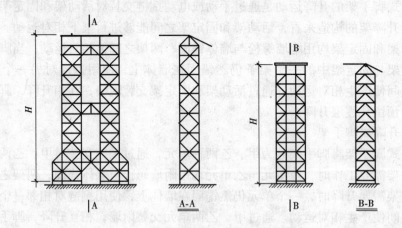

图7-4 塔架

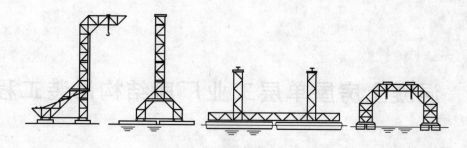

图 7-5 浮式吊架

7.6 如何控制脚手架工程的安全?

在工程施工中,因脚手架出现事故的概率相当高,所以脚手架的设计、搭设、使用和拆卸中都需十分重视安全防护问题:

(1) 对脚手架的基础、构件、结构、连墙件等必须合理设计,复核验算其承载力,做出完整的脚手架搭设、使用和拆除方案,并严格按照此方案执行。

(2) 必须按规定搭设安全网,以保证架上和架子周围工作人员的安全。搭设安全网时,其伸出宽度应不小于 2m,外口要高于内口,搭接应牢固,每隔一定距离应用拉绳将斜杆与地面锚桩拉牢。安全网应随楼层施工进度逐步上升,高层建筑除此之外,还应在下面间隔 3~4 层的部位设置一道安全网。施工过程中,要经常对安全网进行检查和维修,每块支好的安全网应承受不小于 1.6kN 的冲击荷载。

(3) 脚手架在使用过程中,其施工荷载不准超过规定值。结构承重脚手架施工荷载不大于 $2648N/m^2$;装修用架子施工荷载不大于 $1961kN/m^2$;特殊用途架子的使用荷载,要进行设计和计算,以上所提的荷载均为均布荷载,不准在架子上用集中荷载。

(4) 钢脚手架不得搭设在距离 35kV 以上的高压线路 4.5m 以内处和距离 1~10kV 高压线路 3m 以内处。钢脚手架在搭设和使用期间,要严防与带电体接触,需要穿过或靠近 380V 以内的电力线路,距离在 2m 以内时,则应断电或拆除电源,如不能拆除,应采取可靠的绝缘措施。

(5) 脚手架的搭设高度高于邻近建筑物或脚手架处于旷野与空旷地带时,应有防雷措施。用接地装置与脚手架相连接,一般每隔 50m 设置一处,最远点到接地装置脚手架上的过渡电阻不应超过 10Ω。

(6) 在管理上应加大检查监督力度,要有专人巡视和管理,及时消除事故隐患。对员工进行安全教育,提高员工的安全意识和自我保护能力,并做到安全警钟长鸣,克服麻痹思想,从源头上杜绝违章作业、违章指挥的现象。

8 混凝土房屋单层工业厂房结构吊装工程

8.1 结构吊装工程常用的起重机有哪些种类？它们的主要特点是什么？

结构吊装工程中常用的起重机械有自行杆式起重机、塔式起重机，在一定的条件下也会用到桅杆式起重机。

履带式起重机是在行走的履带底盘上装有起重装置的起重机械，自行式、全回转的一种起重机，它具有操作灵活，使用方便，在一般平整坚实的场地上可以载荷行驶和作业。其缺点是稳定性较差，一般不宜超负荷吊装，行走速度慢，且对路面破坏性大，在城市和长距离转场时，需要拖车进行运送。它是结构吊装工程中常用的起重机械。

汽车式起重机是将起重机构安装在通用或专用汽车底盘上的一种自行式全回转起重机械。起重臂可自动逐节伸缩，并具有各种限位和报警装置。它具有汽车的行驶性能，机动性强、行驶速度快、转移迅速、对路面破坏小，其缺点是吊装时必须设支腿，因而不能负荷行走。

轮胎式起重机是将起重机构安装在加重型轮胎和轮轴组成的特制底盘上的一种自行式全回转起重机械。在底盘上装有可伸缩的支腿，吊装时用四个支腿支撑，以增加机身的稳定性并保护轮胎。

轮胎式起重机的特点是行驶时对路面的破坏性较小，行驶速度比汽车式起重机慢，故不宜作长距离行驶，适宜于作业地点相对固定而作业量较大的现场。

塔式起重机是一种具有直立的塔身，起重臂安装在塔身的顶部，形成"Γ"形的工作空间，具有较高的有效起升高度和较大的有效工作半径，工作面广。塔式起重机的种类很多，在多层及高层建筑施工中得到广泛的应用。

塔式起重机按有无行走机构可分为固定式和移动式两种。固定式塔式起重机可固定在混凝土基础上或附着在建筑物上自动升降，也可以安装在建筑物内部的结构上随建筑物升高。移动式塔式起重机按其行走装置又可分为履带式、汽车式、轮胎式和轨道式四种；按其回转形式可分为上回转和下回转两种；按其变幅方式可分为水平臂加小车变幅和动臂变幅两种；按其安装形式可分为自升式、整体快速拆装和拼装式三种。目前应用最广的是下回转、快速装拆轨道式塔式起重机和能够一机四用（轨道式、固定式、附着式和内爬式）的自升塔式起重机。塔式起重机按起重能力大小可分为轻型塔式起重机，起重量为 5～30kN，一般用于六层以下民用建筑施工；中型塔式起重机，起重量为 30～150kN，适用于一般工业与高层民用建筑施工；重型塔式起重机，起重量为 200～400kN，一般用于重工业厂房的施工和高炉等设备的吊装。

桅杆式起重机是结构吊装工程最简单的起重设备。其特点是能在比较狭窄的场地使用，制作简单、装拆方便、起重量大，可达 1000kN 以上。能在其他起重机械不能安装的特殊工程和重大结构吊装时使用。但这类起重机的灵活性较差，移动较困难，起重半径小，且需要接设较多缆风绳，因而它适用于安装工程比较集中的工程。常用的桅杆式起重机有：独脚拔杆、人字拔杆、悬臂桅杆和索缆式桅杆起重机等。

8.2 履带式起重机的主要技术参数及其之间的关系是怎样的？

履带式起重机的主要技术参数为：起重量 Q、起重高度 H 和回转半径 R。其中，起重量 Q 是指起重机安全工作所允许的最大起重重物的质量，起重高度 H 指起重吊钩中心至停机面的垂直距离，起重半径 R 指起重机回转轴线至吊钩中垂线的水平距离。这 3 个参数之间存在相互制约的关系，其数值大小取决于起重臂的长度及其仰角的大小。各型号起重机都有几种臂长。当臂长一定时，随着起重臂仰角的增大，起重量和起重高度增加，而回转半径减少。当起重臂仰角一定时，随着起重臂长度的增加，起重半径和起重高度增加，而起重量减少。履带式起重机三个主要参数的关系可用工作性能表表示，也可用起重机工作曲线来表示。在起重机手册中均可查阅。

8.3 何谓履带式起重机的稳定性？在什么情况下需对履带式起重机进行稳定性验算？如何验算？

起重机的稳定性是指起重机在自重和外荷作用下抵抗倾覆的能力。履带式起重机在进行超负荷吊装或额外接长起重臂时，需进行稳定性验算。

履带式起重机在如图 8-1 所示的情况下（即机身与行驶方向垂直）稳定性最差，此时，履带的轨链中心 A 为倾覆中心，起重机的安全条件为：

当考虑吊装荷载时及附加荷载时稳定安全系数

$$K_1 = M_{稳}/M_{倾} \geqslant 1.15 \tag{8-1}$$

当仅考虑吊装荷载时稳定安全系数 $K_2 = M_{稳}/M_{倾} \geqslant 1.4$ (8-2)

式中 $K_1 = \dfrac{M_{稳}}{M_{倾}} = \dfrac{G_1 l_1 + G_2 l_2 + G_0 l_0 - (G_1 h'_1 + G_2 h'_2 + G_0 h_0 + G_3 h_2) \sin\beta}{Q(R - l_2)}$

$$- \dfrac{G_3 d + M_F + M_G + M_L}{Q(R - l_2)} \geqslant 1.5 \tag{8-2a}$$

$$K_2 = \dfrac{M_{稳}}{M_{倾}} = \dfrac{G_1 l_1 + G_2 l_2 + G_0 l_0 - G_3 d}{Q(R - l_2)} \geqslant 1.4 \tag{8-2b}$$

按 K_1 验算十分复杂，在施工现场中常用 K_2 验算。

式中 G_0——平衡重力；
　　　G_1——起重机机身可转动部分的重力；
　　　G_2——起重机机身不转动部分的重力；

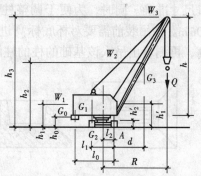

图 8-1 履带起重机稳定性验算

G_3——起重臂重力（起重臂接长时，为接长后重力）；

Q——吊装荷载（包括构件重力和索具重力）；

l_0、l_1、l_2、d——上述相应部分的重力心至倾覆中心 A 的距离；

h_0、h'_1、h'_2、h_2——上述相应部分的重心至地面的距离；

β——地面倾斜角度，应限制在3°以内；

R——起重机最小回转半径；

M_F——风载引起的倾覆力矩，可按下式计算：

$$M_F = W_1 h_1 + W_2 h_2 + W_3 h_3 \tag{8-3}$$

式中 W_1——作用在起重机机身上的风载（基本风载值 W_0 取 0.25kPa，下同）；

W_2——作用在起重臂上的风载，按荷载规范计算；

W_3——作用在所吊构件上的风载，按构件的实际受风面积计算；

h_1——机棚后面重心至地面的距离；

h_3——起重臂顶端至地面的距离；

M_G——重物下降时突然刹车的惯性力所引起的倾覆力矩：

$$M_G = \frac{Qv}{qt}(R - l_2) \tag{8-4}$$

式中 v——吊钩下降速度，m/s，取为吊钩速度的 1.5 倍；

q——重力加速度（9.8m/s²）；

t——从吊钩下降速度 v 变到 0 所需的制动时间，取 1s；

M_L——起重机回转时的离心力所引起的倾覆力矩；

$$M_L = \frac{QRn^2}{900 - n^2 h} \cdot h_3 \tag{8-5}$$

式中 n——起重机回转速度，取 1r/min；

h——所吊构件于最低位置时，其重心至起重臂顶端的距离。

8.4 单层工业厂房柱吊装前应进行哪些准备工作？

柱吊装前的准备工作包括柱基础的准备、检查清理、弹线编号等工作。

装配式钢筋混凝土柱基础一般为杯形基础。基础在浇筑时，应保证基础定位轴线及杯口尺寸准确。同时，为便于调整柱子牛腿面的标高，杯底浇筑后的标高应较设计标高低 50mm。柱吊装前需要对杯底标高进行调整（或称抄平）。调整的方法是测出杯底原有标高，再测量出吊入该基础的柱的柱脚至牛腿面的实际长度，再根据安装后柱牛腿面的设计标高计算出杯底标高调整值，并在杯口内标出。然后用水泥砂浆或细石混凝土将杯底找平至所需的标高处，如图8-2所示。

此外，还要在基础杯口顶面弹出建筑物的纵、横定位轴线及柱的吊装准线，作为柱吊装对位和校正的依据。

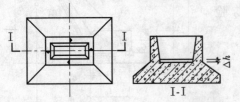

图 8-2 杯底标高调整，杯顶面弹线

柱吊装前应检查其外观质量、尺寸偏差，预埋件的位置、规格、数量应符合设计要求；柱吊装前的混凝土强度应达到设计所规定的强度值，当设计无规定时，混凝土的强度不应低于设计的混凝土立方体抗压强度标准值的75%。

柱吊装前应在柱身的3个面上弹出吊装准线。矩形截面柱按几何中心线；工字形截面柱除在矩形截面部分弹出中心线外，为便于观测及避免视差，还应在工字形截面的翼缘部分弹一条与中心线平行的线。柱身所弹吊装准线的位置应与基础杯口面上所弹的吊装准线相吻合。此外，在柱顶与牛腿面上要弹出屋架及吊车梁安装准线。

8.5 单层厂房柱的绑扎形式及其特点是什么？

按柱起吊后柱身是否垂直，分为斜吊绑扎法和直吊绑扎法。

（1）斜吊绑扎法 当柱子的宽面抗弯能力满足吊装要求时，可采用斜吊绑扎法（图8-3）。柱起吊后呈倾斜状态，由于吊索歪在柱的一边，起重钩可低于柱顶。因此，起重臂可以短些。

斜吊绑扎法可用两端带环的吊索及活络卡环绑扎，如图8-3（a）所示。也可在柱吊点处预留孔洞，采用柱销来绑扎，如图8-3（b）所示。

（2）直吊绑扎法，当柱平放，宽面抗弯强度不足时，吊装前需将柱翻身由平放转为侧立，再绑扎起吊，可采用直吊绑扎法（图8-4）。采用这种绑扎方法，柱子起吊后，柱身呈垂直状态。铁扁担与起重吊钩相连接，所以需要较长的起重臂。但是，柱起吊后柱身与基础杯底呈垂直状态，容易对位。

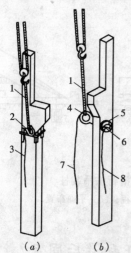

图8-3 柱的斜吊绑扎法
(a)采用活络卡环；(b)采用柱销
1—吊索；2—活络卡环；3—活络卡环插销拉绳；4—柱销；5—垫圈；6—插销；7—柱销拉绳；8—插销拉绳

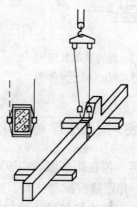

图8-4 柱的直吊绑扎法

8.6 旋转法和滑行法吊柱各有何特点？对柱的平面布置有何要求？

柱可采用旋转法和滑行法吊升。旋转法（图8-5）吊装柱时，柱脚宜靠近基础，柱的绑扎点、柱脚与柱基杯口中心宜位于起重机的同一工作半径的圆弧上。起吊时，起重机边升钩，边回转使柱子绕柱脚旋转而成为直立状态，然后起重机将柱吊离地面，再稍转起重臂至基础上方，使柱插入杯口。

有时由于条件限制，柱的绑扎点、柱脚与柱基中心不能在同一个圆弧上，可采取绑扎点或柱脚与杯口中心两点共弧，这种布置法在柱吊升过程中，起重机就要改变回转半径，起重臂要起伏，工效较低。

用旋转法吊升柱子，柱在吊装过程中所受振动较小，生产率较高，但对起重机的机动性要求较高。采用自行杆式起重机吊装时，宜采用此法。

滑行法吊装柱时，绑扎点布置在基础附近，并使绑扎点和基础杯口中心点两点位于起重机的同一起重半径的圆弧上。起吊柱时，起重臂不动，仅起重钩上升，柱脚沿地面滑行而使柱子在绑扎点位置直立，如图 8-6 所示。然后，将柱吊离地面，稍微转动起重臂，将柱插入杯口。

用滑行法吊柱时，柱受到振动较大，为减少柱脚与地面的摩阻力，可在柱脚下设置托板、滚筒、并铺设滑行道。其优点是在起吊过程中，起重机不须转动起重臂，即可将柱吊装就位，比较安全。

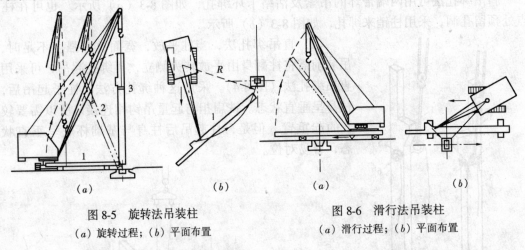

图 8-5　旋转法吊装柱
(a) 旋转过程；(b) 平面布置

图 8-6　滑行法吊装柱
(a) 滑行过程；(b) 平面布置

8.7　如何对柱进行对位、临时固定、校正和最后固定？

柱脚插入杯口后，停在距杯底 30～50mm 处进行对位，用 8 只楔块从柱的四边放入杯口，如图 8-7 所示，并用撬棍拨动柱脚，使柱的吊装准线对准杯口上的吊装准线，并保持柱的垂直度，后将 8 只楔块略打紧，放松吊钩，让柱靠自重沉至杯底，再检查吊装准线的对准情况。若符合要求，立即打紧楔块，将柱临时固定。

对重型柱或细长柱，除应用楔块临时固定外，尚应增设缆风绳或加斜撑等措施来保证柱的稳定。

柱的校正包括平面位置、标高及垂直度三个方面。

柱标高的校正在杯形基础杯底抄平时已完成，柱平面位置的校正在柱对位时也已完成。因此，在柱临时固定后，主要是校正垂直度。

柱垂直度的检查是用两台经纬仪从相邻的两边检查吊装准线的垂直度，测出的实际偏差大于规定值时，应进行校正。当偏差较小时，可用打紧或稍放松楔块的方法来纠正。如偏差较大时，可用螺旋千斤顶斜顶或平顶，钢管支撑斜顶等方法进行校正（图8-8）。当柱顶加设缆风绳时，也可用缆风绳来纠正柱的垂直偏差。

柱校正后，应立即进行最后固定。在柱脚与杯口的空隙中分两次浇筑细石混凝土。第一次灌至楔子底面，待混凝土强度达到设计强度等级的25%后，拔出楔子，将杯口全部灌满混凝土。

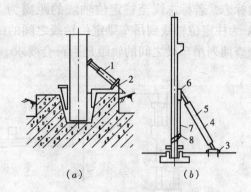

图8-8 柱垂直度校正方法
(a) 螺旋千斤顶斜顶；(b) 钢管支撑斜顶
1—螺旋千斤顶；2—千斤顶支座；3—底板；4—转动手柄；5—钢管；6—头部摩擦板；7—钢丝绳；8—卡环

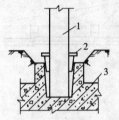

图8-7 柱临时固定
1—柱子；2—楔块；3—基础

8.8 如何校正吊车梁的安装位置？

吊车梁的校正应在厂房结构校正和固定后进行。校正的主要内容为垂直度和平面位置，两者应同时进行。梁的标高已在基础杯口底调整时基本完成，如仍存在误差，可在铺轨时，在吊车梁顶面挂一层砂浆来找平。

① 垂直度校正　吊车梁垂直度用靠尺、线锤检查。T形吊车梁测其两端垂直度，鱼腹式吊车梁侧其跨中两侧垂直度，吊车梁垂直度允许偏差为5mm。若偏差超过规定值，需在吊车梁底端与柱牛腿面之间垫入斜垫块校正。

② 平面位置校正　吊车梁平面位置校正，包括直线度（使同一纵轴线上各梁的中线在一条直线上）和轨距（两列吊车梁中间之间的距离）两项。

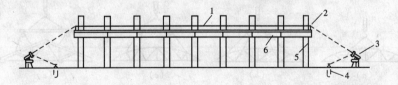

图8-9 通线法校正吊车梁
1—通线；2—支架；3—经纬仪；4—木桩；5—柱；6—吊车梁

通线法是根据柱的定位轴线用经纬仪将吊车梁的中线放到一跨四角的吊车梁上，并用钢尺校核轨距，然后在4根已校正的吊车梁端上设支架（或垫块），高约200mm，并根据吊车梁的定位轴线拉钢丝通线，同时悬挂重物拉紧。以此来检查并拨正各吊车梁的中心线

(图 8-9)。

仪器放线法是在柱列边设置经纬仪（图 8-10），逐根将杯口上柱的吊装准线投射到吊车梁顶面处的柱身上（或在各柱侧面放一条与吊车梁中线距离相等的校正基准线），并作出标志，若标志线至柱定位轴线的距离为 a，则标志到吊车梁定位轴线的距离应为 $\lambda-a$（λ 为柱定位轴线到吊车梁定位轴线之间的距离）。可据此来逐根拨正吊车梁的中心线，并检查两列吊车梁之间的轨距是否符合要求。

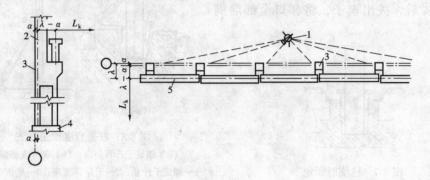

图 8-10　仪器放线法校正吊车梁
1—经纬仪；2—标志；3—柱；4—柱基础；5—吊车梁

8.9　屋架的绑扎应注意哪些问题？

屋架的绑扎点与绑扎方式与屋架的形式和跨度有关，其绑扎的位置及吊点的数目一般由设计确定，如吊点与设计不符，则应进行吊装验算。

屋架的绑扎应在上弦节点上或靠近节点处，左右对称，绑扎中心（各支吊索内力的合力作用点）必须在屋架重心之上。屋架翻身扶直时，吊索与水平线的夹角不宜小于 60°；吊装时不宜小于 45°，以避免屋架承受过大的横向压力。必要时，为减少屋架的起吊高度及所受横向压力，可采用横吊梁。屋架翻身和吊装的几种绑扎方法，如图 8-11 所示。

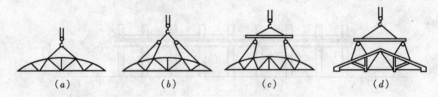

图 8-11　屋架绑扎
(a) 跨度≤18m时；(b) 跨度>18m度；(c) 跨度≥30m时；(d) 三角形组合屋架

屋架跨度小于或等于18m时，2点绑扎；屋架跨度大于18m时，4点绑扎；屋架的跨度大于或等于30m时，应考虑采用横吊梁；对三角形组合屋架等刚性较差的屋架，下弦不能承受压力，故绑扎时也应采用横吊梁。

8.10 何谓屋架的"正向扶直"和"反向扶直"？屋架预制阶段有哪几种布置形式？

钢筋混凝土屋架都平卧叠制，屋架在吊装时必须翻身扶直排放。即把平卧制作的屋架扶成竖立状态，然后吊放在设计好的位置上，准备吊升。扶直屋架时，由于起重机与屋架相对位置不同，可分为正向扶直与反向扶直。

正向扶直起重机立于屋架下弦一边，首先以吊钩对准屋架中心，收紧吊钩，然后略提升起起重臂使屋架脱模，接着升钩起臂，使屋架以下弦为轴缓缓转为直立状态。如图8-12(a)所示。

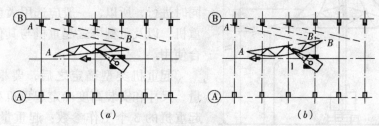

图 8-12 屋梁的扶直
(a) 正向扶直；(b) 反向扶直（虚线表示屋架排放的位置）

反向扶直是起重机立于屋架上弦一边，首先以吊钩对准屋架中心，收紧吊钩；接着，升钩并降低起重臂，使屋架以下弦为轴缓缓转为直立状态，如图8-12(b)所示。

这两种方法的不同点是在扶直过程中，一为升起起重臂，一为降低起重臂，以保持吊钩始终在屋架上弦的垂直上方。起重机升臂易于降臂，且操作较安全，故应尽可能采用正向扶直。

屋架预制阶段一般安排在跨内平卧叠层预制，每叠3~4榀。布置的方式有3种：斜向布置、正反斜向布置及正反纵向布置（图8-13）。应优先考虑采用斜向布置方式，因为它便于屋架的扶直排放。

屋架之间应留1m间距，以便支模及浇筑混凝土。若为预应力混凝土屋架，在屋架一端或两端应留出抽管及穿筋所需留设的长度，一端抽管时需留出的长度为屋架全长另加抽管时所需工作场地3m；两端抽管时需留出的长度为1/2屋架长度另加3m。屋架斜向布置时，下弦与厂房纵轴线的夹角α宜为10°~20°。

屋架平卧叠层预制时尚应考虑屋架扶直就位要求和扶直的先后次序，先扶直的安排在上层制作并按轴线编

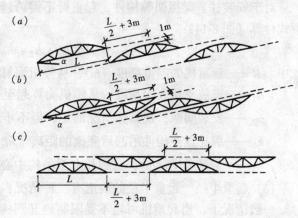

图 8-13 屋架现场预制布置方式
(a) 斜向布置；(b) 正反斜向布置；(c) 正反纵向布置

号。对屋架两端朝向及预埋件位置，也要注意作出标记。

8.11 单层工业厂房吊装方案设计时，选择起重机类型的依据是什么？起重机的类型确定后，如何选择起重机的型号？

起重机的类型主要根据厂房跨度、构件重量、尺寸、安装高度及施工现场的条件来确定。

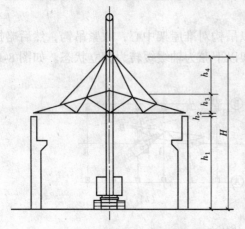

图 8-14 起升高度的计算简图

对中小型厂房，一般采用自行杆式起重机，以履带式起重机应用最为普遍。

对重型厂房，其跨度大、构件重、安装高度大，且厂房内的设备安装常与厂房结构安装同时进行，所以，一般应选用大型自行杆式起重机，以及重型塔式起重机与其他起重机械配合使用。

起重机类型确定之后，要根据构件的重量、尺寸和安装高度确定起重机型号，使所选起重机的3个工作参数：起重量、起重高度、起重半径满足结构吊装的要求。一台起重机一般都有几种不同长度的起重臂。在厂房结构吊装过程中，如各构件的起重量、起重高度相差较大时，可选用同一型号的起重机，以不同的臂长进行吊装，充分发挥起重机的性能。

(1) 起重量 起重机的起重量必须大于所安装构件重量与索具重量之和，即

$$Q \geqslant Q_1 + Q_2 \tag{8-6}$$

式中 Q——起重机的起重量（t）；
Q_1——构件的重量（t）；
Q_2——索具的重量（t）。

(2) 起重高度 起重机的起重高度必须满足所安装构件的安装高度要求。

对于安装柱、梁屋架等构件，起重臂不需跨越其他构件，所选起重机的起重高度应按下式计算（图 8-14）：

$$H \geqslant h_1 + h_2 + h_3 + h_4 \tag{8-7}$$

式中 H——起重机的起重高度（m），从停机面算起至吊钩中心；
h_1——安装支座表面高度，从停机面算起至栓顶；
h_2——安装间隙，视具体情况而定，但不小于 0.2m；
h_3——绑扎点至构件吊起后底面的距离（m）；
h_4——索具高度（m），自绑扎点至吊钩中心，视具体情况而定。

(3) 起重半径 起重半径的确定有三种情况：

一般情况下，当起重机可以不受限制地开到构件吊装位置附近去吊构件时，对起重半径没有什么要求，可根据计算的起重量 Q 及起重高度 H，查阅起重机工作性能表或曲线来选择起重机型号及起重臂长度，并可查得在一定起重量 Q 及起重高度 H 下的起重半径

R，作为确定起重机开行路线及停机点的依据。

在某种情况下，当起重机停机位置受到限制而不能直接开到构件吊装位置附近去吊装构件时，需根据实际情况确定起吊时的最小起重半径 R，后根据起重量 Q、起重高度 H 及起重半径 R 三个参数查阅起重机工作性能表或曲线来选择起重机的型号及起重臂长。使同时满足计算的起重量 Q、起重高度 H 及起重半径 R 的要求。

当起重机的起重臂需跨过已吊装好的构件去吊装构件时（如跨过屋架去吊装屋面板），为了不使起重臂与已安装好的构件相碰，需求出起重机起吊该构件的最小臂长 L 及相应的起重半径 R，并据此及重量 Q 和起重高度 H 查起重机性能表面或曲线，来选择起重机的型号及臂长。

确定起重机的最小臂长，可用数解法，也可用图解法。

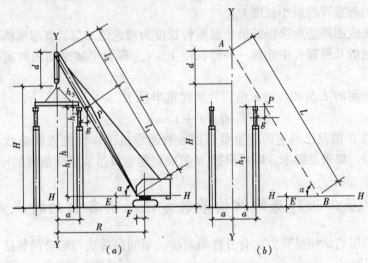

图 8-15 吊装屋面板时，起重机最小臂长计算简图
（a）数解法；（b）图解法

1）数解法，如图 8-15（a）。

$$L = l_1 + l_2 = \frac{h}{\sin a} + \frac{a+g}{\cos a} \tag{8-8}$$

式中　h——起重臂下铰至吊装构件支座顶面的高度（m），$h = h_1 - E$；

　　　h_1——支座高度（m），从停机面算起；

　　　a——起重钩需跨过已安装好的构件的水平距离（m）；

　　　g——起重臂轴线与已安装好构件间的水平距离，至少取 1m；

　　　H——起重高度（m）；

　　　d——吊钩中心至定滑轮中心的最小距离，视起重机型号而定，一般为 2.5~3.5m；

　　　a——起重臂的仰角。

为了求得最小臂长，对式（8-8）进行微分，并令 $\dfrac{\mathrm{d}L}{\mathrm{d}a} = 0$，得：

$$a = \arctan \sqrt[3]{\frac{h}{a+g}} \tag{8-9}$$

将求得的 a 值代入式 (8-8)，即可得出所需起重臂的最小长度。

2) 图解法，如图 8-15 (b)。

按一定比例（不小于 1:200）画出欲吊装厂房一个节间的纵剖面图，并画出起重机吊装屋面板时起重钩应到位置的垂线 Y-Y；

根据初步所选用的起重机型号，从起重机外形尺寸表查得起重臂底铰至停机面的距离 E，画平行于停机面的线 H-H；

自屋架顶面向起重机方向水平量出一距离 g ($g \geq 1m$)，可得 P 点；按满足吊装要求的起重臂上定滑轮中心点的最小高度，在垂线 Y-Y 上定出 A 点（A 点距停机面的距离为 $H+d$）；

连接 A、P 两点，其延长线与 H-H 相交于 B 点，B 点即为起重臂的臂根铰心。AB 的长度即为所求的起重臂的最小长度 L_{min}。

根据数解法或图解法所求得的最小起重臂长度为理论值 L_{min}，查起重机的性能表或性能曲线，从规定的几种臂长中选择一种臂长使 $L \geq L_{min}$ 即为吊装屋面板时所选的起重臂长度。

根据实际采用的 L 及相应的 a 值，计算起重半径 R。

$$R = F + L\cos a \tag{8-10}$$

按计算出的 R 值及已选定的起重臂长度 L 查起重机工作性能表或曲线，复核起重量 Q 及起重高度 H，如满足要求，即可根据 R 值确定起重机吊装屋面板时的停机位置。

8.12 单层工业厂房的结构吊装方法及其各自的特点是什么？

单层工业厂房的结构吊装方法有分件吊装法、节间吊装法与综合吊装法三种。

(1) 分件吊装法

起重机在单位吊装工程内每开行一次，仅吊装一种或几种构件，一般分三次开行吊装完全部构件。

第一次开行，吊装全部柱子，并对柱子进行校正和最后固定；

第二次开行，吊装吊车梁、连系梁及柱间支撑等；

第三次开行，依次按节间吊装屋架、天窗架、屋面板及屋面支撑等。

此外，在屋架吊装前还要进行屋架的扶直排放，屋面板的运输堆放，以及起重臂的接长等工作。

(2) 节间吊装法

起重机在厂房一次开行中，分节间吊装完所有各种类型的构件。开始吊装 4~6 根柱子，立即进行校正和最后固定，然后吊装该节间内的吊车梁、连系梁、屋架、屋面板等构件，按节间进行吊装直至整个厂房结构吊装完毕。

分件吊装法的特点是操作程序基本相同，准备工作简单，构件吊装效率高且便于管理；可利用更换起重臂长度的方法分别满足各类构件的吊装。目前在单层工业厂房结构安装工程中应用广泛。

节间吊装法操作复杂多变化，不能充分发挥起重机的能力，影响生产效率，各类构件需运至现场堆放，不利于施工组织管理。因此，只有采用桅杆式起重机时，才予以考虑。

(3) 综合吊装法

综合吊装法是指厂房结构一部分构件采用分件吊装法吊装，一部分构件采用节间吊装法吊装的方法。此法吸取了分件吊装法和节间吊装法的优点。普遍的做法是，采用分件吊装法吊装柱、柱间支撑、吊车梁等构件；采用节间吊装法吊装屋盖的全部构件。

8.13 预制阶段柱的布置方式有几种？各有什么特点？

柱的重量较大，搬动不易，故柱在现场预制的位置即为吊装阶段的就位位置，按吊装阶段的排放需求进行布置，有斜向布置和纵向布置两种方式。

当柱以旋转法起吊时，按三点共弧斜向布置：如图 8-16 (a)；

有时，由于场地的限制或柱过长，很难做到三点共弧，也可两点共弧：如图 8-16 (b)；

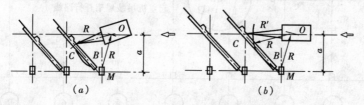

图 8-16 旋转法吊装柱子时，柱的平面布置
(a) 三点共弧；(b) 柱脚与柱基杯口中心共弧

当柱采用滑行法起吊时，按两点共弧斜向或纵向布置（图 8-17）。应使绑扎点接近基础。

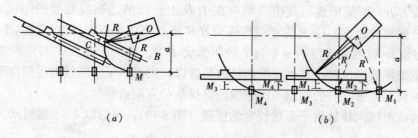

图 8-17 滑行法吊装柱时，柱的平面布置
(a) 斜向布置；(b) 纵向布置

8.14 屋架在吊装阶段的排放方式有几种？如何确定屋架的排放位置？

屋架吊装前的排放方式有两种：一是靠柱边斜向排放；另一种是靠柱边成组纵向排放。

斜向排放用于跨度及重量较大的屋架，按作图方法确定其排放位置（图 8-18）。

首先确定起重机吊装屋架时的开行路线及停机点。起重机吊装屋架时一般沿跨中开行，在图上画出开行践线。以准备吊装的屋架轴线（如②轴线）中点 M_2 为圆心，以所选择吊装屋架的起重半径 R 为半径作弧交开行路线于 O_2，O_2 即为吊装②轴线屋架的停机位置。

再确定屋架排放范围。屋架一般靠柱边排放，定出 P-P 线并使距柱边净距不小于 200mm，后定出 Q-Q 线，该线距起重机开行路线为 $A+0.5m$（A 为起重机尾部至回转中心的距离）。P-Q 两虚线范围为排放屋架的最大范围。实际需要的排放范围应根据需要确定。

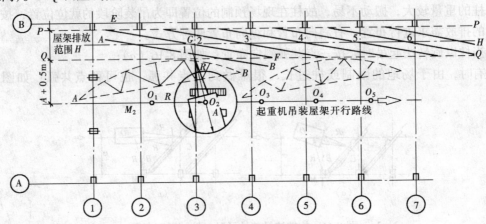

图 8-18 屋架同侧斜向就位
（虚线表示屋架预制时位置）

然后确定屋架的排放位置。当根据需要定出屋架实际排放宽度 P-Q 后，在图上作出 P-Q 中线 H-H。屋架排放后其中点均应在 H-H 上。以吊②轴线屋架的停机点 O_2 为圆心，以吊装屋架的起重半径 R 为半径作弧交 H-H 于 G 点，G 点即排放②轴线屋架之中点。再以 G 为圆心，以屋架跨度的一半为半径作弧交 P-P、Q-Q 于 E 及 F 两点。连 E、F 即为②轴线屋架排放的位置。其他屋架的排放位置以此类推。第①轴线的屋架由于已安装了抗风柱，可灵活布置，一般后退至②轴线屋架排放位置附近排放。

屋架的成组纵向排放用于重量较轻的屋架（图 8-19）。一般以 4~5 榀屋架为一组靠柱

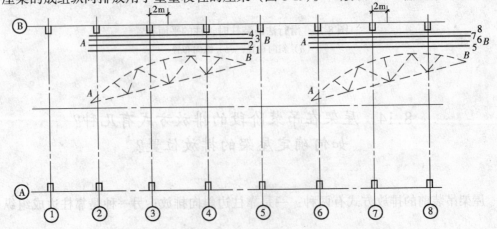

图 8-19 屋架的成组纵向就位

边顺轴线排放，屋架之间的净距不小于 200mm，相互之间用铁丝及支撑拉紧撑牢。每组屋架之间应留 3m 左右的距离作为横向通道。为避免在已安装好的屋架下绑扎吊装屋架，防止屋架起吊时与已安装好的屋架相碰，每组屋架排放的中心可安排在该组屋架倒数第二榀安装轴线之后约 2m 处。

8.15 屋架的临时固定应注意哪些问题？

屋架对位以事先用经纬仪投放到柱顶的建筑物轴线为准。使屋架端部两个方向的轴线与柱顶轴线重合。对位后，立即进行临时固定。第一榀屋架的临时固定，通常是用 4 根缆风绳从两边将屋架拉牢，有时也可将屋架与抗风柱连接作为临时固定，第二榀屋架则用工具式支撑临时固定在第一榀屋架上，以后各榀屋架的临时固定，也都是用工具式支撑撑牢在前一榀屋架上（图 8-20），当屋架经校正、最后固定并安装了若干块大型屋面板后，才可将支撑取下。

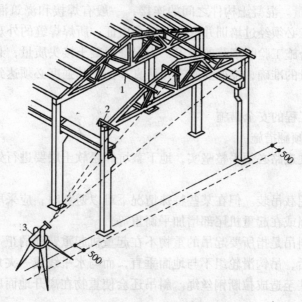

图 8-20 屋架的临时固定与校正
1—工具式支撑；2—卡尺；3—经纬仪

8.16 混凝土结构吊装工程的质量要求及安全措施有哪些？

（1）混凝土结构吊装工程质量要求

1）预制构件应进行结构性能检验，结构性能检验不合格的预制构件不得用于混凝土结构。

预制构件应在明显部位标明生产单位、构件型号、生产日期和质量验收标志。构件上的预埋件、插筋和孔洞的规格、位置和数量应符合标准图或设计要求。

预制构件的外观质量不应有严重缺陷，也不宜有一般缺陷。对已出现的严重缺陷和一般缺陷应按技术处理方案进行处理，并重新检查验收。

预制构件不应有影响结构性能和安装、使用功能的尺寸偏差，对超过尺寸允许偏差且影响结构性能和安装、使用功能的部位，应按技术处理方案进行处理，并重新检查验收。

2）在进行构件的运输或吊装前，必须对构件的制作质量进行复查验收。此前，制作单位须先自查，然后向运输或吊装单位提交构件出厂证明书（附混凝土试块强度报告），并在自查合格的构件上加盖"合格"印章。进入现场的预制构件，外观质量、尺寸偏差及结构性能应符合标准图或设计要求。

3）为保证构件在吊装中不断裂。吊装时构件的混凝土强度、预应力混凝土构件孔道灌浆的水泥砂浆强度以及下层结构承受内力的接头（接缝）的混凝土或砂浆强度，必须符合设计要求。设计无具体要求时，混凝土强度不应低于设计的混凝土立方体抗压强度标准值的75%，预应力混凝土构件孔道灌浆的强度不应低于15MPa，下层结构承受内力的接头（接缝）的混凝土或砂浆的强度不应低于10MPa。

4）保证构件的型号、位置和支点锚固质量符合设计要求，且无变形损坏现象。

5）保证连接质量。混凝土构件之间的连接，一般有焊接和浇筑混凝土接头两种。为保证焊接质量，焊工必须经过培训并取得考试合格证；所焊焊缝的外观质量、尺寸偏差及内在质量均必须符合施工验收规范的要求，为保证混凝土接头质量，必须保证配制接头混凝土的各种材料计量的准确，浇捣要密实并认真养护，其强度必须达到设计要求或施工质量验收规范的规定。

(2) 结构安装工程的安全措施

1）防止起重机倾翻措施

①起重机的行驶道路必须平整坚实，地下墓坑和松软土层要进行处理。起重机不得停置在斜坡上工作。

②应尽量避免超载吊装。但在某些特殊情况下难以避免时，应采取保护措施，如在起重机吊杆上拉缆风绳或在起重机尾部增加平衡重等。

③禁止斜吊。斜吊是指所要起吊的重物不在起重机起重臂顶的正下方，因而当捆御重物的吊索挂上吊钩后，吊钩滑轮组不与地面垂直，而与水平线成一夹角。斜吊会造成超负荷及钢丝绳出槽，甚至造成拉断钢丝绳。斜吊还会使重物在离开地面后发生快速摆动，可能碰伤人或其他物体。

④应尽量避免满负荷行驶。

⑤双机抬吊时，要根据起重机的起重能力进行合理的负荷分配，并在操作时要统一指挥，互相密切配合。在整个抬吊过程中，两台起重机的吊钩滑轮组均应基本保持垂直状态。

⑥不吊重量不明的重大构件或设备。

⑦禁止在6级及以上大风的情况下进行吊装作业。

⑧指挥人员应使用统一信号。信号要鲜明、准确。起重机驾驶人员应听从指挥。

2）防止高处坠落措施

①操作人员在进行高处作业时，必须正确使用安全带。安全带一般应高挂低用。即将安全带绳端的钩环挂于高处，而人在低处操作。

②在高处使用撬扛时，人要站稳，如附近有脚手架或已安装好的构件，应一手扶着，

一手操作。撬杠插进深度要适宜，应逐步撬动，不宜急于求成。

③雨天和雪天进行高处作业时，必须采取可靠的防滑、防寒和防冻措施。对进行高处作业的高耸建筑物，应事先设置避雷设施。

④登高梯子必须牢固。立梯工作角度以 70°±5° 为宜，防止搭设挑头脚手板。

⑤安装有预留孔洞的楼板或屋面板时，应及时用木板盖严或及时设置防护栏杆、安全网等防坠落措施。电梯井口必须设防护栏杆或固定栅门；电梯井内应每隔两层并最多隔 10m 设一道安全网。

⑥从事屋架和梁类构件安装时，必须搭设牢固可靠的操作平台。需在梁上行走时，应设置护栏横杆或绳索。

3) 防止高处落物伤人措施

①地面操作人员必须戴安全帽。地面操作人员，应尽量避免在高空作业的正下方停留或通过，也不得在起重机的起重臂或正在吊装的构件下停留或通过。

②高空作业人员使用的工具、零配件等，应放在随身佩带的工具袋内，不可随意向下丢掷。

③在高处用气割或电焊切割时，应采取措施，防止火花落下伤人。

④构件安装后，必须检查连接质量，只有连接确实安全可靠，才能松钩或拆除临时固定工具。

4) 防止触电及防火爆炸措施

①起重机从电线下行驶时，起重臂最高处与电线之间的距离应符合表 8-1 的要求。

起重机与架空输电导线的安全距离（m） 表 8-1

输电导线电压	1kV 以下	1～15kV	20～40kV	60～110kV	220kV
允许沿输电导线垂直方向最近距离	1.5	3	4	5	6
允许沿输电导线水平方向最近距离	1	1.5	2	4	6

②电焊机的电源线长度不宜超过 5m，并必须架高，电焊机手把线的正常电压，在用交流电工作时为 60～80V，手把线质量应良好，如有破皮情况，应及时用胶布严密包扎，电焊机的外壳应接地。电焊线如与钢丝绳交叉时应有绝缘隔离措施。

③使用塔式起重机或长起重臂的其他类型起重机时，应有避雷防触电措施。

④现场变电室，配电室必须保持干燥通风。各种可燃材料不准堆放在电闸箱、电焊机、变压器和电动工具周围，防止材料长时间蓄热自然。

⑤搬运氧气瓶时，必须采取防震措施，不可猛摔。氧气瓶严禁曝晒，更不可接近火源。冬期不得用火熏烤冻结的阀门。防止机械油溅落到氧气瓶上。

⑥乙炔发生器应放置距火源 310m 以上的地方，严禁在附近吸烟。如高空有电焊作业时，乙炔发生器不应放在下风向。

⑦电石桶应存放在干燥的房间内，并在桶下加垫，以防桶底锈蚀腐烂，使水分进入电石桶而产生乙炔。打开电石桶时，应使用不会发生火花的工具，如铜凿等。

9 钢结构工程

9.1 什么叫钢结构的放样和号料？放样和号料应注意什么问题？

钢结构的放样和号料都属于钢结构的零件加工工作。

放样是根据钢结构施工详图或构件加工图，以1:1的比例把产品或零部件的实形画在放样台上，核对图纸的安装尺寸和孔距，根据实样制作样板和样杆，作为号料、切割和制孔的依据。放样时要先打出构件的中心线，再画出零件尺寸，得出实样；实样完成后，应复查一次主要尺寸，发现误差应及时改正。

钢结构的号料是采用经检查合格的样板（样杆）在钢板或型钢上划出零件的形状及切割、铣刨、弯曲等加工线以及钻孔、打冲孔位置，并标出零件编号。号料要根据图纸用料要求和材料尺寸合理配料。尺寸大、数量多的零件，应统筹安排、长短搭配，先大后小或套材号料，大型构件的板材应使用定尺料。

9.2 钢结构材料有哪几种切割方法？它们各有什么特点？适用于什么情况？

钢结构材料的切割方法有气割、机械切割等。

气割系以氧气和燃料燃烧时产生的高温来熔化钢材，并以高压氧气流予以氧化和吹扫，造成割缝达到切割金属的目的。其工艺简单、方便，容易保证钢材切割平直，但对某些钢材会产生淬硬性，造成边缘加工的困难；但不宜用于熔点高于火焰温度或难以氧化的材料（如不锈钢）。可以对各种钢材进行切割下料，尤其适合于较厚的钢板。

机械切割中的带锯、圆盘锯切割具有效率高、切割断面质量好等优点，适用于切割型钢、扁钢、圆钢、方钢等；砂轮锯切割具有切口光滑、毛刺较薄等优点，适用于切割薄壁型钢；冲剪切割比较方便，可对钢板、型钢切割下料；无齿锯切割生产效率高，且切割边缘整齐，但切割时有很大噪声，且在断口区会产生淬硬倾向。

9.3 钢材机械矫正和火焰矫正（热矫正）各有何特点？

钢材机械矫正的实质是使弯曲的钢材在外力作用下产生过量的塑性变形以达到平直的目的，其优点是作用力大，劳动强度小，效率高；但受制于矫正机负荷能力及构件的形式。

钢材的火焰矫正是借助钢材受热、冷却过程中的热胀冷缩原理实现对钢材的矫正，可在钢材型号超过矫正机负荷能力或构件形式不适用于采用机械矫正时采用。其中点状加热根据结构特点和变形情况，可以加热一点或数点；线状加热多用于变形量较大或刚度较大的结构；三角形加热常用于矫正厚度较大、刚性较强的弯曲变形。

9.4 钢结构的焊接连接有哪些方式？它们各有什么特点？适用情况是什么？

钢结构焊接连接的常用方式、特点和适用范围，如表9-1所述。

钢结构焊接连接的常用方式、特点和适用范围 表9-1

焊接类别			特 点	适 用 范 围
电弧焊	手工焊	交流焊机	设备简单，操作灵活，可进行各种位置的焊接。是建筑工地应用最广泛的焊接方法	焊接普通钢结构
		直流焊机	焊接技术与交流焊机相同。成本比交流焊机高，但焊接时电弧稳定	焊接要求高的钢结构
	埋弧自动焊		效率高，质量好，操作技术要求低，劳动条件好，宜于工厂中使用	焊接长度较大的对接、贴角焊缝，一般是有规律的直焊接
	半自动焊		与埋弧自动焊基本相同，操作较灵活，但使用不够方便	焊接较短的或弯曲的对接、贴角焊缝
	CO_2气体保护焊		用CO_2气体或惰性气体保护的光焊条焊接，可全位置焊接，质量较好，焊时应避风	薄钢板和其他金属焊接
电渣焊			利用电流通过液态熔渣所产生的电阻热焊接，能焊大厚度焊缝	大厚度钢板、粗直径圆钢和铸钢等焊接
气压焊			利用乙炔、氧气混合燃烧的火焰熔融金属进行焊接。焊有色金属、不锈钢时需气焊粉保护	薄钢板、铸铁件、连接件和堆焊
接触焊			利用电流通过焊件时产生的电阻热焊接，建筑施工中多用于对焊、点焊	钢筋对焊，钢筋网点焊、预埋件焊接
高频焊			利用高频电阻产生的热量进行焊接	薄壁钢管的纵向焊缝

表中的电弧焊是利用通电后焊条和焊件之间产生强大的电弧提供热源融化焊条，滴落在焊件中被电弧吹成的小凹槽的熔池中，并与焊件融化部分结成焊缝，将两焊件连成一整体。

表中的气压焊是采用一定比例的氧气和乙炔焰为热源，对需要焊接的两钢筋端部接缝处进行加热烘烤，使其达到热塑状态。同时，对钢筋施加轴向压力，使其顶锻在一起。

9.5 什么叫焊接缺陷？焊接过程中可能出现哪些焊接缺陷？如何避免？如何检查焊缝的质量？

焊接缺陷是指在焊接过程中产生的不符合设计或工艺要求的焊缝缺陷。
按其出现位置的不同，可分为外部缺陷和内部缺陷。

(1) 典型的外部缺陷有：

焊缝厚度不足或余高过高。应选择适当坡口、较大的工艺参数以避免此类缺陷。

咬边。应适当减少电流强度、改变运条角度。

裂纹。应采取保持电焊条或埋弧焊剂干燥、除去有害杂质、焊前余热、焊后保温缓冷等措施。如图9-1所示。

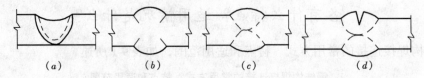

图 9-1　焊接外部缺陷
(a) 焊缝厚度不足；(b) 焊缝余高过高；(c) 咬边；(d) 裂纹

(2) 典型的内部缺陷有：

气孔。必须采用干燥的和干净的焊接材料以防止气孔产生。

夹渣。应增强焊接电流、减慢焊接速度以防产生夹渣。

未焊透。应严格检查坡口角度、保证装配间隙以预防未焊透，如图9-2所示。

焊缝的质量检查分为三个等级，分别根据不同的检查项目和数量，采用相应的检查方法进行。

检查焊缝质量的方法分为外观质量检查和内部质量检查两种。其中焊缝外观质量用肉眼和低倍放大镜检查，而焊缝内部质量主要用超声波探伤和X射线照片检查。

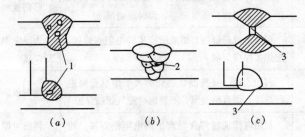

图 9-2　焊接内部缺陷
(a) 气孔；(b) 夹渣；(c) 未焊透
1—气孔部位；2—夹渣部位；3—未焊透部位

9.6　普通螺栓连接应注意哪些问题？

普通螺栓连接应注意以下问题：

安设永久螺栓前应先检查建筑物各部分的位置是否准确，精度是否满足《钢结构工程施工质量验收规范》（GB50205—2001）的要求，尺寸有误差时应予调整。

连接中所使用的螺栓等级和材质应符合施工图的要求。

精制螺栓的安装孔，在结构安装后应均匀地放入临时螺栓和冲钉；临时螺栓和冲钉的数量应计算确定，但不少于安装孔总数的1/3。每一节点应至少放入两个临时螺栓，冲钉的数量不多于临时螺栓数量的30%。精制螺栓的安装孔，条件允许时可直接放入永久螺栓。扩钻后的A、B级螺栓孔不允许使用冲钉。

永久性普通螺栓的螺栓头和螺母的下面应放置平垫圈，每个螺栓一端不得垫2个及以上的垫圈，并不得采用大螺母代替垫圈。螺栓头和螺母应与结构构件的表面及垫圈密贴，倾斜面的螺栓连接应放置斜垫片垫平。

螺栓拧紧后，从螺母一侧伸出螺栓的长度应保持在不小于两个完整螺纹的长度。

螺栓孔不得采用气割扩孔。

永久螺栓和锚固螺栓的螺母应根据施工图中的设计规定，采用有防松装置的螺母或弹簧垫圈。

动荷载或重要部位的螺栓连接，应在螺母的下面按设计要求放置弹簧垫圈。

9.7 高强度螺栓连接有哪几种方式？高强度螺栓安装前的准备工作与技术要求是什么？

高强度螺栓的连接形式可分为摩擦型连接、承压型连接和张拉连接等三种。

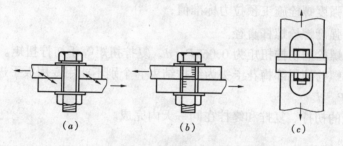

图9-3 高强度螺栓的连接方式
(a) 摩擦连接；(b) 承压连接；(c) 张拉连接

摩擦型连接在荷载设计值下，以连接件之间产生相对滑移，作为其承载能力极限状态；承压型连接在荷载设计值下，以螺栓或连接件达到最大承载能力，作为其承载能力极限状态。承压型连接不得用于直接承受动力荷载的构件连接、承受反复荷载作用的构件连接和冷弯薄壁型钢构件连接。因此，在高层建筑中都是应用摩擦型连接。摩擦型连接在环境温度为100~150℃时，设计承载力应降低10%。

高强度螺栓在安装前应：

(1) 由制造厂处理的钢构件摩擦面，安装前应复验所附试件的抗滑移系数，合格后方可安装。

(2) 现场处理的构件摩擦面，抗滑移系数应按国家现行标准《钢结构高强度螺栓连接的设计、施工及验收规程》的规定进行试验，并应符合设计的要求。

(3) 钢构件拼装前，应清除飞边、毛刺、焊接飞溅物。摩擦面应保持干燥、整洁，不得在雨中作业。

(4) 高强度螺栓连接的板叠接触面应平整。当接触有间隙时，小于1mm的间隙可不处理；1~3mm的间隙，应将高出的一侧磨成1:10的斜面，打磨方向应与受力方向垂直；大于3mm的间隙，应加垫板。

(5) 连接前，应对构件摩擦面进行处理，应保持干净，并进行摩擦系数测定，其数值必须符合设计要求,且在安装前必须逐组复验摩擦系数。

(6) 高强度大六角头螺栓连接副应按出厂批号复验扭矩系数,其平均值和标准偏差应符合国家现行标准《钢结构高强度螺栓连接的设计、施工及验收规程》的规定;扭剪型高强度螺栓连接副应按出厂批号复验预应力,其平均值和标准偏差应符合有关规定。

9.8 高强螺栓的扭矩如何控制?

高强度螺栓宜通过初拧、复拧和终拧达到拧紧。终拧前应检查接头处各层钢板是否充分密贴。如钢板较薄,板层较少,也可只作初拧和终拧。初拧扭矩为施工扭矩的50%左右,复拧扭矩等于初拧扭矩。终拧扭矩等于施工扭矩,施工扭矩按下式计算:

$$T_c = K \cdot P_c \cdot d \tag{9-1}$$

式中 T_c——施工扭矩值(N.m);
K——高强度螺栓连接副的扭矩系数;
P_c——高强度螺栓施工预拉力标准值;
d——高强度螺栓螺杆直径。

扭剪型高强螺栓的初拧扭矩为 $0.065 P_c \cdot d$。复拧扭矩等于初拧扭矩。用专用扳手进行终拧,直至拧掉螺栓掉尾部梅花卡头为终拧结束。个别不能用专用扳手进行终拧的,取终拧扭矩为 $0.13 \cdot P_c \cdot d$。

高强度螺栓的初拧、复拧和终拧在同一天内完成。

9.9 高强螺栓的施工流程是什么?

(1) 高强度螺栓连接副的验收与保管:

高强度螺栓连接副应按批配套供应,并必须有出厂质量保证书;运至工地的扭剪型高强度螺栓连接副应及时检验其螺栓楔负载、螺母保证载荷、螺母及垫圈硬度、连接副的紧固轴力平均值和变异系数应符合有关规定。安装单位应按《钢结构工程施工质量验收规范》(GB50205—2001)的规定进行高强度螺栓连接摩擦面的抗滑移系数试验和复验,现场处理的构件摩擦面应单独进行摩擦面抗滑移系数试验,应符合设计要求。

高强度螺栓连接副的运输、装卸、保管过程中,防止损坏螺纹。应按包装箱上注明的批号、规格分类保管。在安装使用前,严禁任意开箱。

(2) 高强度螺栓连接副的安装和紧固。
(3) 高强度螺栓连接副的施工质量检查与验收。

9.10 扭剪型高强度螺栓连接有何特点?

扭剪型高强度螺栓,一个连接副为一个螺栓杆、一个垫圈和一个螺母,如图9-4所示。在丝扣端头设置了一个梅花头,梅花头与螺栓杆有一道能控制紧固扭矩的环形凹口。扭剪型高强度螺栓具有紧固轴力受人为因素影响小、检查直观、不会漏拧等优点。

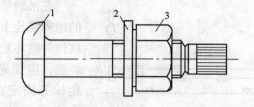

图 9-4 高强螺栓连接副
1—螺栓；2—垫圈；3—螺母

9.11 钢结构单层厂房吊装前基础的准备工作有哪些？

钢结构单层厂房吊装前的基础准备工作包括轴线误差测量、基础支承面的准备、支承面和支座表面标高与水平度检验、地角螺栓位置和伸出支承面长度的量测等。

柱子基础轴线和标高是否准确是确保钢结构安装质量的基础，应根据基础的验收资料复核各项数据，并标注在基础表面上。

基础支承面的准备有两种做法，一种是基础一次浇筑到设计标高。即基础表面先浇筑到设计标高以下 20～30mm 处，然后在设计标高处设角钢或槽钢制导架，测准其标高，再以导架为依据用水泥砂浆仔细铺筑支座表面；另一种是基础预留标高，安装时做足。即基础表面先浇筑至设计标高 50～60mm 处，柱子吊装时，在基础面上放钢垫板（不得多于三块）以调整标高，待柱子吊装就位后，再在钢柱脚底板下浇筑细石混凝土。

9.12 钢桁架的吊装工艺是什么？

钢桁架可用自行桅杆式起重机、塔式起重机等进行吊装。吊装机械和方法随桁架的跨度、重量和安装高度不同而有所不同。

钢桁架多用悬空吊装，为使桁架在吊起后不至发生摇摆，起吊前在离支座的节间附近用麻绳系牢，随吊随放松，以此保证其正确位置。桁架的绑扎点要保证桁架的吊装稳定性，否则就需在吊装前进行临时加固。

钢桁架的侧向稳定性较差，如果吊装机械的起重量和起重臂长度允许时，最好经扩大拼装后进行组合吊装，即在地面上将两榀桁架及其上的天窗架、檩条、支撑等拼装成整体，一次进行吊装，不但可以提高吊装效率，也有利于保证其吊装的稳定性。

桁架临时固定时如需要利用临时螺栓和冲钉，则每个节点处应穿入的数量必须由计算确定，并应符合有关规定。

9.13 高层钢结构柱、梁的吊装工艺及校正方法是什么？

钢柱、梁的吊装工艺为：起吊就位—初校—安设临时固定螺栓—拆除吊索—误差检查和校正—最后固定。

钢结构高层建筑的柱子，多为 3～4 节，节与节之间用坡口焊连接。

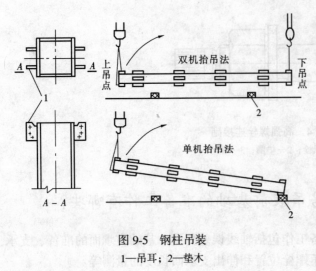

在吊装第一节钢柱时，应在预埋的地脚螺栓上加设保护套，以免钢柱就位时碰坏地脚螺栓的丝牙。钢柱吊装前，应预先在地面上把操作挂篮、爬梯等固定在施工需要的柱子部位上。

钢柱的吊点在吊耳处（柱子在制作时吊点部位焊有吊耳，吊装完毕再割去）。当由多个构件在地面组装为扩大单元进行安装时，吊点应计算确定。根据钢柱的重量和起重机的起重量，钢柱的吊装用双机抬吊或单机吊装，见图9-5所示。双机抬吊时，将

图9-5 钢柱吊装
1—吊耳；2—垫木

柱吊离地面后在空中进行回直。单机吊装时需在柱子根部垫以垫木，以回转法起吊，严禁柱根拖地。

钢柱就位后，先调整标高，再调整位移，最后调整垂直度。柱子要按规范规定的数值进行校正，标准柱子的垂直偏差应校正到零。

为了控制安装误差，对高层钢结构先确定标准柱（能控制框架平面轮廓的少数柱子，一般选择平面转角柱为标准柱）。一般取标准柱的柱基中心线为基准点，用激

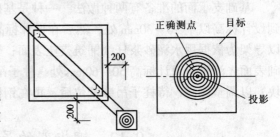

图9-6 柱顶的激光测量目标

光经纬仪以基准点为依据对标准柱的垂直度进行观测，柱子顶部固定测量目标，如图9-6所示。

除标准柱外的其他柱子的误差测量通常用丈量法，即以标准柱为依据，在角柱上沿柱子外侧拉设钢丝绳组成平面封闭方格，用钢尺丈量距离，超过允许偏差时则进行调整。

钢柱标高的调整，每安装一节钢柱后，对柱顶进行一次标高实测，标高误差超过6mm时，需进行调整，多用低碳钢板垫到规定要求。如误差过大（大于20mm），不宜一次调

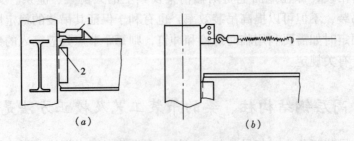

图9-7 柱子间距校正
(a) 用油压千斤顶或钢楔校正；(b) 用神仙葫芦校正
1—油压千斤顶；2—钢楔

整；中间框架柱的标高宜稍高些。

钢柱的校正，采用激光经纬仪以基准点为依据对框架标准柱进行竖直观测，对钢柱顶部进行竖直度校正；柱子间距的校正，对于较小间距的柱，可用油压千斤顶或钢楔校正；对于较大间距较大的柱，则用钢丝绳和神仙葫芦进行校正。

为了便于边线柱子的校正，可在角柱上沿柱子外侧拉设钢丝绳，见图9-8所示。

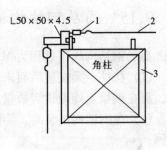

图9-8 校正用钢丝
1—花篮螺丝；2—钢丝；3—角柱

钢柱轴线位移校正，以下节钢柱顶部的实际柱中心线为准，安装钢柱的底部对准下节钢柱的中心线即可。校正位移时应注意钢柱的扭转。

钢梁在吊装前，应于柱子牛腿处检查标高和柱子间距。主梁吊装前，应在梁上装好轻便走道。一般在钢梁上翼缘处开孔作为吊点，其位置取决于钢梁的跨度。对重量较小的次梁和其他小梁，可利用多头吊索一次吊装数根，以加快吊装速度。有时可将梁、柱在地面组装成排架进行整体吊装，可减少高空作业、保证质量、加快吊装速度。安装框架主梁时，要根据焊缝收缩量预留焊缝变形量。安装主梁时对柱子垂直度的监测，除监测安放主梁的柱子的两端垂直度变化外，还要监测相邻与主梁连接的各根柱子的垂直度变化情况，保证柱子除预留焊缝收缩值外，各项偏差均符合规范规定。

9.14 钢网架吊装有几种方法？各有什么特点？

钢网架适用于大跨度结构，根据其结构形式和施工条件的不同，有高空拼装法、整体安装法、高空滑移法等吊装方法。

钢网架用高空拼装法是在设计位置处搭设拼装支架，然后用起重机把网架构件分件（或分块）吊至空中的设计位置，在支架上拼装。该法可以采用简易的运输设备；但拼装支架用量大，高空作业多。适用于非焊接连接的网架，如高强螺栓连接的、用型钢制作的钢联方网架或螺栓球节点的钢管网架等。

整体安装法是先将网架在地面上拼装成整体。然后用起重设备或千斤顶将其整体提升到设计位置上加以固定。该法不需要高大的拼装支架，高空作业少，易保证焊接质量；但需要起重量大的起重设备，技术较为复杂。适用于球节点的钢管网架。

高空滑移法是在建筑前厅顶板上设拼装平台进行拼装，待第一个拼装单元（或第一段）拼装完毕后，即将其下落至滑移轨道上，用牵引设备（多用人力绞磨）通过滑轮组将拼装好的网架向前滑移一定距离；接下来在拼装平台上拼装第二个拼装单元（或第二段），拼好后连同第一个拼装单元（或第一段）一同向前滑移，如此逐段拼装不断向前滑移，直至整个网架拼装完毕并滑移至就位位置。该法设备简单，不需要大型起重设备，成本低，且可与其他工种工程平行作业。适用于影剧院、体育馆、礼堂等工程，以及场地狭小或需要跨越其他结构的网架施工。

9.15 高层钢结构施工过程中应采取哪些措施保证施工安全？

高层钢结构施工过程为保证施工安全应采取如下措施：

(1) 在柱、梁安装后而未设置浇筑楼板用的压型钢板时，为便于柱子螺栓等施工的方便，需在钢梁上铺设适当数量的走道板；

(2) 在钢结构吊装时，为防止人员、物料和工具坠落或飞出造成安全事故，需铺设安全网；

(3) 为便于接柱施工，在接柱处要设操作平台，平台固定在下节柱的顶部；

(4) 在刚安装的钢梁上设置存放设备的平台，设置平台的钢梁必须将紧固螺栓全部投入并加以拧紧；

(5) 为便于施工登高，吊装柱子前要将登高钢梯固定在钢柱上；

(6) 为便于进行柱梁节点紧固高强螺栓和焊接，需在柱梁节点下方安装挂篮脚手；

(7) 施工用的电动机械和设备均须接地，绝对不允许使用破损的电线和电缆；

(8) 每层楼面须分别设置配电箱；

(9) 高空施工时，风速为 10m/s 时，应停止某些吊装工作，风速达到 15m/s 时，须停止所有吊装工作；

(10) 施工时注意防火并提供必要的灭火设备和消防人员。

10 道路桥梁工程施工

10.1 公路与城市道路根据面层材料类型分为哪些类型？各用于什么等级的道路？

公路与城市道路依面层材料类型不同分为沥青路面、水泥混凝土路面、砂石路面和粒料改善土路面。其中沥青路面、水泥混凝土路面主要用于高等级公路和城市道路，其他主要用于低等级公路和乡镇公路。

10.2 路基的作用是什么？何谓一般路基和特殊路基？

路基是道路的主体和路面的基础，承受着岩土自身和路面的重力，应为路面提供一个平整层，且在承受路面传递下来的荷载和水、气温等自然因素的反复作用下，具有足够的强度与整体稳定性，满足设计和使用的要求。

一般路基是指在正常的地质与水文条件下，路基填挖不超过设计规范或技术手册所允许的范围。

特殊路基是指超过规定范围的高填或深挖路基，以及地质和水文等特殊条件（如泥石流、岩熔、冻土、雪害、滑坡、软土等）地区的路基。

10.3 路基有哪些形式？其施工过程如何？

路基由宽度、高度和边坡坡度三者构成，宽度取决于公路技术等级，高度取决于纵坡设计与地形，边坡坡度取决于地质、水文条件。

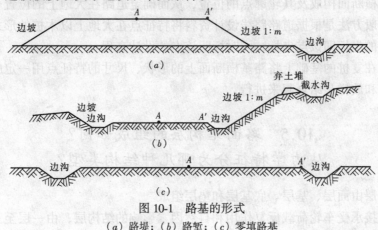

图 10-1 路基的形式
(a) 路堤；(b) 路堑；(c) 零填路基

根据与原地面的位置关系，路基可以分为路堤、路堑和零填路基。高出原地面的路基称为路堤，需要填方；低于原地面的路基称为路堑，需要挖方。

根据所处地形不同，路基可以分为陡坡路堤、半填半挖路基和过水路基。

根据填筑物的不同（包括挖方所挖除的土质不同），路基分为土质路基、石质路基和由颗粒料填筑的路基。

一般路堤的施工程序按图 10-2 所示的框图进行。填方路基施工是分层进行，最后一层压实后路基应达到设计标高。

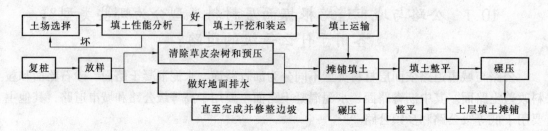

图 10-2 填方路基（路堤）施工框图

挖方路基通常按图 10-3 框图所示的程序施工，开挖过程中应特别注意准确控制坡口和路基中线的位置。

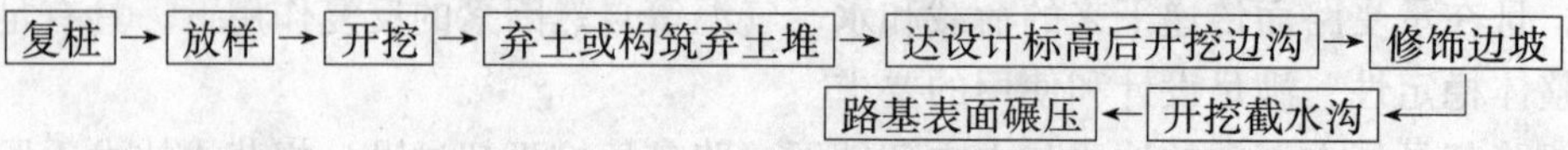

图 10-3 挖方路基施工框图

10.4 何谓路基施工的复桩、放样？

在道路的路线设计中，路基平面上和纵断面上的特殊点均用木桩在大地上确定其位置。这些特殊点一般包括直线的起点、终点及曲线的特殊点。而特殊点所表示的路线位置包含了两个信息：平面位置即大地坐标和竖向位置即高程。通过这些桩点可确定道路的平面、纵断面和横断面构成及其轮廓点的位置，从而确定道路在大地上的位置和形状。

复桩的一般方法是根据道路路线设计资料将特征点在大地上以木桩的形式表示，并标明木桩固定点的坐标即该点坐标，同时标明该点的设计高程。

放样就是在复桩的基础上将路基横断面上的形状、尺寸的特征点用一定的方法标示出来。一般复桩和放样是结合起来进行。

10.5 路面结构层的组成如何？
从力学特征分为哪几种结构类型？

路面结构层由面层、基层、底基层和垫层组成。

面层是直接承受车轮荷载反复作用和自然因素影响的结构层，由一层至三层组成。

基层是设置在面层之下，并与面层一起将车轮荷载的反复作用传布到底基层、垫层、土基，起主要承重作用的层次；基层有柔性基层和半刚性基层，前者是用有机结合料或有一定塑性细粒土稳定各种集料的基层如沥青贯入碎石基层、热拌沥青碎石或乳化沥青碎石混合料基层、不加任何结合料的各种集料基层和泥灰结碎石基层等，后者是指采用无机结合料稳定集料或稳定土类，且具有一定厚度的基层结构。

底基层是设置在基层之下，并与面层、基层一起承受车轮荷载反复作用，起次要承重作用的层次。

垫层是设置在底基层与土基之间的结构层，起排水、隔水、防冻、防污等作用。

路面从力学特征看可分为以下几种结构类型：

（1）柔性路面　在柔性基层上铺筑沥青面层或用有一定塑性的细粒土稳定各种集料的中、低级路面结构，具有较大的塑性变形能力，路面结构按弹性层状体系理论计算。

（2）沥青路面　在柔性基层、半刚性基层上，铺筑一定厚度的沥青混合料面层的路面结构。

（3）刚性路面　用水泥混凝土作面层或基层的路面结构，路面结构按弹性地基板理论进行计算。

10.6　水泥混凝土路面的施工工艺是什么？

水泥混凝土路面的施工工艺是：

（1）施工准备工作，包括测量放样、进行材料试验和混凝土配合比设计、基层质量检查与整修、选择混凝土拌合场地。

（2）混凝土板施工，包括安装边模板、安设传力杆、混凝土拌合与运输、混凝土摊铺和振捣、真空吸水、表面修整、接缝处理、表面修整和防滑措施、混凝土养护和填缝、开放交通等。

10.7　沥青路面的分类和特点是怎样的？

沥青路面根据强度构成原理和施工工艺的不同，相应地有不同的分法。

（1）沥青路面按强度构成原理的不同，可分为密实类和嵌挤类两大类。

密实类沥青路面的强度和稳定性主要取决于混合料的黏聚力和内摩擦力，按其空隙率的大小又分为闭式和开式两种，闭式致密耐久，但热稳定性差；开式热稳定性好。

嵌挤类沥青路面的强度和稳定性主要依靠骨料颗粒之间相互嵌挤所产生的内摩阻力，其热稳定性好。

（2）沥青路面根据施工工艺的不同，可分为层铺法、拌合法两大类，其中拌合法又分为路拌法和厂拌法。

层铺法沥青路面是分层洒布沥青，分层铺撒矿料和碾压的方法修筑路面。工艺和设备简单、功效较高、施工进度快、造价较低，但路面成型期较长；

路拌法沥青路面是在路上用机械将矿料和沥青材料就地拌合摊铺和碾压密实而成。需使用黏稠度较低的沥青材料，强度较低；

厂拌法沥青路面是由一定级配的矿料和沥青材料在工厂（场）专门加热拌合，运送到现场摊铺碾压而成的沥青路面。混合料质量高，使用寿命长，但修筑时施工费用较高。

10.8 沥青路面的施工工艺是怎样的？

（1）用层铺法施工的沥青路面层有沥青表面处治和沥青贯入两种。

1）沥青表面处治路面

沥青表面处治路面是指用沥青和集料按层铺法或拌合法施工的厚度不大于30mm的一种薄层面层，通常采用层铺法施工。按照洒布沥青及铺撒集料的层次多少，可分为单层式、双层式和三层式三种。单层式为浇洒一次沥青，撒布一次集料铺筑而成，厚度为10~15mm（乳化沥青表面处治为5mm）；双层式为浇洒两次沥青，撒布两次集料铺筑而成，厚度为15~25mm（乳化沥青表面处治为10mm）；三层式为浇洒三次沥青，撒布三次集料铺筑而成，厚度为25~30mm。

层铺法沥青表面处治施工一般采用"先油后料"法，即先洒布一层沥青，后铺撒一层集料。以双层式沥青表面处治为例，其施工工艺为：

备料；

清理基层及放样 基层应清扫干净，使集料大部分外露，并保持干燥；

浇洒透层（或粘层）沥青 要洒布均匀；

洒布第一层沥青；

铺撒第一层集料 要撒布均匀，达到全面覆盖一层、厚度一致、集料不重叠、不露沥青，局部有缺料或过多处，应适当找补或扫除；

碾压；

洒布第二层沥青；

铺撒第二层集料，碾压；

初期养护。

单层式和三层式沥青表面处治的施工程序和双层式相同，仅需相应地减少或增加一次洒布沥青、铺撒集料和碾压工序。

2）沥青贯入式路面

沥青贯入式路面是在初步压实碎石（或破碎砾石）上，分层浇洒沥青、撒布嵌缝料，或再在上部铺筑热拌沥青混合料封层，经压实而成的沥青面层，属于多孔式结构。

其施工工艺流程为：

整修并将基层清扫干净；

洒透层（或粘层）沥青；

撒布主层集料，尽量使颗粒大小均匀，并应检验松铺厚度；

第一次碾压，应使路拱和纵向坡度满足要求；

浇洒第一层沥青；

撒布第一层嵌缝料；

第二次碾压；

浇洒第二层沥青；

撒布第二层嵌缝料；
第三次碾压；
浇洒第三层沥青；
撒布封层料；
最后碾压、初期养护。

(2) 拌合法施工的沥青路面包括沥青混凝土、沥青碎石和沥青表面处治，其施工过程可分为沥青混合料的拌制与运输、现场铺筑两个阶段。

1）沥青混合料的拌制和运输

沥青混合料宜在沥青拌合厂（场、站）采用拌合机械拌制。各类拌合机均应有防止矿粉飞扬散失的密封性能及除尘设备，并有检测拌合温度的装置。沥青与矿料的加热温度应调节到能使拌合的沥青混合料出厂温度符合相关要求。沥青混合料用自卸汽车运至工地，车厢底板及周壁应涂一薄层油水混合液。

2）铺筑

基层准备和放样。铺筑沥青混合料前应检查下承层的质量；施工放样包括标高测定与平面控制两项内容。

摊铺。热拌沥青混合料宜采用机械摊铺，路面狭窄部分、平曲线半径过小的匝道或加宽部分以及小规模工程可采用人工摊铺。

碾压。沥青混合料摊铺后应趁热及时碾压，分为初压、复压和终压三个阶段，初压应在较高温度下进行，复压应紧接在初压后进行，终压应紧接在复压后进行。

开放交通。

10.9 桥梁施工的特点是什么？确定桥梁施工方法时应考虑哪些因素？

桥梁施工应包括选择施工方法，进行必要的施工验算，选择或设计、制作施工机具设备，选购与运输建筑材料，安排水、电、动力、生活设施以及施工计划等方面的事务。

桥梁施工与设计有着十分密切的关系，在考虑设计方案时，要考虑施工的可能性、经济性和合理性，在技术设计中要计算施工各阶段的强度（应力）、变形和稳定性，桥梁结构的施工应忠实地按设计要求完成。

桥梁施工方法的确定需要充分考虑桥位的地形、环境、桥的类型、跨径、施工的技术水平、机具设备条件、安装的方法、施工进度等因素，可依据以下条件综合考虑：

使用条件；

施工条件；

自然经济条件；

社会环境影响。

10.10 桥梁基础施工方法的种类有哪些？

桥梁基础工程由于在地面以下或在水中，涉及水和岩土的问题，增加了其复杂难度，使桥梁施工无法采用统一的模式。但是根据桥梁基础工程的形式大致可以归纳为扩大基础、桩和管柱基础、沉井基础、地下连续墙基础和组合基础等几大类。桥梁基础施工方法主要有围堰施工法、管柱基础施工、沉井基础施工等。

扩大基础或明挖基础属于直接基础，是将基础底板设在直接承载地基上，来自上部结构的荷载通过基础底板直接传递给承载地基。其施工方法常采用明挖方式进行，主要内容包括基础的定位放样、基坑开挖、基坑排水、基底处理以及砌筑（浇筑）基础结构物等。

桩基础是常用的桥梁基础类型之一，常在地基浅层土质较差、持力层埋藏较深时采用，应当根据地质条件、设计荷载、施工设备、工期限制及对附近建筑物产生的影响等来选择桩基的施工方法，主要有锤击沉桩、振动沉桩、射水沉桩、静力压桩、就地灌注桩与钻孔埋置桩等。

管柱基础主要由承台、多柱式柱身和嵌岩柱基等三部分组成。管柱施工系在水面上进行，不受季节性影响，能尽量使用机械操作，可改善劳动条件、提高工作效率、加快工作进度。施工时是否需要设置防水围堰，对施工技术的要求有重大差别。需要设置防水围堰的管柱基础，施工较为复杂，技术难度较高。

沉井基础的特点是埋置深度可以很大、整体性强、稳定性好、刚度大、能承受较大的荷载作用。沉井本身既是基础，又是施工时的挡土、围堰结构物，施工设备简单，工艺不复杂，可以几个沉井同时施工，场地紧凑，所需净空高度较低。

地下连续墙是一种新型的桥梁基础形式，是在泥浆护壁条件下，采用专用的挖槽（孔）设备，顺序沿着基础结构物的周边，在地基中开挖出一个具有一定宽度与深度的槽孔，然后在槽孔内安放钢筋笼，浇筑混凝土，逐步形成的一道连续的地下钢筋混凝土墙。其施工要点为修筑导墙—成槽—泥浆护壁—连接槽段。

组合基础的形式很多，常用的有双壁围堰钻孔桩基础、钢沉井加管柱基础、浮运承台与管柱、井柱、钻孔柱基础以及地下连续墙加箱形基础等等。

10.11 桥梁结构施工常用的起重机械有哪些？它们各适用于什么情况？

桥梁结构施工常用的起重机械有桅杆式起重机、龙门架、缆索吊装设备、浮吊、架桥机等种类。

龙门架是一种最常用的垂直起重设备，一般设置在预制厂内，吊移预制构件，或设置在墩顶及墩旁，可作装配式桥构件的安装。

缆索吊装设备系统由主索、天线滑车、起重索、牵引索、起重及牵引绞车、主索锚碇、塔架、缆风索等主要设备和扣索、扣索锚碇、扣索排架、扣索绞车等辅助设备组成，主要用于高差较大的垂直吊装和架空纵向运输，吊运重量从几吨到几十吨，纵向运距从几十米到几百米。

浮吊有铁驳轮船浮吊和简易浮吊，简易浮吊是利用两只民用平底木船拼成门船，其排水量应为设计起吊重量的 10 倍以上，并用木料将船底舱加固，舱面上安装型钢组成底板构架，上铺木板，其上安装人字拔杆。浮吊构造简单，起重量大，可达 300t，不影响通航，可在通航河流上架桥。

10.12 现浇桥梁墩台的施工工艺是什么？墩台混凝土浇筑施工时应注意哪些问题？

现场就地浇筑是桥梁墩台两种施工方法中的一种。它有两个主要工序：一是制作与安装墩台模板，二是混凝土浇筑。

墩台身混凝土施工前，应将基础顶面冲洗干净，凿除表面浮浆，整修连接钢筋；灌注混凝土时，应经常检查模板、钢筋及预埋件的位置和保护层的尺寸，确保位置准确，不发生变形。混凝土施工中，应切实保证混凝土的配合比、水灰比和坍落度等技术性能指标满足规范要求。应当结合具体情况选择合适的混凝土的水平与垂直运输相互配合方式等，混凝土的灌注速度不得小于容许最小速度，灌注层的厚度应根据使用捣固方法按规定数值采用。

墩台是大体积混凝土工程，应当采取适当措施以减少水泥用量、采用水化热低的水泥、减小浇筑层厚度、避免日光暴晒混凝土用料等以免混凝土因水化热过高、内外温差过大引起裂缝。当平面面积过大，不能在前层混凝土初凝或能重塑前浇筑完成次层混凝土时，宜分块浇筑。浇筑时，为防止墩台基础第一层混凝土中的水分被基底吸收或基底水分渗入混凝土，应按天然地基的有关规定进行墩台基底处理。基底为非黏性土或干土时，应将其润湿；基底为过湿土时，应在基底设计标高下夯填一层10～15cm厚片石或碎（卵）石层；基底面为岩石时，应加以润湿，铺一层厚2～3cm水泥砂浆，然后于水泥凝结前浇筑第一层混凝土。

10.13 预应力装配墩台的主要施工工艺是什么？

装配式墩台适用于山谷架桥、跨越平缓无漂流物的河沟、河滩等的桥梁，特别是在工

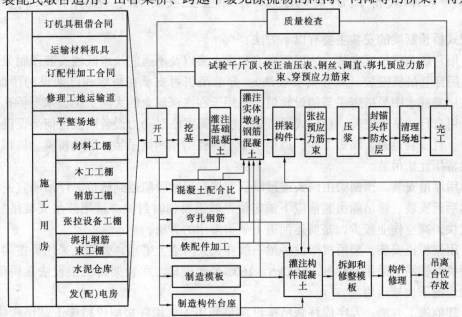

图10-4 装配式预应力混凝土桥墩施工工艺流程

地干扰多、施工场地狭窄，缺水与砂石供应困难地区，其效果更为显著。

预应力装配墩台的施工工艺为施工准备——构件预制——墩身装配，详见图10-4。

10.14 装配式桥梁的施工工艺过程有哪些？有什么特点？

所谓装配式桥梁，一般将梁段横向分片在预制场预制，产品合格运到桥头，安装就位。其施工包括分片或分段构件的预制、运输和安装等三个阶段和过程。

桥梁的预制构件一般在预制场或预制工厂内进行，再由运输工具运至桥位，横向分片预制可用吊机或架桥机架设；纵向分段在桥头串联张拉后用吊机或架桥机架设。

采用预制安装法施工的装配式桥梁与就地浇筑的整体式梁桥相比较，有下列特点：

(1) 缩短工程进度及现场施工工期。由于装配式桥梁的梁片预制可以与桥梁下部结构同时进行，对加速施工进度、缩短施工工期，效果明显。

(2) 节约支架、模板。装配式桥常采用无支架或少支架施工，预制场采用钢模板浇筑预制件，模板反复使用，达到节约木材的目的。架桥采用无支架安装可省去大量现场支架，节省工程投资。

(3) 有利于提高劳动生产率、保证工程质量。装配式梁桥的预制梁片可以标准化、梁体混凝土计量自动化、振捣及养护均能达到理想要求，对梁体质量有较高保证率。

(4) 需要大型的吊装设备。预制梁片一般采用汽车吊、履带吊机、浮吊进行吊装架设，桥梁较长时可采用架桥机架设。

(5) 由于构件采用预制生产，可以减少混凝土收缩、徐变的影响，但结构用钢量略为增大。

10.15 装配式桥预制梁的施工有哪些主要方法？各有什么特点？

装配式桥预制梁的安装主要有以下方法：

(1) 用跨墩龙门吊机安装。适用于岸上和浅水滩以及不通航浅水区域安装预制梁。

(2) 用穿巷吊机安装（双导梁安装法）。穿巷吊机可支承在桥墩和已架设的桥面上，不需要在岸滩或水中另搭脚手与铺设轨道，适用于在水深流急的大河上架设水上桥孔。

(3) 用自行式吊车安装。自行式吊机架设法不需要临时动力设备以及任何架设设备的工作准备，且安装迅速，缩短工期，适用于中小跨径的预制梁吊装，陆地桥梁、城市高架桥预制梁常用此法吊装。

(4) 用浮吊安装。预制梁由码头或预制厂直接有运梁驳船运到桥位，浮吊船宜逆流而上，先远后近安装。浮吊船吊装前应下锚定位，航道要临时封锁。采用浮吊安装吊装梁，施工速度快，高空作业较少，是航运河道上架梁常用的方法。

(5) 用架桥机安装。架桥机架设桥梁一般在长大河道上采用，公路上采用贝雷梁构件拼装架桥机，铁路上采用800kN、1300kN、1600kN架桥机。联合架桥机架设法在桥很高、水很深的情况下比较适用。

(6) 其他施工方法。人字桅杆悬吊架设法是利用人字桅杆来架设桥梁上部结构构件，不需要特殊的脚手架或木排架；钢桁架导梁架设法是利用钢桁架导梁安装桥跨上部构件，其最大特点是适合于各种跨径和型式的预制梁,且设备简单,不受河水的影响。

10.16 预应力连续梁桥顶推法施工工艺及主要要求是什么?

顶推法是预应力混凝土连续梁桥常用的施工方法,适用于中等跨径、等截面的直线或曲线桥梁。其施工快速便捷、无噪声,在水深、桥高以及高架道路等情况下,可省去大量施工脚手架,不中断桥下现有交通,可集中管理和指挥,高空作业少,施工安全可靠,且可使用简单的设备建造多跨长桥。其不足处为:一般需采用等高桥梁,增加结构材料用量。

顶推法施工的基本工序为:在桥台后面的引道上或刚性好的临时支架上设置制梁场,集中制作(现浇或预制装配)一般为等高度的箱形梁段(约为 10~30m 一段),待预制 2~3 段后,在上、下翼板内施加能承受施工中变号内力的预应力,然后用水平千斤顶等顶推设备将支承在氟塑料板与不锈钢板滑道上的箱梁向前推移,推出一段再接长一段,这样周期性地反复操作直到最终位置,进而调整预应力,使满足后加恒载和活载内力的需要,最后,将滑道支承移置成永久支座。

预应力连续梁桥顶推法施工是沿桥纵轴方向,在桥台(或引桥上)后设置预制场地浇筑梁段,达到设计强度后,施加预应力,向前顶推,空出底座继续浇筑梁段,随后施加预应力先一段梁联结,直至将整个桥梁梁段浇筑并顶推完毕,最后进行体系转化而形成连续梁桥。如图 10-5 所示。

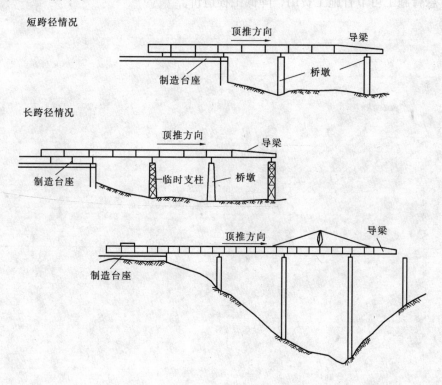

图 10-5 顶推法施工概貌及辅助设施

顶推施工的关键是如何顶推，核心问题是如何利用有限的推力将梁顶推就位。常用的方法有水平—竖向千斤顶顶推法、拉杆千斤顶顶推法、设置滑动支座顶推法、单向顶推法、双向顶推法等。

10.17 预应力混凝土梁桥悬臂法施工方法及其主要特点是什么？

预应力混凝土梁桥悬臂法施工适用于大跨径预应力箱形截面的连续梁、悬臂梁、T形钢构等桥型的施工，分为悬臂浇筑法和悬臂拼装法两种。

悬臂浇筑法是将桥墩浇筑到顶以后，在墩顶安装脚手钢桁架并向两侧伸出悬臂以供垂吊挂篮，对称现浇混凝土。其程序为：悬臂梁起步段—施工挂篮安装就位—悬浇施工。

悬臂拼装法是将逐段分成预制块件进行拼装，穿束张拉，自成悬臂。其施工工艺为：梁段预制—移位—堆放—运输—梁段起吊拼装—施加预应力。

悬臂法施工的主要特点是：

(1) 桥跨间不需要搭设支架，施工不影响桥下通航或行车；

(2) 能减少施工设备，简化施工工序；

(3) 多孔桥跨结构可同时施工，施工速度快；

(4) 充分利用预应力混凝土悬臂结构承受负弯矩能力强的特点，将跨中正弯矩转移为支点负弯矩，使桥梁的跨越能力提高，并适合变截面梁的施工；

(5) 悬臂施工可节省施工费用，降低工程造价。

11 装饰工程

11.1 装饰工程的作用及施工特点是什么？

装饰工程的作用是保护建筑物各种构件免受自然的风、雨、潮气的侵蚀，改善隔热、隔声、防潮功能，提高建筑物的耐久性，延长建筑物的使用寿命。同时，为人们创造良好的生产、生活及工作环境。

其主要施工特点是项目繁多、工程量大、工期长、用工量大、造价高，机械化施工程度低，生产效率差，工程投入资金大，施工质量对建筑物使用功能和整体建筑效果影响大，施工管理复杂。

11.2 装饰工程施工的范围是什么？

装饰工程包括抹灰工程、门窗工程、吊顶工程、轻质隔墙工程、涂刷工程、裱糊工程、饰面安装工程、幕墙工程、细部工程等。

11.3 装饰工程分成哪几个等级？各适用于何种工程？

按照使用性质和耐久性的不同，建筑物分为五个等级。一般来说，建筑物的等级越高，其各部位的装饰标准也越高。根据建筑物等级，考虑到不同建筑类型对装饰的不同要求，结合我国国情，装饰工程划分为三个等级，各等级分别适用的工程见表 11-1 所示。

表 11-1

建筑装饰等级	建筑物类型
一	高级宾馆、别墅、纪念型建筑、大型博览、观演、交通、体育建筑、一般行政机关办公楼、市级商场
二	科研建筑、高教建筑、普通博览、观演、交通、体育建筑、广播通讯建筑、医疗建筑、商业建筑、旅馆建筑、局级以上行政办公室
三	中、小学、托幼建筑、生活服务性建筑、普通行政办公楼、普通居住建筑

根据 3 个等级可限定各等级使用的装饰材料及装修标准。各地区经济条件不同，标准不能一概而论，但大的尺度应掌握，不能随意。

11.4 抹灰工程在施工前应做哪些准备工作？有什么技术要求？

为保证抹灰层与基层之间的粘结牢固，不致出现裂缝、空鼓和脱落现象，在抹灰施工前应对基层表面进行处理，将基层表面上的尘土、污垢、油渍及碱膜等均清除干净，基层表面凹凸明显的部位应事先剔平或用1:3水泥砂浆补平；同时，为增强抹灰层与基层的粘结力，基层表面应有一定的粗糙度；对不同材料交接处的抹灰层，为防止因两种基层材料胀缩不同而出现裂缝，应在基层面上铺钉一些金属网。

此外，为保证抹灰质量，对材料也有所要求，如采用石灰膏时应用块状生石灰淋制、砂子必须过筛等。

11.5 各抹灰层的作用及施工要求是什么？面层抹灰的技术关键是什么？

抹灰层可分为底层、中层和面层。施工时应分层进行，应待前一层施工一定时间后再抹下一层灰。

底层主要使抹灰层与基层牢固粘结和初步找平，其施工要求是应压实；

中层主要起找平作用，其施工要求是应刮平、搓平，且每层厚度不宜过厚；

面层是装饰层，起装饰作用，其施工要求是应表面光滑细致。

待中层有六七成干时，可抹面层灰。

麻刀灰或纸筋灰面层适用于室内白灰墙面，抹灰时先用钢抹子将麻刀灰或纸筋灰抹在墙面上，同时找平、压光。稍干后再用钢抹子将面层压实、压光。

石灰砂浆面层适用于室内墙面，抹后再做饰面，抹灰时先用钢抹子抹灰，再用刮尺由下往上刮平，最后用钢抹子压实、压光。

混合砂浆抹灰面层，先用钢抹子抹灰，再用刮尺刮平，六七成干时，用木抹子搓平，砂浆较干时，可边洒水边搓平，直到墙面平整为止。

水泥砂浆面层适用于有防潮要求的内墙面、墙裙、踢脚线等部位的抹灰，配合比可采用1:2.5（水泥:砂），抹灰方法同石灰砂浆。

石膏面层适用于高级室内抹灰，抹灰时应在石膏灰浆内掺缓凝剂，其掺量根据试验确定，抹灰时应先用1:2.5石灰砂浆打底，再用1:2~1:3麻刀灰找平，不得采用水泥砂浆和水泥混合砂浆打底，以防泛潮和面层脱落。施工时先浇水湿润底灰，然后三人流水作业，一人薄抹一遍，第二人紧跟找平，第三人立即压光，压两遍后稍洒水再压光压亮。接槎不平处，待抹灰凝固后用刨子刨平、砂纸磨光。

面层的砂浆稠度为10cm；室内一般采用麻刀灰、纸筋灰、玻璃丝灰或粉刷石膏，高级墙面用石膏灰，面层抹灰经赶压平实后的厚度：麻刀灰不大于3mm，纸筋石灰、石灰膏不得大于2mm；室外常用水泥砂浆、水刷石、干粘石等。

11.6 立标筋的操作程序是什么？

先用靠尺检查墙面的垂直平整度后，根据设计要求的抹灰层厚度，大致决定抹灰厚度（最薄处一般不小于7mm），再在墙的上角各做一个标准灰饼，大小5cm见方，厚度以墙面平整垂直度决定，然后根据这两个灰饼用托线板或线坠挂垂直做墙面下角两个标准灰饼，高低位置一般在踢脚线上口，厚度以垂直为准，再用钉子钉在左右灰饼附近墙缝里，栓上小线挂好通线,并根据小线位置每隔 1.2~1.5m 上下加做若干标准灰饼,待灰饼稍干后,在上下灰饼之间用砂浆抹上宽 70~80mm 的垂直灰埂,以灰饼面为准用刮尺刮平即为标筋。以上过程如图 11-1 所示。

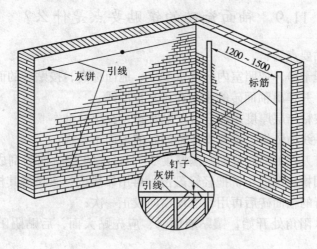

图 11-1 挂线做标准灰饼及冲筋

11.7 水刷石的施工要点是什么?

水刷石的施工要点为:先将底层湿润,用 1:3 水泥砂浆抹底层和中层,中层压实后弹线分格,薄刮水灰比为 0.37~0.40 水泥浆一遍为结合层,用 1:1 水泥大八厘石粒浆(或 1:1.25 水泥八厘石粒浆、1:1.5 水泥小八厘石粒浆)抹面层;待其达到一定强度,用手指按无陷痕印时,即可用棕刷蘸水刷去面层水泥浆,使石子全部外露,紧接着用喷雾器由上往下喷水,将表面水泥浮浆冲掉,再用清水冲洗干净。

11.8 喷涂、滚涂、弹涂的施工要点是什么?有何区别?

喷涂是利用砂浆泵或喷斗将聚合物水泥砂浆经喷枪均匀地喷涂至水泥砂浆底层上,在外墙面形成的装饰抹灰。施工时,涂料稠度必须适中,太稠不便施工,太稀影响涂层厚度且容易流淌;空气压力、喷射距离等均有一定要求;应分层进行,首先做底层,再喷涂 3~4mm 厚的饰面层,要求三遍成活,每遍不宜太厚,不得流坠;饰面层收水后,在分割缝处用铁皮刮子沿靠尺刮去面层,露出底层,做成分隔缝,缝内涂刷聚合物水泥浆,最后待面层干燥后喷一层有机硅憎水剂;施工时希望连续作业一气呵成,争取到分隔缝处再停歇;涂料宜用含粗填料或云母片的涂料。

滚涂施工宜用细料状或云母片状涂料,操作时应根据涂料的品种、要求的花饰确定辊子的种类。施工时,在辊子上蘸少量涂料后再在被滚墙面上轻缓平稳地来回滚动,直上直下,避免歪扭蛇行,以保证涂层厚度、色泽、质感一致。

弹涂施工宜用云母状或细料状涂料。施工时在基层表面先刷 1~2 层涂料,作为底色涂层。待底色涂层干燥后,才能进行弹涂。门窗等不必弹涂的部位应予遮挡。大面积弹涂后如出现局部弹点不匀或压花不合要求影响装饰效果时,应进行修补,修补所用涂料应该用与刷底或弹涂同一颜色的涂料。

11.9 釉面瓷砖的镶贴要点是什么?

釉面瓷砖的镶贴要点为:
(1) 找平层清理干净,依照室内标准水平线、地面标高,按贴砖的面积,计算纵横皮数,用水平尺找平,并弹出釉面砖的水平和垂直控制线;
(2) 用废瓷砖按粘结层厚度用混合砂浆贴灰饼,找出标准;
(3) 以所弹地平线为依据,设置支撑釉面砖的地面木托板;
(4) 镶贴时用铲刀在釉面砖背面刮满厚度5~6mm的灰浆,四周刮成斜面,按线就位后用手轻压,然后用橡皮锤或小铲把轻轻敲击,再用靠尺按标志块将其校正平直;
(5) 铺贴完整行的釉面砖后再用长靠尺横向校正一次;
(6) 镶贴时宜从阳角处开始,镶贴墙面时,应先贴大面,后贴阴阳角、凹槽等费工多、难度大的部位。

11.10 饰面板安装方法、工艺流程和技术要求有哪些?

饰面板的施工方法有传统的湿作业(水泥砂浆固定法)、传统湿作业改进法、粘贴法、干挂法(螺栓或金属卡具固定法)、预制复合板法等。

大规格大理石饰面板常采用传统安装方法或改进的新工艺。传统安装方法(绑扎灌浆固定法)是按设计要求事先绑扎好固定饰面板的钢筋网,安装前先将饰面板材按设计要求进行修边、剔槽,接着穿绑钢丝与墙面钢筋网片绑牢,固定饰面板。如图11-2所示。

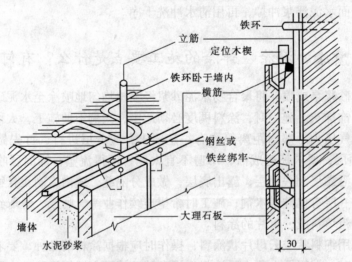

图11-2 大理石传统安装方法

传统安装法改进工艺又称楔固法。是分别在石板和基体上钻孔,再安装、固定板材,最后分层灌浆的做法。

工艺流程为：按照事先找好的水平线和垂直线进行预排——在最下一行两头用板材找平找直，拉上横线——从中间或一端开始安装。

饰面板安装的一般技术要求为：

接缝宽度如设计无要求时，应符合有关规范的规定；

应找正吊直后采取临时固定措施，以防灌注砂浆时板位移动；

接缝宽度可垫木楔调整，并应确保外表面的平整、垂直及板的上口顺平；

灌浆前，应浇水将饰面板背面和基体表面润湿，再分层灌注砂浆；

突出墙面勒角的饰面板安装应待上层的饰面工程完成后进行；

楼梯栏杆、栏板及墙裙的饰面板安装，应在楼梯踏步地（楼）面层完工后进行；

天然石饰面板的接缝应符合有关规定；

人造石饰面板的接缝宽度、深度应符合设计要求，接缝宜用与饰面板相同颜色的水泥浆或水泥砂浆抹勾严实；

饰面板完工后表面应清洗干净，光面和镜面的饰面板经清洗晾干后方可打蜡擦亮。

11.11 玻璃幕墙的施工要点是什么？

玻璃幕墙施工要点为：

(1) 安装玻璃幕墙的主体结构如有孔洞和凹凸不平处，应用 1:3 水泥砂浆抹平；

(2) 放线定位时，先弹出主龙骨（龙骨竖杆）的位置线，再确定竖杆的锚固点位置；

(3) 待竖杆通长布置完毕后，将次龙骨（龙骨横杆）的位置线弹到主龙骨上；

(4) 安装前钢制龙骨要刷防锈漆，铝合金龙骨与混凝土直接接触部位要对氧化膜进行防腐处理，所有的连接件、紧固件做防腐处理；

(5) 主龙骨全部安装完毕并复验其间距、垂直度后，安装横向次龙骨；

(6) 幕墙玻璃边缘进行倒棱、倒角处理；

(7) 安装玻璃。

工艺流程为：测量放线—固定支座的安装—立柱与横梁安装—幕墙玻璃安装。

11.12 水泥砂浆地面和细石混凝土地面的施工方法是什么？

(1) 水泥砂浆地面的施工方法为：

1) 按设计要求测定地坪面层标高，校正门框，清扫垫层并洒水湿润，凿毛较光滑的基层；

2) 在四周墙上弹出一道水平基准线；

3) 刷一道含 4%~5% 108 胶的素水泥浆；

4) 铺抹水泥砂浆面层，用刮尺赶平，并用木抹子压实；

5) 在砂浆初凝后到终凝前，用铁抹子反复压光三遍；

6) 砂浆终凝后铺盖草袋、锯末等浇水养护。

(2) 细石混凝土地面的施工方法为：

1) 基层处理和找规矩同水泥砂浆面层施工；

2) 铺设细石混凝土时，由里向门口方向进行，按标志筋厚度刮平拍实后，稍待收水，即用铁抹子预压一遍，待进一步收水后，即用铁滚筒滚压3~5遍或用表面振动器振捣密实，直到表面泛浆为止；

3) 抹平压光，抹平须在水泥初凝前完成，压光须在终凝前完成。

11.13 水磨石地面的施工方法和保证质量的措施是什么？

水磨石地面的施工方法是：

(1) 在底层上先用水泥浆按设计要求粘好分隔铜条、铝条或玻璃条，再在底层上刮水泥浆一遍；

(2) 随即按设计要求的图案花纹，将不同色彩的水泥石子浆（1:2.5水泥石子浆）分别填入分隔网中，抹平压实，厚度与嵌条齐平；

(3) 待其半凝固后（约1~2d）后，即用磨石机洒水磨光，直至露出嵌条，石子均匀光滑、发亮为止；

(4) 每次磨光后，用同色水泥浆填补砂眼，每隔3~5d再按同法磨第二遍或第三遍；

(5) 最后用草酸擦洗或打蜡（如有要求）。

工艺流程为：镶嵌分隔条—铺设水泥石粒浆—磨光。

保证质量的措施有：

(1) 水磨石所需材料中的水泥、石粒、分格条和颜料等都应满足要求；

(2) 开磨前应试磨，以表面石粒不松动方可开磨；

(3) 面层应使用磨石机分遍磨光，即粗磨、中磨、细磨三遍。

11.14 木质地面的施工要点有哪些？

木质地面的施工方法有钉固法和粘结法两种。钉固法的施工要点是：

(1) 空铺法木搁栅的两端应垫实钉牢，木格栅与木地板基板接触的表面要平整；

(2) 铺设前必须清除毛地板下空间内的刨花等杂物；

(3) 毛地板铺设时，应与搁栅成30°或45°斜向钉牢，板间的缝隙不大于3mm，以免起鼓；

(4) 面层企口板铺设时，应与搁栅成垂直方向钉牢，板的接缝应间隔错开，企口板与墙之间留10~15mm的缝隙，并用踢脚板或踢角条封盖；

(5) 踢脚板一般规格为150mm×（20~25）mm，背面开槽、以防翘曲，且应作防腐处理，踢脚板要与墙紧贴、钉牢并上口平直；

(6) 面层的涂油和上蜡工序须待室内装饰工程完工后进行。

11.15 门窗的安装方法及应注意的事项有哪些？

门窗的安装有先立口（先立门窗框）和后塞口（后塞门窗框）安装两种方法。

先立门窗框是在墙砌到地面时立门框，砌到窗台时立窗框。立门窗框时要注意拉通线,并用线锤找直吊正,并用支撑撑牢,在砌两旁墙时,墙内应砌经防腐处理的木砖。

后塞门窗框是在砌墙时先留出门窗洞口,然后把门窗框装进去。洞口尺寸要比门窗框尺寸每边大20mm,门窗框塞入后,先用木楔临时固定,经校正无误后,将门窗框钉牢在砌于墙内的木砖上。

11.16 木龙骨吊顶、铝合金龙骨吊顶、轻钢龙骨吊顶的构造及安装工序是什么？

木龙骨吊顶、铝合金龙骨吊顶、轻钢龙骨吊顶的构造均为吊杆（吊筋）、龙骨（搁栅）和饰面板（罩面板）三部分组成,按其龙骨的材质不同分为木质龙骨和金属龙骨（轻钢龙骨、铝合金龙骨）两大类。

基本安装工序均为：吊杆固定——龙骨安装——饰面板安装。

木龙骨吊顶的施工工序具体为：弹顶棚标高水平线——画龙骨分档线——安装管线设施——安装大龙骨——安装小龙骨——防腐处理——安装罩面板——安装压条。

铝合金吊顶龙骨一般多为T形,根据其罩面板安装方式的不同,分龙骨底面外露和不外露两种。图11-3所示的LT型铝合金吊顶龙骨属于安装罩面板后龙骨底面外露的一种。

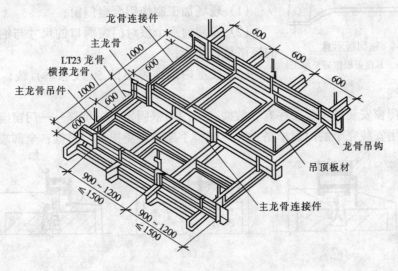

图11-3 LT型铝合金吊顶龙骨

铝合金龙骨吊顶的安装工序为：施工准备——测量放线定位——吊件的安装——龙骨的安装与调平等。

11.17 轻钢龙骨石膏板隔墙的施工方法是什么？

轻钢龙骨石膏板隔墙是以轻钢龙骨为骨架,以纸面石膏板为墙面材料,在现场组装的分室或分户非承重墙。其施工方法为：

(1) 在结构验收后进行墙位放线；

(2) 墙基（垫）施工；

(3) 安装沿地、沿顶龙骨；
(4) 安装竖向龙骨；
(5) 固定各种洞口及门；
(6) 安装一侧石膏板；
(7) 暖、水、卫、电等钻孔下管穿线并经验收后，安装另一侧石膏板；
(8) 接缝处理；
(9) 连接固定设备、电气；
(10) 墙面装饰；
(11) 踢脚线施工。

11.18 铝合金门窗的合理安装时间、施工准备，铝合金门窗与墙体连接的方式及安装主要工序有哪些？

铝合金门窗框安装的时间，应选择在主体结构基本结束后进行；铝合金门窗扇安装的时间，宜选择在室内外装修基本结束后进行。

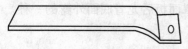

图 11-4　锚固板示意
（厚度为 1.5mm，长度可根据需要加工）

施工准备主要包括：
(1) 现场加工制作铝合金门窗；
(2) 安装前逐个核对门窗洞口的尺寸与铝合金门窗框的规格是否适合；
(3) 按室内地面弹出的 50 线和垂直线，标出门窗框安装的基准线。

铝合金门窗安装的主要工序有：放线——门窗框固定——填缝——门窗扇安装。
严禁利用安装完毕的门窗框搭设和捆绑脚手架，避免损坏门窗框；全部竣工后再剥去

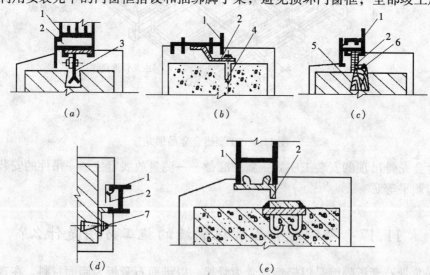

图 11-5　铝合金门窗和墙体连接方式
(a)预留洞燕尾铁脚连接；(b)射钉连接；(c)预埋木砖连接；(d)膨胀螺钉连接；(e)预埋铁件焊接
1—门窗框；2—连接铁件；3—燕尾铁脚；4—射(钢)钉；5—木砖；6—木螺钉；7—膨胀螺栓

门窗上的保护膜，如有油污、脏物，可用醋酸乙脂擦洗，应注意防火。

铝合金门窗与墙体是通过连接件锚固板连接的，如图11-4所示。

锚固板的一侧固定在门窗框的外侧，另一端固定在密实的洞口墙体内。锚固板与墙体的固定方法有射钉固定法、膨胀螺钉固定法、预留洞燕尾铁脚连接法等。如图11-5所示。

11.19 涂料工程施工的主要工序要点是什么？

涂料工程施工的主要工序要点如下：

(1) 基层处理。基层表面必须坚实，无酥板、脱层、起砂、粉化等现象；且要求平整、清洁，否则应用同种涂料配置的腻子批嵌。

(2) 打底子。要求刷到、均匀，不能有遗漏和流淌现象，涂刷顺序一般先上后下、先左后右、先外后里。

(3) 刮腻子、磨光。腻子应按基层、底层涂料和面层涂料的性质配套使用，刮腻子的次数随涂料工程质量等级的高低而定，一般以三道为限，先局部刮腻子，然后再满刮腻子，头道要求平整，二、三道要求光洁；每刮一道腻子待其干燥后，再用砂纸磨光。

(4) 施涂涂料。施涂方法有喷涂、刷涂、滚涂、抹涂、刮涂和弹涂等，其要点各异。

11.20 刷浆工程的施工要点是什么？

刷浆工程的施工要点为：

基层处理、刮腻子。应清理基层表面的灰尘、污垢、油渍和砂浆流痕，孔眼、缝隙、凹凸不平处应用腻子填补并打磨齐平。

刷浆。聚合物水泥浆刷浆前，应先用乳胶水溶液或聚乙烯醇甲醛胶水溶液湿润基层；室外刷浆如分段进行时，应以分隔缝、墙角或水落管等处为分界线，同一墙面应用相同的材料和配合比，浆料必须搅拌均匀。

12 防水工程

12.1 防水卷材的种类、特点及适用范围是什么?

防水卷材主要包括沥青防水卷材、高聚物改性沥青防水卷材、合成高分子防水卷材三大系列。

沥青防水卷材一般都叠层铺设,低温柔性较差,防水年限较短,适用于防水等级为Ⅲ~Ⅳ级的屋面防水。

高聚物改性沥青防水卷材具有较好的低温柔性和延伸率,抗拉强度好,一般多用于单层铺贴,也可复合使用,适用于防水等级为Ⅰ~Ⅱ级的屋面防水。

合成高分子防水卷材具有良好的低温柔性和适应变形的能力,耐久性较好,使用年限较长,一般为单层铺设,适用于防水等级为Ⅰ~Ⅱ级的屋面防水。

12.2 防水涂料的种类、防水机理及特点是什么?

防水涂料按构成类型分为溶剂型、水乳型和反应型,按成膜物质的主要成分可分为沥青防水涂料、高聚物改性沥青防水涂料和合成高分子防水涂料。

防水涂料是一种流态或半流态的高分子物质,可用刷、喷等工艺涂布在基层表面,经溶剂或水分挥发或各组分间的化学反应,形成具有一定弹性和一定厚度的连续薄膜,使基层表面与水隔绝,起到防水、防潮作用。防水涂料固化成膜后的防水涂料具有良好的防水性能,特别适合于各种复杂不规则部位的防水,能形成无接缝的完整防水膜;多采用冷施工,施工快捷、方便;施工质量易于保证,维修也较简单。

12.3 密封材料的种类及其适用范围有哪些?

密封材料是指用于各种接缝、接头及构件连接处起水密性、气密性作用的材料,能承受位移。分为定形和不定形两类。

定形密封材料具有一定形状和尺寸,包括封条带和止水带,可用于门窗封条等。

不定形密封材料通常是黏稠状的材料,主要用于屋面、墙面和沟槽的防水嵌缝材料,水渠、管道的接缝等。按其组成材料的不同,屋面工程中使用的密封材料可分为改性沥青密封材料和合成高分子密封材料。

12.4 卷材防水屋面各构造层的做法及施工工艺是什么?

卷材防水屋面一般由结构层、隔汽层、保温层、找平层、防水层和保护层组成。

结构层必须牢固、无松动现象，表面应清理干净并平整，坡度应符合设计要求，与突出屋面结构的连接处及基层的转角处应做成半径为100~150mm的圆弧或钝角。

找平层表面应平整、粗糙，按设计留置坡度，屋面转角处设半径不小于100mm的圆角或斜边长100~150mm的钝角垫坡，顺屋架或承重墙方向留设20mm左右的分隔缝。

隔汽层是在结构层（或找平层）上涂刷冷底子油一道和热沥青二道，或铺设一毡二油，必须整体连续，在屋面与垂直面衔接的地方应延伸到保温层顶部并高出150mm。

保温层应分层铺设，表面平整。

防水层卷材的铺贴应按先高后低、先远后近的顺序进行，应先铺排水较集中的水落口、檐口等部位，通常采用浇油法或涂刷法，在干燥的找平层上满涂热沥青玛琋脂，随浇涂随铺卷材。

用绿豆砂做保护层时，应在卷材表面涂刷最后一道沥青玛琋脂时，趁热撒铺一层粒径为3~5mm的绿豆砂，要铺撒均匀，全部嵌入沥青玛琋脂中，扫时要铺平，不能用重叠堆积现象，扫过后马上用软辊轻轻滚一遍，使砂粒一半嵌入玛琋脂内，滚压时不得用力过猛，以免刺破油毡。铺绿豆砂应沿屋脊方向，顺卷材的接缝全面向前推进。绿豆砂应事先经过筛选，颗粒均匀，并用水冲洗干净，使用前应在铁板上预先加热干燥。

12.5 油毡热铺法、冷铺法的施工要点是什么？

油毡热铺法的施工程序为：

(1) 配置玛琋脂。应视使用条件、屋面坡度和当地历年极端最高气温选定玛琋脂的标号，性能应符合要求；现场配制玛琋脂的配合比及其软化点和耐热度的关系数据应由实验根据所用原材料试配后确定；热玛琋脂的加热温度和使用温度要加以控制。

(2) 浇涂玛琋脂。浇油法是采用有嘴油壶将玛琋脂左右来回在油毡前浇油，其宽度至少比油毡每边少约10~20mm，速度不宜太快。浇洒量以油毡铺贴后，中间满粘玛琋脂，并使两边少有挤出为宜。涂刷法一般用长柄棕刷（或滚刷等）将玛琋脂均匀涂刷，宽度比油毡稍宽，不宜在同一地方反复多次涂刷。每层玛琋脂的厚度宜控制在1~1.5mm，面层玛琋脂厚度宜为2~3mm。施工工程中，还应注意玛琋脂的保温，并有专人进行搅拌。

(3) 铺贴油毡。铺贴时两手按住油毡，均匀地用力将油毡向前推滚，使油毡与下层紧密粘结。

(4) 收边滚压。在推铺油毡时，操作的其他人员应将毡边挤出的玛琋脂及时刮去，并将毡边压紧粘住、刮平、赶出气泡。

热铺法按其工艺分为满贴法和条粘法两种做法。油毡热铺的满贴法施工要点为浇油—铺贴—收边—滚压；条粘法施工时在铺贴第一层油毡时，不满涂，而采用蛇形和条形涂撒的做法，使第一层油毡和基层之间有若干互相连通的空隙，第二层及以上油毡均要求实铺。

冷铺法和热铺法的施工要点基本相同，不同之处在于，使用冷玛琋脂时应搅拌均匀，稠度过大时，可加入少量溶剂稀释并拌匀；涂布玛琋脂时，每层玛琋脂的厚度宜控制在0.5~1mm，面层玛琋脂厚度宜为1~1.5mm。

12.6 卷材防水屋面的质量保证措施有哪些?

卷材防水屋面最容易产生的质量问题有：防水层起鼓、开裂；沥青流淌、老化；屋面漏水等。

为防止起鼓，要求基层干燥，其含水率在6%以内，避免在雨、雾、霜天气施工；隔汽层良好；防止卷材受潮；保证基层平整，卷材铺贴均匀；封闭严密，各层卷材粘贴密实，以免水分蒸发、空气残留形成气囊而使防水层产生起鼓现象。

在潮湿基层上铺贴卷材，宜做成排汽屋面，就是在铺第一层卷材时，采用条铺、花铺等方法使卷材与基层间留有纵横相互贯通的排汽道，并在屋面或屋脊上设置一定量的排汽孔，使潮湿基层中的水分及时排走，从而避免防水层起鼓。

为了防止沥青胶流淌，要求沥青胶有足够的耐热度，较高的软化点，涂刷均匀，厚度不得超过2mm，屋面坡度不宜过大。

防水层破裂的主要原因有结构变形、找平层开裂，屋面刚度不够，建筑物不均匀沉降，沥青胶流淌，卷材接头错动，防水层温度收缩，沥青胶变硬、变脆而拉裂等。

此外，为延长防水层的使用寿命，应设置绿豆砂保护层，以改善沥青在热能、阳光、空气等长期作用下内部成分逐渐老化的问题。

其他需要注意的是，应当采用合适的卷材，所选用的基层处理剂、接缝胶粘剂、密封材料等应与所铺贴的卷材材性相容；在坡度大于25%的屋面上应当采取固定措施；铺设屋面隔气层和防水层前基层必须干净、干燥；卷材铺贴方向、厚度应符合有关规定；采用搭接法时，上下层及相邻两幅卷材的搭接缝应错开。

12.7 涂膜防水层的施工要点是什么?

涂膜防水层的施工顺序是基层表面清理、修整—喷涂基层处理剂（底涂料）—特殊部位附加增强处理—涂布防水涂料及铺贴胎体增强材料—清理与检查整修—保护层施工。其施工要点有：

(1) 涂膜防水层的施工应按"先高后低，先远后近"的原则进行。遇高低跨屋面时，一般先涂布高跨屋面，后涂布低跨屋面。相同高度屋面，要合理安排施工段，先涂布距上料点远的部位，后涂布近处。同一屋面上，先涂布排水较集中的水落口、天沟、檐沟、檐口等节点部位，再进行大面积涂布。

(2) 涂膜防水层施工前，应先对水落口、天沟、檐沟、泛水、伸出屋面管道根部等节点部位进行增强处理。

(3) 需铺设胎体增强材料时，如坡度小于15%可平行屋脊铺设；坡度大于15%应垂直屋脊铺设，并由屋面最低标高处开始向上铺设。胎体增强材料长边搭接宽度不得小于50mm，短边搭接宽度不得小于70mm；采用二层胎体增强材料时，上下层不得互相垂直铺设，搭接缝应错开，其间距不得小于幅宽的1/3。

(4) 使用两种或两种以上不同防水材料时，应考虑不同材料之间的相容性，如相容则应可用；否则会造成相互结合困难或互相侵蚀引起防水层短期失效。涂料和卷材同时使用时，卷材和涂膜的接缝顺水流方向，搭接宽度不得小于100mm。

(5) 涂膜防水层厚度应符合有关规定。在涂膜防水层实干前，不得在其上进行其他施工作业。涂膜防水层上不得堆放物品。

12.8 普通防水混凝土对原材料有何要求？

防水混凝土是指以混凝土自身的密实性而具有一定防水能力的混凝土。影响防水混凝土抗渗性的技术参数主要有水泥用量、砂率、灰砂比、水灰比、坍落度等。

普通防水混凝土在原材料选取方面的要求有：

(1) 水泥。水泥强度等级不应低于32.5级。在不受侵蚀性介质和冻融作用的条件下，宜采用普通硅酸盐水泥、硅酸盐水泥、火山灰质硅酸盐水泥、粉煤灰硅酸盐水泥；若选用矿渣硅酸盐水泥，则必须掺用高效减水剂。在受侵蚀性介质作用的条件下，应按介质的性质选用相应的水泥。在受冻融作用的条件下，应优先选用普通硅酸盐水泥，不宜采用火山灰质硅酸盐水泥或粉煤灰硅酸盐水泥。不得使用过期或受潮结块的水泥；不得使用混入有害杂质的水泥；不得将不同品种或不同强度等级的水泥混合使用。

(2) 石子。石子最大粒径不宜大于40mm；泵送混凝土石子最大粒径应为输送管径的1/4；石子吸水率不应大于1.5%，含泥量不得大于1%、泥块含量不得大于0.5%；不得使用碱活性骨料。

(3) 砂。宜采用中砂；含泥量不得大于3%，泥块含量不得大于1.0%。骨料级配要好。

(4) 水。应符合有关规定。所用的水应为不含有有害物质的洁净水。

(5) 掺合料。粉煤灰的级别不应低于二级，掺量不宜大于20%；硅粉掺量不得大于3%；其他掺合料的掺量应经过试验确定。

12.9 外加剂防水混凝土常用的外加剂有哪些？

外加剂防水混凝土常用的外加剂有防水剂、引气剂、减水剂、膨胀剂等，应根据不同品种的适用范围、技术要求进行选择。

在混凝土拌合物中加入引气剂会产生大量微小、密闭、稳定而均匀的气泡，而使混凝土黏滞性增大，不易松散和离析，可显著改善混凝土的和易性；还可以使毛细管的形状及分布发生改变，切断渗水通路，从而提高混凝土的密实性和抗渗性；同时，因弥补了混凝土内部结构的缺陷，抑制其胀缩变形，故可减少由于因干湿及冻融交替作用而产生的体积变化，有效地提高混凝土的抗冻性，通常可较普通混凝土提高3~4倍。适用于对抗渗性和抗冻性要求较高的工程结构，特别适合于寒冷地区使用。常用的引气剂有松香酸钠（松香皂）、松香热聚物；另外还有烷基磺酸钠、烷基苯磺酸钠等。

减水剂是一种表面活性剂，它以分子定向吸附作用将凝聚在一起的水泥颗粒絮凝状结构高度分散解体，并释放出其中包裹的拌合水，使在坍落度不变的条件下，减少了拌合用水量；此外，由于高度分散的水泥颗粒更能充分水化，使水泥石结构更加密实，从而提高了混凝土的密实性和抗渗性。适用于一般工业与民用建筑的防水工程，也适用于大型设备基础等大体积混凝土以及不同季节施工的防水工程。常用的减水剂有木质磺酸钙、多环芳香族磺酸钠、糖蜜等。

常用的外加剂品种、性能及掺量范围见下表 12-1 所示。

常见外加剂主要品种　　　　　　　　　表 12-1

类	名　称		掺量	主要性能、用途（膨胀剂指主要成分）
防水剂	氯化物金属盐类防水剂		2.5%～5%（占水泥重，下同）	提高密实性，堵塞毛细孔，切断渗水通道，降低沁水率，具有早强增强作用
	金属皂类防水剂	水溶性	混凝土：0.5%～2% 砂浆：1.5%～5%	形成憎水吸附层，生成不溶于水的硬脂酸皂填充孔隙，防水抗渗；可溶性金属皂类有引气和缓凝作用。用于防水防潮工程
		油溶性	5%	
	无机铝盐防水剂		3%～5%	产生促进水泥构件密实的复盐，填充混凝土和水泥砂浆在水化过程中形成的孔隙和毛细通道
	有机硅防水剂		混凝土：0.05%～2% 砂浆：0.02%～0.2%	形成防水膜包围材料颗粒表面。具有憎水防潮、抗渗、抗风化、耐污染性能，可用于防水砂浆、防水混凝土以及建筑物外立面的防水处理
引气剂	PC-2 引气剂		0.6‰（占水泥重，下同）	具有引气、减水作用。适用于有防冻、防渗要求的混凝土工程，含气量 3%～8%，强度降低
	CON-A 引气减水剂		0.5‰～1.0‰	具有引气、减水、增强作用。适用于有防冻、防渗耐碱要求的混凝土工程，含气量 8%
	烷基苯磺酸钠引气剂		0.5‰～1.0‰	改善混凝土和易性，提高抗冻性。适用于有防冻、抗渗要求的混凝土工程，含气量 3.7%～4.4%
	OP 乳化剂		5.0‰～6.0‰	适用于防水混凝土工程，含气量 4%，减水 7%
	烷基苯磺酸钠（AS）		0.8‰～1.0‰	具有引气作用，适用于防冻、防渗要求的水工混凝土工程，含气量 4‰左右
减水剂	木质素磺酸盐减水剂（M 型减水剂）		0.2%～0.3%（占水泥重，下同）	普通减水剂，有增塑及引气作用；缓凝作用，推迟水化热峰出现；减水 10%～15%或增加强度 10%～20%。适用于一般防水混凝土，尤其是大体积混凝土和夏季施工。缺点是混凝土强度发展慢
	萘系减水剂	NNO	0.5%～1.0%	高效减水剂，显著改善和易性；提高抗渗性；减水 12%～25%，提高强度 15%～30%，MF、JN 有引气作用，抗冻性、抗渗性较 NNO 好，适用于防水混凝土工程，尤其适用于冬季气温低时施工。缺点是 MF 引气气泡较大，需高频振动排气
		MF	0.2%～1.0%	
		JN	0.3%～1.0%	
		FDN	0.2%～1.0%	
		UNF	0.3%～1.0%	
	树脂系减水剂（SM）		0.5%～1.5%	高效减水剂，显著改善和易性，提高密实度；早强、非引气作用；减水 20%～30%，提高强度 30%～60%。适用于防水混凝土，尤其是要求早强高强混凝土
膨胀剂	明矾石膨胀剂		15%～20%	天然明矾石、无水石膏或二水石膏
	CSA 膨胀剂		8%～10%	无水铝酸钙、无水石膏、游离石灰、β-C_2S
	U 型膨胀剂		10%～14%	C_4A_3S、明矾石、石膏
	石灰膨胀剂		3%～5%	生石灰
	FS 膨胀剂		6%～10%	—
	TEA 膨胀剂		8%～12%	膨润土

此外，还有三乙醇胺防水剂。它对水泥的水化起加快作用，水化生成物增多，水泥石结晶变细，结构密实，从而提高了混凝土的抗渗性，抗渗压力可提高 3 倍以上。

12.10 结构自防水混凝土的施工缝处理有哪些方法？如何保证其质量？

大面积建筑混凝土一次完成有困难，须分两次或三次浇筑完。两次浇筑相隔数天，前后两次浇筑的混凝土之间形成的缝即施工缝。此缝完全不是设计所需要的，由于混凝土的收缩，导致渗水通道，所以应对施工缝进行防水处理。

施工缝分为水平和垂直两种，工程中多用水平施工缝，垂直施工缝尽量利用变形缝。

留施工缝必须征求设计人员的同意，留在弯矩最小、剪力最小、且施工方便的位置。地下室墙体与底板之间的施工缝，应在高出底板表面 300mm 的墙体上；地下室顶板、拱板与墙板的施工缝，应留在拱板、顶板与墙交接处下 150～300mm 处。

水平施工缝皆为墙体施工缝，因有双排立筋和连接箍筋的影响，表面不可能平整光滑、凹突较大，只用平面的交接施工缝，构造如图 12-1 所示。

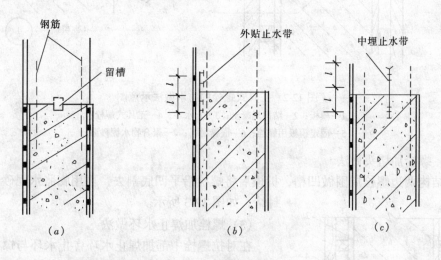

图 12-1 施工缝构造
(a) 施工缝中设置遇水膨胀止水条；(b) 外贴止水带；(c) 中埋止水带

水平施工缝浇混凝土之前，应将其表面浮浆和杂物清除，先铺净浆，再铺 30～50mm 厚的 1:1 水泥砂浆或涂刷混凝土界面处理剂，并及时浇筑混凝土。

使用遇水膨胀止水条要特别注意防水由于需要先留沟槽、受钢筋影响，操作不方便，很难填实，如果后浇混凝土未浇之前逢雨就会膨胀，将失去止水的作用。另外清理施工缝表面杂物时，冲水之后应立即浇筑混凝土，不能留有膨胀的时间。

中埋止水带宜用一字形，但要求墙体厚度不小于 30cm，它的止水作用不如外贴式止水带好；外贴止水带拒水于墙外，使水不能进入施工缝；而中埋止水带，水已进入施工缝处，可以绕过止水带进入室内。因此建议多用外贴止水带。

12.11 防水混凝土结构穿墙螺栓应如何处理？

固定模板用的螺栓必须穿过混凝土结构时，应采用工具式螺栓、螺栓加堵头、螺栓上加焊方形止水环等做法。止水环尺寸及环数应符合设计规定。如设计无规定时，则止水环应为 10cm×10cm 的方形止水环，且至少有一环。具体分为以下几种情况：

(1) 工具式螺栓做法

用工具式螺栓将防水螺栓固定并拧紧，以压紧固定模板。拆模时将工具式螺栓取下，再以嵌缝材料及聚合物水泥砂浆将螺栓凹槽封堵严密，如图 12-2 所示。

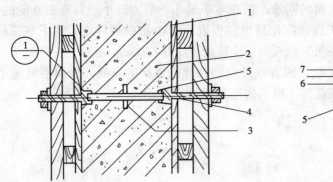
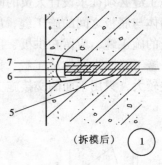

图 12-2 工具式螺栓的防水做法示意图
1—模板；2—结构混凝土；3—止水环；4—工具式螺栓；
5—固定模板用螺栓；6—嵌缝材料；7—聚合物水泥砂浆

(2) 螺栓加堵头做法

在结构两边螺栓周围做凹槽，拆模后将螺栓沿平凹底割去，再用膨胀水泥砂浆将凹槽封堵，如图 12-3 所示。

(3) 螺栓加焊止水环做法

在对拉螺栓中部加焊止水环，止水环与螺栓必须满焊严密。拆模后，应沿混凝土结构边缘将螺栓割断。此法将消耗所用螺栓，如图 12-4 所示。

(4) 预埋套管加焊止水环做法

套管采用钢管，其长度等于墙厚（或其长度加上两端点木的厚度之和等于墙厚），兼具撑头作用，以保持模板之间的设计尺寸。止水环在套管上满焊严密。支模时，在预埋套管中穿入对拉螺栓拉紧固定模板。拆模后将螺栓抽出，套管内以膨胀水泥砂浆封堵密实。套管两端有垫木的，拆模时连同垫木一并拆除，除密实封堵套管外，还应将两端垫木留下的凹坑用同样方法封实。此法可用于抗渗要求一般的结构，如图 12-5 所示。

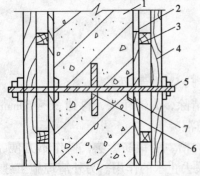

图 12-3 螺栓加堵头做法示意图
1—围护结构；2—模板；3—小龙骨；4—大龙骨；5—螺栓；6—止水环；7—堵头
（拆模后将螺栓沿平凹底割去，再用膨胀水泥砂浆将凹槽封堵）

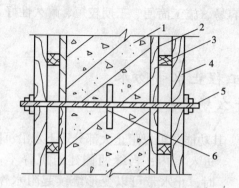
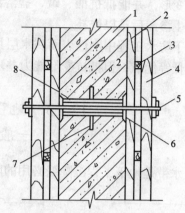

图 12-4　螺栓加焊止水环
1—围护结构；2—模板；3—小龙骨；
4—大龙骨；5—螺栓；6—止水环

图 12-5　预埋套管支撑示意图
1—防水结构；2—模板；3—小龙骨；4—
大龙骨；5—螺栓；6—垫木（与模板一并
拆除后，连同套管一起用膨胀水泥砂浆封
堵）；7—止水环；8—预埋套管

(5) 对拉螺栓穿塑料管堵孔做法

该法适用于组装竹胶模板或钢制大模板。对拉螺栓穿过塑料套管（长度相当于结构厚度）将模板固定压紧，浇筑混凝土后，拆模时将螺栓及塑料套管均拔出，然后用膨胀水泥砂浆将螺栓孔封堵严密，再涂刷养护灵养护。此法可节约螺栓，加快施工进度，降低施工成本。需要注意的是，在模板上应按螺栓间距设置螺栓孔，如图 12-6 所示。

用于填孔料的膨胀水泥砂浆应经试配确定配合比，稠度不能过大，以防砂浆干缩。用于结构复合防水效果更佳，如图 12-7 所示。

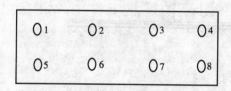
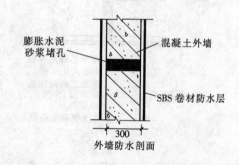

图 12-6　螺栓孔布置示意图

12-7　堵口后的地下室外墙复合防水示意图

拆模时，防水混凝土的强度等级必须大于设计强度等级的 70%，混凝土表面温度与环境温度之差不应大于 15%；拆模时，要注意做到勿使防水混凝土结构受到损坏。

12.12　地下防水工程中刚性表面防水层和柔性表面防水层各有何优缺点？

地下防水工程中的柔性表面防水层具有较好的防水性和良好的韧性，能适应结构振动和微小变形,并能抵抗酸、碱、盐溶液的侵蚀;但卷材吸水率大,机械强度低,耐久性差,发生渗漏后难以修补。

地下防水工程中刚性表面防水层具有取材容易、施工简便、工期较短、耐久性好、工程造价低等优点;但抵抗变形能力差。

12.13 地下防水工程止水带防水一般用在什么场合?

止水带是地下工程沉降缝必用的防水配件。其功能是可以阻止大部分地下水沿沉降缝进入室内;当缝两侧建筑沉降不一致时,止水带可以变形继续起阻水作用;一旦发生沉降缝中渗水,止水带可以成为衬托,便于堵漏修补。

制作止水带的材料有橡胶止水带、塑料止水带、钢板止水带和橡胶加钢边止水带等。目前我国多用橡胶止水带。其形式如图12-8所示。

埋置止水带的若干形式如图12-9所示。

地下防水工程止水带防水一般用在防水混凝土结构的变形缝、施工缝、后浇带等细部构造。

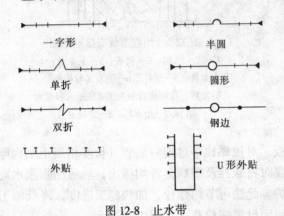

图 12-8 止水带

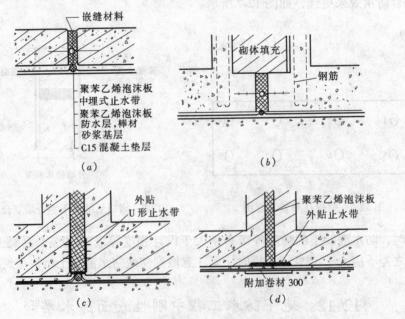

图 12-9 埋置止水带的形式

12.14 地下防水工程卷材贴法的施工步骤是什么？

地下防水工程一般把卷材防水层设置在建筑结构的外侧，称为外防水。它与卷材防水层设在结构内侧的内防水相比较，具有以下优点：外防水的防水层在迎水面，受压力水的作用紧贴在结构上，防水效果良好，而内防水的卷材防水层在背水面，受压力水的作用容易局部脱开；外防水造成渗漏机会比内防水少，因此一般多采用外防水。

外防水的铺贴方法有外防外贴法和外防内贴法两种。

（1）外防外贴法是在地下室防水结构墙体做好以后，将立面卷材防水层直接铺贴在需防水结构的外墙外表面上，见图 12-10 所示，然后再砌筑保护墙。施工步骤为：

1) 先浇筑需防水结构的底层混凝土垫层；

在垫层上砌筑永久性保护墙，墙下铺一层干油毡，墙的高度不小于需防水结构底板厚度再加 100mm；

2) 在永久性保护墙上用石灰砂浆接砌临时保护墙，墙高为 300mm；

3) 在永久性保护墙上抹 1:3 水泥砂浆找平层，在临时保护墙上抹石灰砂浆找平层，并刷石灰浆；

4) 找平层基本干燥后铺贴卷材。在大面积铺贴卷材之前，应先在转角处粘贴一层卷材附加层。先铺平面、后铺立面。在垫层和永久性保护墙上应将卷材防水层空铺，而在临时保护墙上应将卷材防水层临时贴附，并分层临时固定在其顶端。

5) 浇筑需防水结构的混凝土底板和墙体。

6) 在需防水结构外墙表面抹找平层。

7) 主体结构完成后，铺贴立面卷材时，应先将接槎部位的各层卷材揭开，并将其表面清理干净。卷材的接槎的搭接长度，高聚物改性沥青卷材为 150mm，合成高分子卷材为 100mm。当使用两层卷材时，卷材应错槎接缝，上层卷材应盖过下层卷材。卷材的甩槎、接槎做法见图 12-10 所示。

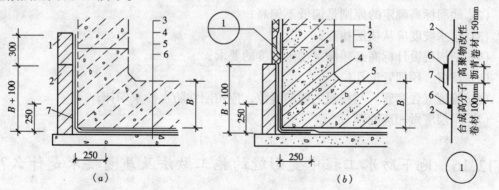

图 12-10 卷材防水层甩槎、接槎做法
(a) 甩槎：1—临时保护墙；2—永久保护墙；3—细石混凝土保护层；4—卷材防水层；
5—水泥砂浆找平层；6—混凝土垫层；7—卷材加强层
(b) 接槎：1—结构墙体；2—卷材防水层；3—卷材保护层；4—卷材加强层；
5—结构底板；6—密封材料；7—盖缝条

8) 卷材施工完毕验收合格后, 及时做好保护结构。

(2) 外防内贴法是浇筑混凝土垫层后, 在垫层上将永久保护墙全部砌好, 将卷材防水层铺贴在垫层和永久保护墙上, 见图 12-11 所示。

施工步骤为:

1) 在已施工好的混凝土垫层上砌筑永久保护墙, 保护墙全部砌好后, 用 1:3 水泥砂浆在垫层和永久保护墙上抹找平层, 保护墙和垫层之间须干铺一层油毡。

2) 找平层干燥后涂刷冷底子油或基层处理剂, 干燥后铺贴卷材防水层。铺贴时应先铺平面、后铺立面, 先铺转角、后铺大面。在全部转角处应铺贴卷材附加层。

3) 铺完验收合格后应做好保护层。

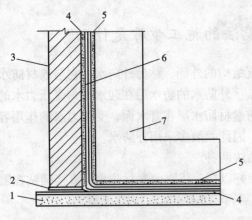

图 12-11 外防内贴法示意图
1—混凝土垫层; 2—干铺油毡; 3—永久性保护墙; 4—找平层; 5—保护层; 6—卷材防水层; 7—需防水的结构

4) 施工需防水结构。

5) 结构完工后, 方可回填土。

12.15 楼地面防水的施工要点及其要求是什么?

楼地面防水是房屋建筑防水的重要组成部分, 其质量保证将直接关系着建筑地面工程的使用功能, 特别是厕浴间、厨房和有防水要求的楼层地面。

按所用材料不同, 分为柔性防水和刚性防水。

防水构造要求为:

(1) 合理设置防水层, 防水层应设置在面层及其基层的下面;

(2) 地漏标高确定的原则是偏低不偏高;

(3) 排水坡度应从垫层找起;

(4) 结构层设计标高必须满足排水坡度的要求;

(5) 预留、预埋管道孔位;

(6) 管道 (含套管) 与楼板之间的缝隙, 应用刚性防水砂浆勾抹;

(7) 基层应做相应处理。

12.16 地下防水工程中变形缝的施工做法及质量要求是什么?

变形缝是指两栋建筑物毗连并未连成一体, 相距 5~20cm 的缝。地下室的变形缝又叫沉降缝, 地上建筑的变形缝又叫温度缝、伸缩缝。

变形缝的宽度由结构设计决定。建筑越高, 变形缝越宽, 一般宽为 10cm 左右。变形缝处的混凝土不小于 30cm 厚。变形缝的构造比较复杂, 施工难度较大, 地下室发生渗漏常在此部位, 修补堵漏也很困难。其形式多种多样, 做法各异。

(1)底板变形缝宽 5cm，防水层越变形缝不断开，变形缝左右无墙。如左侧防水层已做好，然后在变形缝中放置聚氯乙烯泡沫棒（直径 2cm），卷材过棒材绕"∩"弯，两侧建筑物出现沉降差时，"∩"弯可伸长，防止拉断。中埋止水带两侧预贴聚苯乙烯泡沫板，其厚度同变形缝宽，泡沫板兼作模板。

(2)底板变形缝两侧有墙，各自墙面均作外防水，变形缝很窄。变形缝中夹一块聚苯泡沫板，当缝两侧建筑产生沉降差时，聚苯泡沫板成为润滑层。垂直变形缝下方应附加一条卷材，当沉降差产生，混凝土垫层断裂，附加层首当其冲，从而保护了建筑防水层。

(3)变形缝有两侧墙，底板防水层不断开，变形缝中设中埋止水带，因侧墙有竖向钢筋，底板出墙趾埋止水带。变形缝上方砌筑模板墙，一侧抹灰找平，以待浇筑混凝土墙。

(4)变形缝两侧有墙，底板防水层相连，变形缝中不设中埋止水带，设外贴式止水带。变形缝宽为 3~4cm，缝中夹填泡沫聚苯乙烯板，作为软性隔离。底板下防水层不作"∩"弯，但其下增设附加层卷材，宽 30cm，并与大面积卷材或涂料防水层粘合。

(5)变形缝两侧有墙，缝宽 5~10cm，防水层越缝不断开，缝中设 U 形止水带，两侧墙之间贴聚氯乙稀板，作为填充、隔离和模板之用。

12.17 屋面防水工程施工质量和安全措施是什么？

(1)屋面防水工程施工质量要求为：
1)屋面不得有渗漏和积水现象。
2)所使用的材料必须符合设计要求和质量标准。
3)天沟、檐沟、泛水和变形缝等构造，应符合设计要求。
4)卷材铺贴方法和搭接顺序应符合设计要求，搭接宽度正确，接缝严密，无皱折、鼓泡和翘边等现象。
5)卷材防水层的基层、搭接宽度，附加层、天沟、檐沟、泛水和变形缝等细部做法，刚性保护层与卷材防水层之间设置的隔离层，密封防水处理部位等，应作隐蔽工程验收，并有记录。

(2)屋面防水工程的安全措施为：
1)施工前应进行安全技术交底工作，施工操作过程符合安全技术规定。
2)皮肤病、支气管炎病等以及对沥青、橡胶刺激过敏的人员，不得参加工作。
3)按有关规定配给劳保用品，合理使用。
4)操作时应注意风向，防止下风操作人员中毒、受伤。
5)防水卷材、防水涂料和胶粘剂在仓库、工地现场存放剂在运输过程中应严禁烟火、高温和曝晒。
6)运输线路应畅通、各项运输设施应牢固可靠，屋面孔洞及檐口应有安全措施。
7)高空作业操作人员不得过分集中，必要时应系安全带。
8)屋面施工时，不允许穿带钉子鞋的人员进入；施工人员不得踩踏未固化的防水涂膜。

13 施工组织概论

13.1 建筑产品及其生产过程的特点主要表现在哪几个方面?

(1) 建筑产品的固定性及生产过程的流动性;
(2) 建筑产品的多样性及生产过程的单件性;
(3) 建筑产品的复杂性及生产过程的综合性。

13.2 何谓基本建设?基本建设过程分哪几个阶段?

基本建设是指以固定资产扩大再生产为目的,而进行的各种新建、改建、扩建和恢复工程,以及与之有关的各项建设工作。

基本建设过程一般可分成以下几个阶段:建设项目的投资决策、建设项目的设计、建设项目的招投标、建设项目的施工阶段和竣工决算等。

13.3 基本建设工程的分类有哪些?

基本建设工程按照其用途,可分为生产性建设和非生产性建设两大类。生产性建设是指直接或间接用于物质生产的建设工程,如工业建设、运输邮电建设、农林水利建设等,其中运输及商业等部门在商品流通过程中,也可产生和追加一部分商品的价值,故应属于生产性建设。非生产性建设是指用以满足人民物质和文化生活需要的建设,如住宅建设、文教卫生建设、公用事业建设以及行政建设等。

基本建设工程按照其性质,可分为新建、改建、扩建、迁建和恢复工程等五类。

新建工程是指从无到有,新开始建设的工程项目。某些建设项目其原有规模较小,经扩建后如新增固定资产超过原有固定资产三倍以上者,也属于新建工程。

扩建工程是指企、事业单位原有规模或生产能力较小,而予以增建的工程项目。

改建工程是指为了提高生产效率、改变产品方向、改善产品质量以及综合利用原材料等,而对原有固定资产进行技术改造的工程项目。改建与扩建工程往往同时进行,即在扩建的同时又进行技术改造,或在技术改造的同时又扩大原固定资产的规模,故一般常统称为改扩建工程。

恢复工程是指企、事业单位的固定资产,因各种原因(自然灾害、战争或矿井生产能力的自然减少等)已全部或部分报废,而后又恢复建设的工程项目。无论是原有规模的恢复或扩大规模的恢复均属于恢复工程。

迁建工程是指企、事业单位由于各种原因而迁移到其他地方而建设的工程项目,包括原有规模的或扩大规模的迁建。

13.4 基本建设的目的是什么？

基本建设的目的是为了扩大再生产，但是扩大再生产有外延式及内涵式两种。外延式是指通过固定资产生产场所的扩大而增加社会生产能力。内涵式则是借助提高原有固定资产的生产效率而增加社会生产能力。因此，当一个国家的经济发展到一定水平后，必须强调内涵式扩大再生产，而不应单纯追求固定资产数量的增加。内涵式扩大再生产，具有投入少、产出多、效率高等优点。

13.5 何谓建设项目、单项工程和单位工程？

建设项目是按照一个总体设计进行施工，建成后具有设计所规定的生产能力或效益，在经济上实行统一核算的工程实体。工业建筑中的一个工厂、一座矿山或民用建筑中的一所学校、一家医院等皆可作为一个建设项目。建设项目可由若干个单项工程组成。

单项工程是指具有独立设计文件，竣工后可独立发挥生产能力或效益的工程。例如工业建设项目中的各独立生产车间，民用建设项目中的一个办公楼、一个宿舍楼等都属于单项工程。一个单项工程可包含若干个单位工程。

单位工程是指建成后不能独立发挥生产能力或效益，而又具有独立施工条件的工程。例如，建筑工程与建筑设备安装工程共同组成一个单位工程；新建的居住小区和厂区室外给排水、供热、煤气等组成一个单位工程；道路、围墙等工程组成一个单位工程。一个单位工程又可划分为若干个分部、分项工程。

13.6 施工组织设计的作用有哪些？

施工组织设计是指导拟建工程项目进行施工准备和正常施工的基本技术经济文件，是对拟建工程在人力和物力、时间和空间、技术和组织等方面所做的全面合理的安排。

施工组织设计作为指导拟建工程项目的全局性文件，应尽量适应施工安装过程的复杂性和具体施工项目的特殊性，并且尽可能保持施工生产的连续性、均衡性和协调性，以实现生产活动的最佳经济效果，其作用具体表现在：

(1) 施工组织设计是施工准备工作的一项重要内容，同时又是指导其他各项准备工作的依据，它是整个施工准备工作的核心。

(2) 通过编制施工组织设计，充分考虑了施工中可能遇到的困难与障碍，并事先设法予以解决或排除，从而提高了施工的预见性，减少了盲目性，为实现建设目标提供了技术保证。

(3) 施工组织设计为拟建工程所制定的施工方案和施工进度等，是指导现场施工活动的基本依据。

(4) 施工组织设计是统筹安排施工企业生产的投入与产出过程的关键和依据。

(5) 施工组织设计对施工场地所作的规划与布置，为现场的文明施工创造了条件。

13.7 分部工程施工设计的内容包括哪些？

分部工程施工设计也叫作业设计，它是单位工程施工组织设计的具体化。对于某些技术复杂或工程规模较大的建筑物或构筑物，在单位工程施工组织设计完成以后，可对某些施工难度大或缺乏经验的分部工程再编制其作业设计，例如深基础工程、大型结构安装工程、高层钢筋混凝土框架工程、地下水处理工程等。作业设计的内容，重点在于施工方法和机械设备的选择、保证质量与安全的技术措施、施工进度与劳动力组织等。

13.8 施工组织设计的原则有哪些？

(1) 认真贯彻党和国家对工程建设的各项方针和政策，严格执行建设程序。
(2) 应在充分调查研究的基础上，遵循施工工艺规律、技术规律及安全生产规律，合理安排施工程序及施工顺序。
(3) 全面规划，统筹安排，保证重点，优先安排控制工期的关键工程，确保合同工期。
(4) 采用国内外先进施工技术，科学地确定施工方案。积极采用新材料、新设备、新工艺和新技术，努力提高产品质量水平。
(5) 充分利用现有机械设备，扩大机械化施工范围。提高机械化程度，改善劳动条件，提高劳动效率。
(6) 合理布置施工平面图，尽量减少临时工程，减少施工用地，降低工程成本。
(7) 采用流水施工方法、网络计划技术安排施工进度计划，科学安排冬、雨期项目施工，保证施工能连续、均衡、有节奏地进行。

14 流水施工原理

14.1 组织施工的方式有哪些？其特点是什么？

组织施工的方式有：依次施工、平行施工和流水施工三种。

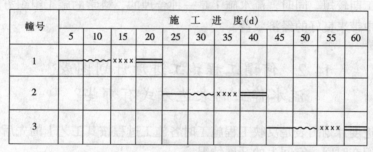

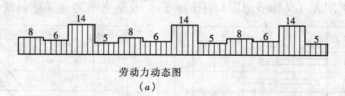

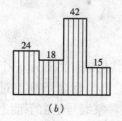

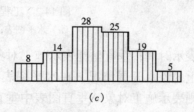

图 14-1 不同施工方法的比较
（a）依次施工；（b）平行施工；（c）流水施工

依次施工组织方式是施工对象一个接一个地按顺序组织施工的方法。各工作队按顺序依次在各施工对象上工作。这种方式同时投入的劳动力和物资资源较少，但各专业工作队在该工程中的工作不能连续作业，工期拖得较长（图14-1a）。

平行施工组织方式是所有施工对象同时开工、同时竣工的组织施工方法（图14-1b）。这样施工显然可以大大缩短工期，但是各专业工作队同时投入工作的队数却大大增加，相应的劳动力以及物资资源的消耗量集中，这会给施工带来不良的经济效果。

流水施工组织方式是施工对象按一定的时间间隔依次开始施工，各工作队按一定的时间间隔依次在各施工对象上工作，不同的工作队在不同的施工对象上同时工作的组织施工方法（图14-1c）。流水施工与依次施工相比工期较短。

流水施工的特点是物资资源需求的均衡性；专业工作队工作的连续性，合理地利用工作面，又能使工期较短。同时，流水施工是一种合理的、科学的施工组织方法，它可以在土木工程施工中带来良好的经济效益。

14.2 何谓工程施工进度计划图表？流水作业的表达方式有哪些？

工程施工进度计划图表是反映工程施工时各施工过程按其工艺上的先后顺序、相互配合的关系和它们在时间、空间上的开展情况。

流水施工的表达方式，主要有线条图和网络图。采用线条图表示时，按其绘制方法的不同分为水平图表（又称横道图）（图14-2a）及垂直图表（又称斜线图）（图14-2b）。图

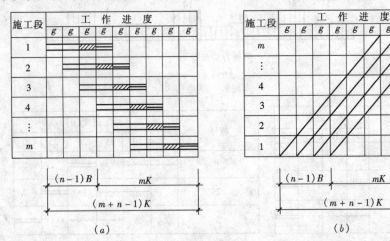

图14-2 工程进度计划图表
(a) 水平图表；(b) 垂直图表

中水平坐标表示时间；垂直坐标表示施工对象；n条水平线段或斜线表示n个施工过程在时间和空间上的流水开展情况。在水平图表中，也可用垂直坐标表示施工过程，此时n条水平线段则表示施工对象。垂直图表中垂直坐标的施工对象编号是由下而上编写的。

水平图表具有绘制简单，流水施工形象直观的优点。垂直图表能直观地反映出在一个施工段中各施工过程的先后顺序和相互配合关系，而且可由其斜线的斜率形象地反映出各

施工过程的流水强度。

水平图表具有绘制简单、流水施工形象直观的优点。垂直图表能直观地反映出在一个施工段中各施工过程的先后顺序和相互配合关系，而且可由其斜线的斜率形象地反映出各施工过程的流水强度。

14.3 何谓流水作业的工艺参数？

在组织流水施工时，用以表达流水施工在施工工艺上开展顺序及其特征的参数，称为工艺参数。工艺参数包括施工过程和流水强度。

(1) 施工过程数（n）

一个工程的施工，通常由许多施工过程（如挖土、支模、扎筋、浇筑混凝土等）组成。施工过程的划分应按照工程对象、施工方法及计划性质等来确定。

当编制控制性施工进度计划时，组织流水施工的施工过程划分可粗一些，一般只列出分部工程名称，如基础工程、主体结构吊装工程、装修工程、屋面工程等。当编制实施性施工进度计划时，施工过程可以划分得细一些，将分部工程再分解为若干分项工程。如将基础工程分解为挖土、浇筑混凝土基础、砌筑基础墙、回填土等。但是其中某些分项工程仍由多工种来实现，特别是对其中起主导作用和主要的分项工程，往往考虑到按专业工种的不同，组织专业工作队进行施工，为便于掌握施工进度，指导施工，可将这些分项工程再进一步分解成若干个由专业工种施工的工序作为施工过程的项目内容。

施工过程分三类：即制备类、运输类和建筑类。制备类就是为制造建筑制品和半制品而进行的施工过程，如制作砂浆、混凝土、钢筋成形等。运输类就是把材料、制品运送到工地仓库或在工地进行转运的施工过程。建造类是施工中起主导地位的施工过程，它包括安装、砌筑等施工。在组织流水施工计划时，建造类必须列入流水施工组织中，制备类和运输类施工过程，一般在流水施工计划中不必列入，只有直接与建造类有关的（如需占用工期，或占用工作面而影响工期等）运输过程或制备过程，才列入流水施工的组织中。

(2) 流水强度（V）

流水强度是指每一施工过程在单位时间内所完成的工程量（如浇捣混凝土施工过程，每工作班能浇筑多少立方米混凝土）。它又称流水能力或生产能力。

1) 机械施工过程的流水强度按下式计算：

$$V = \sum_{i=1}^{x} R_i S_i \tag{14-1}$$

式中　R_i——某种施工机台数；
　　　S_i——该种施工机械台班生产率；
　　　x——用于同一施工过程的主导施工机械种数。

2) 手工操作过程的流水强度按下式计算：

$$V = RS \tag{14-2}$$

式中　R——每一施工过程投入的工人人数（R 应小于工作面上允许容纳的最多人数）；
　　　S——每一工人每班产量。

14.4 何谓流水作业的空间参数?

在组织流水施工时,用以表达流水施工在空间布置上所处状态的参数,称为空间参数。空间参数包括工作面、施工段和施工层。

(1) 工作面

工作面是表明施工对象上可能安置一定工人操作或布置施工机械的空间大小,所以工作面是用来反映施工过程(工人操作、机械布置)在空间上布置的可能性。工作面的大小可以采用不同的单位来计量,如对于道路工程,可以采用沿着道路的长度以 m 为单位;对于浇筑混凝土楼板则可以采用楼板的面积以 m^2 为单位等。在工作面上,前一施工过程的结束就为后一个(或几个)施工过程提供了工作面。在确定一个施工过程必要的工作面时,不仅要考虑施工过程必须的工作面,还要考虑生产效率,同时应遵守安全技术和施工技术规范的规定。

(2) 施工段

施工段是指工程对象在平面上所划分的独立区段,以符号 m 表示。

在划分施工段时,应考虑以下几点:

1) 建筑物的形状和结构特征。施工段的分界同施工对象的结构界限(温度缝、沉降缝和建筑单元等)尽可能一致。

2) 可能时,最好使各施工段上各施工过程的工程量大致相等(相差在15%以内)或互为整数倍。即各施工段上所消耗的劳动量尽可能相近或成整数倍。

3) 划分的段数不宜过多,以免使工期延长。

4) 对各施工过程均应有足够的工作面。

5) 当施工有层间关系,分段又分层时,应使各队能够连续施工,即各施工过程的工作队做完第一段,能立即转入第二段;做完一层的最后一段,能立即转入上面一层的第一段。因而每层最少施工段数目 m_0 应满足:

$$m_0 \geq n$$

当 $m_0 = n$ 时,工作队连续施工,而且施工段上始终有工作队在工作,即施工段上无停歇,是比较理想的组织方式;

当 $m_0 > n$ 时,工作队仍是连续施工,但施工段有空闲停歇;

当 $m_0 < n$ 时,工作队在一个工程中不能连续施工而窝工。

施工段空闲停歇,一般会影响工期,但在空闲的工作面上如能安排一些准备或辅助工作(如运输类施工过程),则会使后继工作顺利,也不一定有害。而工作队工作不连续则是不可取的,除非能将窝工的工作队转移到其他工地,进行工地间大流水。

(3) 施工层

施工层是将拟建工程在竖向上划分若干个操作层。施工层的划分,要按施工项目的具体情况、建筑物的高度、楼层来确定。一般可按楼层进行划分。

14.5 什么是流水作业的时间参数？什么是流水节拍、流水步距？

在组织流水施工时，用以表达流水施工在时间排列上所处状态的参数，称为时间参数。空间参数包括流水节拍、流水步距、平行搭接时间、技术间歇时间和工期。

（1）流水节拍（t）：是一个施工过程在一个施工段上的持续时间。它的大小关系着投入的劳动力、机械和材料量的多少，决定着施工的速度和施工的节奏性。因此，流水节拍的确定具有很重要的意义。通常有两种确定方法，一种是根据工期的要求来确定，另一种是根据现有能够投入的资源（劳动力、机械台数和材料量）来确定。

流水节拍的算式如下：

$$t = \frac{Q}{RS} = \frac{P}{R} \tag{14-3}$$

式中　Q——某施工段的工程量；

　　　S——每一工日（或台班）的计划产量；

　　　R——施工人数（或机械台数）；

　　　P——某施工段所需要的劳动量（或机械台班量）。

根据工期要求确定流水节拍时，可用上式反算出所需要的人数（或机械台班数）。在这种情况下，必须检查劳动力、材料和机械供应的可能性，工作面是否足够等。

（2）流水步距（B）：是指两个相邻的施工过程先后进入流水施工的时间间隔。如木工工作队第1天进入第一施工段工作，工作2d做完（流水节拍$K=2d$），第3天开始钢筋工作队进入第一施工段工作。木工工作队与钢筋工作队先后进入第一施工段的时间间隔为2d，那么流水步距$B=2d$。

流水步距的数目取决于参加流水的施工过程数，如施工过程数为n个，则流水步距的总数为$n-1$个。

确定流水步距的基本要求如下：

1）始终保持合理的先后两个施工过程工艺顺序；

2）尽可能保持各施工过程的连续作业；

3）做到前后两个施工过程施工时间的最大搭接（即前一施工过程完成后，后一施工过程尽可能早地进入施工）。

14.6 何谓等节奏流水？

等节奏流水是各施工过程在各施工段上持续时间相等，并互相相等，且等于流水步距。用垂直图表表示时，施工进度线是一条斜率不变的直线（如图14-3）。

（1）无间隙时间的专业流水

如图14-3所示，由于固定节拍专业流水中各流水步距B等于流水节拍K，故其持续时间为

$$T = (n-1)B + mK = (m+n-1)K \tag{14-4}$$

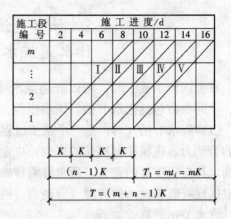

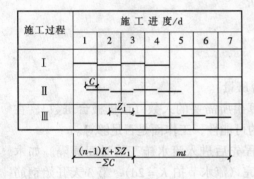

图 14-3 等节奏流水指示图

式中 T——持续时间；
n——施工过程数；
m——施工段数；
B——流水步距；
K——流水节拍。

(2) 有间隙时间的专业流水

在这种专业流水中（图 14-4），在某些施工过程之间，往往还存在着施工技术规范规定的必要的工艺间隙及组织间隙，所以其持续时间为

图 14-4 有技术间歇和搭接施工的流水指示图

$$T = (m+n-1)K + \Sigma Z_1 + \Sigma Z_2 \tag{14-5}$$

式中 ΣZ_1——工艺间隙时间总和；
ΣZ_2——组织间隙时间总和。

14.7 何谓成倍节拍流水？

在组织流水施工时，通常会遇到不同施工过程之间，由于劳动量的不等以及技术或组织上的原因，它们之间的流水节拍互成倍数，以此组织流水施工，即为成倍节拍专业流水。成倍节拍流水指示图（图 14-5）。

成倍节拍专业流水的工期可按下式计算：

$$\begin{aligned} T &= (N-1)B + mK_0 + \Sigma Z_1 + \Sigma Z_2 \\ &= (m+N-1)K_0 + \Sigma Z_1 + \Sigma Z_2 \end{aligned} \tag{14-6}$$

式中 N——工作队总数。

工作队的总数，由各施工过程的工作队数之和求得。

$$N = \sum_{i=1}^{n} N_i \tag{14-7}$$

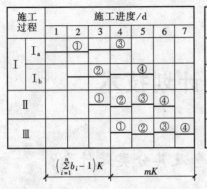 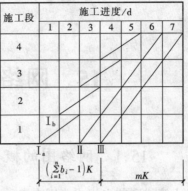

图 14-5　成倍节拍流水指示图

各施工过程的工作队数 N_i 按下述方法计算：

先确定各施工过程流水节拍的最大公约数 K_0，于是得出

$$N_i = K_i/K_0 \tag{14-8}$$

式中，K_i 为 i 施工过程的流水节拍。

14.8　何谓无节奏流水？

若干无节奏流水施工过程所组成的专业流水，称为无节奏流水，特点是各施工过程的流水节拍随施工段的不同而改变，不同施工过程之间流水节拍也有差异。组织无节奏流水施工的基本要求是：必须保证每一个施工段上的工艺顺序是合理的，且每一个施工过程的施工是连续的，即工作队一旦投入施工是不间断的，同时各个施工过程施工时间的最大搭接，也能满足流水施工的要求。但必须指出，这一施工组织在各施工段上允许出现暂时的空闲，即暂时没有工作队投入施工的现象。

无节奏流水的工期，在没有工艺间隙的情况下，仍然是由流水步距总和 ΣK_i 和最后一个施工过程的持续时间 t_n 组成：

$$T = \Sigma K_i + t_n \tag{14-9}$$

流水步距的确定一般采用潘特考夫斯基法，即累加错位相减求大数的方法。其计算步骤如下：

(1) 根据专业工作队在各施工段上的流水节拍，求累加数列；

(2) 根据施工顺序，对所求相邻的两累加数列，错位相减；

(3) 根据错位相减的结果，确定相邻专业工作队之间的流水步距，即相减结果中数值最大者。

15 网络计划技术

15.1 网络图的概念及其分类是什么?

网络图是由箭线和节点组成,用来表示工作流程的有向、有序网状的图形。一个网络图表示一项计划任务。网络图有很多分类方法,按表达方式的不同划分为双代号网络图和单代号网络图;按网络计划终点节点个数的不同划分为单目标网络图和多目标网络图;按参数类型的不同划分为肯定型网络图和非肯定型网络图;按工序之间衔接关系的不同划分为一般网络图和搭接网络图等。

15.2 网络图的特点有哪些?

(1) 能正确表达一项计划中各项工作开展的先后顺序及相互之间的关系;
(2) 通过网络图的计算,能确定各项工作的开始时间和结束时间,并能找出关键工作和关键线路;
(3) 通过网络计划的优化寻求最优方案;
(4) 在计划的实施过程中进行有效的控制和调整,保证以最小的资源消耗取得最大的经济效果和最理想的工期。

15.3 双代号网络图绘制的基本原则有哪些?

(1) 对工程项目的工作进行系统分析,确定各工作之间的逻辑关系,绘制工作逻辑关系表。

逻辑关系是指工作进行时各工作间客观上存在的一种相互制约或依赖的关系,也就是先后顺序关系,包括工艺逻辑关系与组织逻辑关系两种。

1) 工艺逻辑关系

生产性工作之间由工艺过程决定的、非生产性工作之间由工作程序决定的先后顺序关系称为工艺逻辑关系。

2) 组织逻辑关系

工作之间由组织安排需要或资源(劳动力、原材料、施工机具等)调配需要而规定的先后顺序关系称为组织逻辑关系。

(2) 在一个网络图中,只允许有一个起始节点(没有一个箭线的箭头指向该节点);在不分期完成任务的网络图中,应只有一个终止节点(只有一个箭头指向该节点);而其他所有节点均应是中间节点(既有箭头指向该节点,又有由它引出的箭头指向其他节点)。

(3) 网络图中不允许出现循环回路（或闭合回路）。
(4) 在网络图中不允许出现重复编号的箭线。
(5) 在网络图中不允许出现没有箭头或箭尾节点的工作。
(6) 在网络图中不允许出现带有双箭头或无箭头的工作。
(7) 绘制网络图时应尽量避免箭线交叉，当交叉不可避免时，可采用搭桥法或指向法。
(8) 网络图节点编号规则：从起始节点开始编号；每个工作开始节点编号应小于结束节点编号；在一个网络图中，不允许出现重复编号，可采用不连续编号的方法。

15.4 如何绘制双代号网络图？

双代号网络图的绘制方法，视各人的经验而不同，但从根本上说，都要在既定施工方案的基础上，根据具体的施工客观条件，以统筹安排为原则。一般的绘图步骤如下：
(1) 任务分解，划分施工工作。
(2) 确定完成工作计划的全部工作及其逻辑关系。
(3) 确定每一工作的持续时间，制定工程分析表。
(4) 根据工程分析表，绘制并修改网络图。

15.5 双代号网络图的组成有哪些基本要素？

双代号网络图由工作、节点、线路三个基本要素组成。如图 15-1 所示。

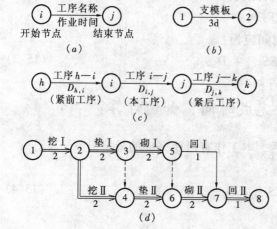

图 15-1 双代号网络图表示图

(1) 工作

工作就是计划任务按需要粗细程度划分而成的一个消耗时间或也消耗资源的子项目或子任务。它是网络图的组成要素之一，用一根箭线和两个圆圈来表示。工作的名称标注在箭线的上面，工作持续时间标注在箭线的下面，箭线的箭尾节点表示工作的开始，箭头节点表示工作的结束。

(2) 节点

在网络图中箭线的出发和交汇处画上圆圈，用以表示该圆圈前面一项或若干项工作的结束和允许后面一项或若干项工作的开始的时间点称为节点。

在网络图中，节点不同于工作，它只标志着工作的结束和开始的瞬间，具有承上启下的衔接作用，而不需要消耗时间或资源。

箭线出发的节点称为开始节点，箭线进入的节点称为结束节点。

(3) 线路

网络图中从起点节点开始，沿箭线方向连续通过一系列箭线与节点，最后到达终点节点的通路称为线路。每一条线路都有自己确定的完成时间，它等于该线路上各项工作持续时间的总和，也是完成这条线路上所有工作的总时间。

15.6 双代号网络图的时间参数分几部分？

双代号网络图时间参数包括：各节点的最早时间和最迟时间；各项工作的最早开始时间、最早完成时间、最迟开始时间、最迟完成时间；各项工作的有关时差以及关键线路的持续时间。

15.7 什么是工作最早开始时间？如何计算？

工作最早开始时间是指各紧前工作全部完成后，本工作有可能开始的最早时刻。工作 $i-j$ 的最早开始时间 ES_{i-j} 的计算应符合下列规定：

（1）工作 $i-j$ 的最早开始时间 ES_{i-j} 应从网络计划的起点节点开始，顺着箭线的方向依次逐项计算；

（2）以起点节点为箭尾节点的工作 $i-j$，当未规定其最早开始时间 ES_{i-j} 时，其值应等于零，即：

$$ES_{i-j} = 0 \ (i = 1) \tag{15-1}$$

（3）当工作只有一项紧前工作时，其最早开始时间应为：

$$ES_{i-j} = ES_{h-i} + D_{h-i} \tag{15-2}$$

式中　　ES_{i-j}——工作 $i-j$ 的紧前工作的最早开始时间；

ES_{h-i}——工作 $i-j$ 的紧前工作的持续时间。

（4）当有多个紧前工作时，其最早开始时间应为：

$$ES_{i-j} = \max\{ES_{h-i} + D_{h-i}\} \tag{15-3}$$

15.8 什么是工作最早完成时间？如何计算？

工作最早完成时间是指各紧前工作完成后，本工作有可能完成的最早时刻。工作 $i-j$ 的最早完成时间 EF_{i-j} 应按公式（15-4）计算：

$$EF_{i-j} = ES_{i-j} + D_{i-j} \tag{15-4}$$

15.9 什么是工作最迟完成时间？如何计算？

工作最迟完成时间是指在不影响整个任务按期完成的前提下，工作必须完成的最迟时刻。

（1）工作 $i-j$ 的最迟完成时间 LF_{i-j} 应从网络计划的终点节点开始，逆着箭线方向依次逐项计算。

（2）以终点节点（$j=n$）为箭头节点的工作最迟完成时间 LF_{i-n}，应按网络计划的计

划工期 T_p 确定，即：
$$LF_{i-n} = T_p$$

（3）其他工作 $i-j$ 的最迟完成时间 LF_{i-j}，应按公式（15-5）计算：
$$LF_{i-j} = \min\{LF_{j-k} - D_{j-k}\} \tag{15-5}$$

式中　LF_{j-k}——工作 $i-j$ 的各项紧后工作 $j-k$ 的最迟完成时间；
　　　D_{j-k}——工作 $i-j$ 的各项紧后工作 $j-k$ 的持续时间。

15.10　什么是工作最迟开始时间？如何计算？

工作最迟开始时间是指在不影响整个任务按期完成的前提下，工作必须开始的最迟时刻。

工作 $i-j$ 的最迟开始时间按公式（15-6）计算：
$$LS_{i-j} = LF_{i-j} - D_{i-j} \tag{15-6}$$

15.11　什么是工作总时差？如何计算？

工作总时差是指在不影响总工期的前提下，本工作可以利用的机动时间，即由于工作最迟完成时间与最早开始时间之差大于工作持续时间而产生的机动时间。利用这段时间延长工作的持续时间或推迟其开工时间，不会影响计划的总工期。该时间应按公式（15-7）或（15-8）计算：

$$TF_{i-j} = LS_{i-j} - ES_{i-j} \tag{15-7}$$
$$TF_{i-j} = LF_{i-j} - EF_{i-j} \tag{15-8}$$

工作总时差还具有这样一个特点，就是它不仅属于本工作，而且与前后工作都有密切的关系，也就是说它为一条或一段线路共有。前一工作动用了工作总时差，其紧后工作的总时差将变为原总时差与已动用总时差的差值。

15.12　什么是工作自由时差？如何计算？

工作自由时差是指在不影响其紧后工作最早开始时间的前提下，本工作可以利用的机动时间。也就是说工作可以在这个时间范围内自由地延长或推迟作业时间，不会影响其紧后工作的开工。工作自由时差为工作总时差的一部分。一个工作的自由时差隶属于该工作，与同一条线路上的其他工作无关。时差分析图如 15-2 所示。

工作 $i-j$ 的自由时差 FF_{i-j} 的计算应符合下列规定：

（1）当工作 $i-j$ 有紧后工作 $j-k$ 时，其自由时差应为：
$$FF_{i-j} = ES_{j-k} - ES_{i-j} - D_{i-j} \tag{15-9}$$
或
$$FF_{i-j} = ES_{j-k} - EF_{i-j} \tag{15-10}$$

式中　ES_{j-k}——工作 $i-j$ 的紧后工作 $j-k$ 的最早开始时间。

（2）以终点节点（$j=n$）为箭头节点的工作，其自由时差 FF_{i-j}，应按网络计划的计

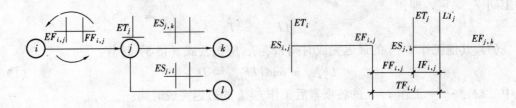

图 15-2 时差分析图

划工期 T_p 确定，即：

$$FF_{i-j} = T_p - ES_{i-n} - D_{i-n} \qquad (15-11)$$

或

$$FF_{i-n} = T_p - EF_{i-n} \qquad (15-12)$$

15.13 何谓关键线路？何谓非关键线路？

工期最长的线路称为关键线路。位于关键线路上的工作称为关键工作。关键工作没有机动时间，关键工作完成的快慢直接影响整个计划工期的实现，关键线路一般用双箭线、粗箭线、或彩色箭线连接。

关键线路在网络图中不止一条，可能同时存在几条，即这几条线路上的持续时间相同。

短于关键线路持续时间的线路称为非关键线路。位于非关键线路上的工作称为非关键工作；它有机动时间。

关键线路、非关键线路并不是一成不变的，在一定条件下，关键线路和非关键线路可以互相转化。

15.14 如何调整初始网络计划的工期？

初始网络计划的工期调整有两种情况：

(1) 计划工期小于要求的计划工期时，采用延长关键线路上关键工作作业时间的方法，使其达到要求的计划工期。

(2) 计划工期大于要求的计划工期时，采用缩短关键线路上关键工作作业时间的方法，使其满足要求的计划工期。此时，在调整过程中应注意，当缩短关键线路时，会使一些时差小的非关键线路变为关键线路。这时要反复进行调整，继续缩短新关键线路上关键工作的作业时间，逐次逼近，直到满足要求的计划工期为止。

15.15 何谓虚工作？

在双代号网络图中，有时存在虚箭线，虚箭线不代表实际工作，我们称之为虚工作。虚工作既不消耗时间，也不消耗资源。虚工作主要用来表示相邻两项工作之间的逻辑关系。但有时为了避免两项同时开始、同时进行的工作具有相同的开始节点和完成节点，也需要用虚工作加以区分。

15.16 单代号网络图由哪些内容组成？

单代号网络图的组成有节点和箭线，如图 15-3 所示。

(1) 节点

在单代号网络图中，用节点来表示工作。节点可以采用圆圈，也可以采用方框。工作名称或内容、工作编号、工作持续时间以及工作时间参数都可以写在圆圈上或方框上。

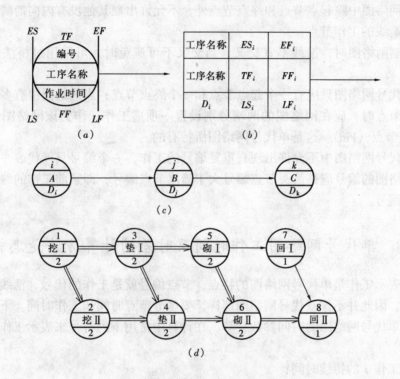

图 15-3 单代号网络图的表示法

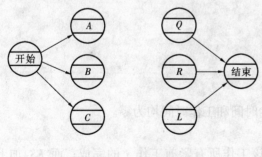

图 15-4 虚工作节点

(2) 箭线

单代号网络图中的箭线仅表示工作间的逻辑关系，它既不占用时间也不消耗资源，这一点与双代号网络图中的箭线完全不同。箭线的箭头表示工作的前进方向，箭尾节点工作为箭头节点工作的紧前工作。另外，在单代号网络图中表达逻辑关系时并不需使用虚箭线，但可能会引进虚工作。这是由于单代号网络图也必须只有一个原始节点和一个结束节点，而当几个工作同时开始或同时结束时，就必须引入虚工作（节点），如图 15-4 所示（图中 A、B、C 及 G、H、K 为工作名称）。

15.17 单代号网络图的绘图规则有哪些？

单代号网络图的绘图规则有：
(1) 单代号网络图必须正确表述已定的逻辑关系。
(2) 单代号网络图中，严禁出现循环回路。
(3) 单代号网络图中，严禁出现双向箭头或无箭头的连线。
(4) 在网络图中除起点节点和终点节点外，不允许出现其他没有内向箭线的工作节点和没有外向箭线的工作节点。
(5) 绘制网络图时，箭线不宜交叉。当交叉不可避免时，可采用过桥法和指向法绘制。
(6) 单代号网络图只应有一个起点节点和一个终点节点；当网络图中有多项起点节点或多项终点节点时，应在网络图的两端分别设置一项虚工作，作为该网络图的起点节点（St）和终点节点（Fin）。这是单代号网络图所特有的。
(7) 单代号网络图中不允许出现有重复编号的工作，一个编号只能代表一项工作。
(8) 网络图的编号应是箭头节点编号大于箭尾节点编号，即紧前工作的编号一定小于紧后工作的编号。

15.18 单代号网络图工作时间及时差的计算方法是怎样的？

用节点表示工作是单代号网络图的特点，节点编号就是工作的代号，箭线只表示工作的顺序关系，因此并不像双代号网络图那样，要区分节点时间和工作时间。下面以图上计算法来叙述单代号网络图的时间参数计算。在计算中常用下列符号来表示工作的各种时间参数：

D_i——工作 i 的持续时间；
ES_i——工作 i 的最早开始时间；
EF_i——工作 i 的最早结束时间；
LS_i——工作 i 的最迟开始时间；
LF_i——工作 i 的最迟结束时间；
TF_i——工作 i 的总时差；
FF_i——工作 i 的自由时差。

如果设有虚拟的开始节点，该节点的开始时间和工作时间均为零。
(1) 计算工作最早开始和最早结束时间

工作 j 的最早可能开始时间 ES_j，取决于该工作所有紧前工作 i 的完成；而 ES_j 加上工作 j 的持续时间就可以求得最早可能结束时间 ES_j。公式如下：

$ES_0 = 0$，$EF_0 = 0$（0 节点为虚拟开始节点）

$ES_j = \max [EF_i]$ （$i < j$）

$EF_j = ES_j + D_j$

(2) 计算前后工作时间间隔

为便于计算工作时差，我们引进时间间隔参数 LAG_{i-j}，它表示某项工作 i 的最早可能结束时间 EF_i 至其某一项紧后工作 j 的最早可能开始时间 ES_j 的时间间隔，即

$$LAG_{i-j} = ES_j - EF_i$$

(3) 计算自由时差

工作的自由时差，是工作在不影响其所有紧后工作的最早开始时间的前提下所具有的机动时间，所以其计算公式为：

$$FF_i = \min[LAG_{i-j}]$$

式中，工作 j 为工作 i 的紧后工作。

(4) 计算总时差

任取一项工作 i 与它的一项紧后工作 j 进行研究，分析 EF_i 至 LS_j 这一时间段。EF_i 至 ES_j 这一时间段为工作 i 与工作 j 之间的时间间隔 LAG_{i-j}，而 ES_j 至 LS_j 这一时间段为工作 j 的总时差 TF_j。由于工作 j 的总时差是工作 i 在不影响其所有紧后工作 j 的最迟必须开始时间的前提下所具有的机动时间，所以当工作的完成时间处于 EF_i 至 LS_j 这一时间段时，不会影响总工期，即

$$TF_i = \min[LAG_{i-j} + TF_j]$$

计算各工作的总时差时，结束节点工作的最迟必须结束时间等于规定工期或最早可能结束时间，从而可以确定最后一个节点工作的总时差，然后从后向前逆向求出各节点的总时差。

5) 计算工作最迟必须开始时间和最迟必须结束时间

由总时差与工作最早时间和最迟时间的关系式：

$$TF_i = LS_i - ES_i = LF_i - EF_i$$

$$\begin{cases} LS_i = ES_i + TF_i \\ LF_i = EF_i + TF_i \end{cases}$$

$$LF_i = LS_i + D_i$$

15.19 单代号搭接网络图有哪几种基本搭接关系？

(1) 结束到开始（FTS）的搭接关系

它是指相邻两工作，前项工作 i 结束后，经过时间间隔 $FTS_{i,j}$——称为时距 $FTS_{i,j}$，后面工作才能开始的搭接关系。这种搭接关系在网络计划中的表达方式如图 15-5 所示。

FTS 时距为零时说明本工作与其紧后工作之间紧密衔接，当网络计划中所有相邻工作只有 FTS 一种搭接关系且其时距均为零时，整个搭接网络计划就成为一般单代号网络计划。

(2) 开始到开始（STS）的搭接关系

它是指相邻两工作，前项工作 i 开始后，经过时距 $STS_{i,j}$，后面工作才能开始的搭接关系。这种搭接关系在网络计划中的表达方式如图 15-6 所示。

(3) 结束到结束（FTF）的搭接关系

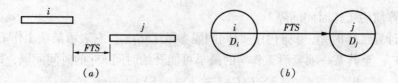

图 15-5　FTS 搭接关系及其在网络计划中的表达方式
(a) FTS 搭接关系；(b) 网络计划中的表达方式

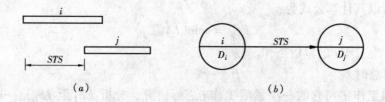

图 15-6　STS 搭接关系及其在网络计划中的表达方式
(a) STS 搭接关系；(b) 网络计划中的表达方式

它是指相邻两工作，前项工作 i 结束后，经过时距 $FTF_{i,j}$，后面工作才能结束的搭接关系。这种搭接关系在网络计划中的表达方式如图 15-7 所示。

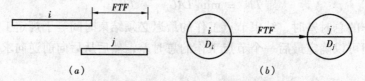

图 15-7　FTF 搭接关系及其在网络计划中的表达方式
(a) FTF 搭接关系；(b) 网络计划中的表达方式

(4) 开始到结束（STF）的搭接关系

它是指相邻两工作，前项工作 i 开始后，经过时距 $STF_{i,j}$，后面工作才能结束的搭接关系。这种搭接关系在网络计划中的表达方式如图 15-8 所示。

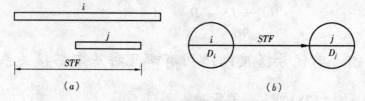

图 15-8　STF 搭接关系及其在网络计划中的表达方式
(a) STF 搭接关系；(b) 网络计划中的表达方式

(5) 混合的搭接关系

在搭接网络计划中，除上述四种基本搭接关系外，相邻两项工作之间还会同时出现两种以上的基本搭接关系，工作 i 和工作 j 之间可能同时存在 STS 时距和 FTF 时距，或同时存在 STF 时距和 FTS 时距等等，其表达方式如图 15-9、15-10 所示。

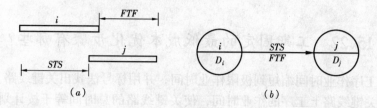

图 15-9 STS 和 FTF 搭接关系及其在网络计划中的表达方式
(a) STS 和 FTF 搭接关系；(b) 网络计划中的表达方式

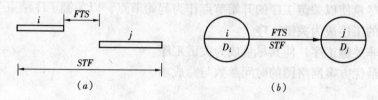

图 15-10 STF 和 FTS 搭接关系及其在网络计划中的表达方式
(a) STF 和 FTS 搭接关系；(b) 网络计划中的表达方式

15.20 工期不变、资源使用均衡的优化步骤是什么？

优化步骤归纳如下：
(1) 计算网络图的时间参数；
(2) 按照工序的最早开始和完成时间，绘制时间坐标网络图；
(3) 计算资源日需要量，绘制资源需要量动态图；
(4) 从网络图的终点节点开始，逆箭头方向，按最早开始时间的大、小顺序，逐个对非关键工序在自由时差范围内，计算判别值，作右移的调整。直到全部非关键工序都不能再调整为止。

15.21 资源限量、工期最短的优化步骤是什么？如何调整？

资源限量、工期最短的优化目标，是使日资源需要量小于、接近或等于日资源需要量，充分使用限量资源，使总工期尽可能最短。

进行资源限量、工期最短优化常采用时段法。时段法资源限量、工期最短优化步骤如下：
(1) 计算时间参数，绘制时间坐标网络图与资源需要量动态图；
(2) 将资源需要量动态图划分出时段；
(3) 自左至右对 $R^{(K)}(m) > S^{(K)}(m)$ 的时段进行调整。

调整的方法是：从该时段的非关键工序中选择可以右移出该时段的工序。这个工序应满足：①工序时差 TF 或 FF 大于时段的长度；②若有多个非关键工序时，还应使留在该时段中的工序日资源需要量之和等于或小于日资源限量。

15.22 工期固定的最低成本优化步骤有哪些？

(1) 将各工序作业时间缩短到极限作业时间，并用标号法找出关键线路。

(2) 延长关键线路上工序的作业时间，使关键线路的总时间等于按计划要求的工期。若延长后关键线路总时间仍小于要求的工期时，则该线路应看作非关键线路。

延长关键工序的原则是：①首先延长直接费率大的工序，使直接费有较大的减少，总成本降低；②尽量使以关键工序的开始节点作为起始节点，以关键工序结束节点作为终点节点的线段上的工序成为关键工序。

(3) 松弛非关键工序，使其尽量成为关键工序。

(4) 计算最优方案网络图的时间参数与总成本。

15.23 绘制时标网络图的步骤有哪些？

时标网络图是将一般网络图加上时间横坐标，工序之间逻辑关系表达与原网络图完全相同，其表达方式也有双代号与单代号两种形式，目前使用较多的是双代号时标网络图，在土木工程施工中按最早时间安排的时标网络图使用较多。

绘制双代号时标网络图的基本符号：用实箭线代表工序，箭线在水平方向的投影长度表示工序的作业时间；用波形线代表工序自由时差；用虚线代表虚工序。当实箭线之后有波形线且其末端有垂直部分时，其垂直部分用实线绘制；当虚箭线有时差且其末端有垂直部分时，其垂直部分用虚线绘制。

绘图步骤如下：

(1) 按节点最早时间，在有横向时间坐标的表格上标定各节点的位置。

(2) 从每道工序的开始节点出发画出箭线的实线部分，箭线在水平方向的投影长度等于该工序的作业时间。

(3) 在箭线与结束节点之间，若存在空档时，空档的水平投影长度等于该工序的自由时差，用波形线将其连接起来。

15.24 绘制网络计划横道图的步骤是什么？

网络计划横道图是把网络图计算的时间参数采用横道图的形式绘制的图形。这种表示方法既具有常见的一般横道图的表现形式，又能够表示出网络计划中的关键工序、关键线路及非关键工序的作业时间与时差。网络计划横道图没有单代号双代号之分，二者表示方法是相同的。

绘图符号：用双线表示关键工序，用单实线表示非关键工序，用波形线表示工序自由时差，用虚线表示工序相干时差，上述线段的水平投影长度分别等于工序的作业时间与时差。

绘图步骤如下：

(1) 按工序最早开始时间与最早完成时间，在有横向时间坐标的表格上表示出各工序的作业时间。

(2) 将关键工序画成双线,在非关键工序的作业时间后依次用波形线画出工序自由时差,用虚线画出相干时差。若工序自由时差为0时,则在工序作业线后用虚线画出相干时差。

(3) 用纵向单实线将相邻关键工序首尾相连构成关键线路,为醒目起见,亦可用双实箭线连接。

15.25 如何绘制"实际进度前锋线"?

"实际进度前锋线"的画法如下:

(1) 在网络计划的每个记录日期上作实际进度标注,标明按期实现、提前实现、拖延工期三种情况。对按计划进度实现者,将实际进度标注在记录日期垂直线与该工序箭线的交点上;对按计划进度提前者,将提前天数在标注日期右方该箭线上标点;对进度拖期者,将拖期天数在标注日期左方箭线上标点。

(2) 将各箭线的实际进度点连接起来,形成实际进度波形线,该线称为实际进度前锋线。该波形线的波峰处既表示实际进度比计划快,也表示该工序比相邻工序进度快,其波谷处既表示实际进度比计划慢,也表示该工序比相邻工序进度慢。

图 15-11 中的进度波形线 A-A 与 B-B 分别表示双代号时标网络图第 7d 与第 14d 的"实际进度前锋线"。

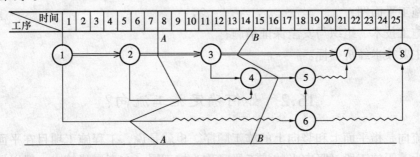

图 15-11 实际进度前锋线

16 单位工程施工组织设计

16.1 什么是单位工程施工组织设计？单位工程施工组织设计的内容包括有哪些？

单位工程施工组织设计是以一个单位工程（一个建筑物或构筑物，一个交工系统）为编制对象，用以指导其施工全过程的各项施工活动的综合性技术经济文件。单位工程施工组织设计一般在施工图设计完成后，在拟建工程开工之前，由工程处的技术负责人主持进行编制。

单位工程施工组织设计的内容包括：
(1) 工程概况和施工条件；
(2) 施工准备工作；
(3) 施工方案；
(4) 施工进度计划表；
(5) 施工平面图；
(6) 施工技术、组织与安全保证措施；
(7) 主要技术经济指标。

16.2 如何确定施工流向？

施工流向是指平面上和竖向上的施工顺序。也就是说，工程施工项目在平面上和竖向上各划分为若干施工段（竖向上的施工段又称为施工层，在高层建筑中一般以楼层作为施工层），施工流向就是确定各施工段施工的先后顺序。

确定施工流向时，应着重考虑以下问题：
(1) 建设单位生产和使用的要求：先投产、先使用，先施工、先交工。这样可以提前发挥基本建设投资的效果。
(2) 平面上各部分施工的繁简程度：技术复杂、工期较长的部位先施工。
(3) 施工技术与组织上的要求。装饰工程分为室外和室内。通常室外装饰工程施工流向是自上而下，而室内装饰工程则可以自下而上也可以自上而下。组织好立体交叉施工，可以大大缩短工期。

16.3 如何确定施工程序？

单位工程的施工顺序是指分部工程（或专业工程）以及分项工程（或工序）在时间上

展开的先后顺序。

分部工程一般应遵循"先地下、后地上，先主体、后围护，先结构、后装饰"的原则，对特殊情况，可视具体条件确定。

设备安装与土建施工的顺序，在民用建筑中多为"先土建、后设备"。在工业厂房中，为使工厂早日投产，应考虑土建与设备安装的搭接，并根据设备性质、安装方法来安排两者施工顺序，一般可采用：

（1）"封闭式"，即在土建完成后进行设备安装。一般的机械工业厂房，当主体结构完成后即可进行设备安装，对精密工业厂房，则应在装饰工程完成后进行。

（2）"敞开式"，即先安装工艺设备再建造厂房。重型工业厂房（冶金、电力等）有时采用这种方法。

（3）土建与设备安装同时进行。

16.4 如何选择施工方法？

施工方法是针对拟建工程的主要分部分项工程而言的，其内容应简明扼要，重点突出。凡新技术、新工艺和对拟建工程起关键作用的项目，以及在操作上还不够熟练的项目，应详细而具体地拟定该项目的操作过程和方法、质量要求和保证质量的技术安全措施、可能发生的问题和预防措施等。凡常规做法和工人熟练项目，不必详细拟定，只要对这些项目提出拟建工程中的一些特殊要求就行了。

在多层民用建筑施工中，重点应拟定土方工程（包括降低地下水位）及主体结构工程的施工方法，特别是垂直运输问题。对单层工业厂房，重点应拟定土方工程、基础工程、构件预制工程及结构安装工程等的施工方法。

16.5 选择施工机械时应着重考虑哪几个方面？

（1）首先选择主导工程的施工机械，如地下工程的土方机械，主体结构工程的垂直、水平运输机械，结构吊装工程的起重机械等。

（2）各种辅助机械或运输工具应与主导机械的生产能力协调配套，以充分发挥主导机械的效率。例如在土方工程中，运土汽车容量应是挖土机斗容量的倍数；结构安装工程中，运输工具的数量和运输量，应能保证结构安装的起重机连续工作。

（3）在同一工地上，应力求施工机械的种类和型号尽可能少一些。例如，对于工程量小而分散的工程，则应尽量采用多用途机械，如挖土机既可用于挖土，又可用于装卸、起重和打桩，一般对于面积为 4000~5000m² 的中型工业厂房，采用一台起重机安装就比较经济。

（4）充分发挥施工单位现有机械的能力。当本单位的机械能力不能满足工程施工需要时，应尽可能购置或租赁新型机械或多用途机械。这样做对提高施工技术水平和企业自身的发展都是必要的。

16.6 施工方案的技术经济比较有哪些手段？

施工方案的技术经济比较有定性和定量两个方面，定性分析主要是根据施工经验对施工方案进行优缺点的分析比较，如技术上是否合理先进，施工复杂程度和安全可靠性如何，劳动力和机械设备有无困难，是否充分发挥了现有机械的作用，以及保证工程质量的措施是否完善可靠等。定量分析则是计算出各方案的几个主要技术经济指标，进行综合比较分析，从中选择技术经济指标较佳的方案。在进行施工方案的技术经济比较时，一般可先通过定性分析进行方案的初选，然后再对选中的方案进行定量分析。定量分析是选择施工方案的主要手段。

(1) 多指标分析方法

多指标分析方法是用价值指标、实物指标和工期指标等一系列单个的技术经济指标，对各个方案进行分析对比，从中选优。例如工程技术人员常用工期、劳动力耗用量、成本进行方案比较，即属此类。

(2) 单指标分析方法

单指标分析方法是用一个综合指标作为评价方案优劣的标准。综合指标是以多指标为基础，将各指标之值按照一定的计算方法进行综合后得到的。

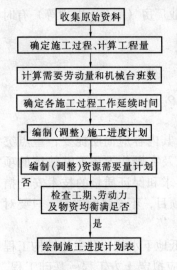

图 16-1 施工进度计划编制步骤

16.7 进度计划编制的步骤是什么？

单位工程施工进度计划编制步骤，如图 16-1 所示。

16.8 初始施工进度计划的编制可按哪几个步骤进行？

初始施工进度计划的编制步骤如下：

(1) 划分主要工程阶段，组织主要工程阶段的流水作业。主要工程阶段指采用主要机械、耗费劳动力及工时最多的工程阶段。例如砖混结构房屋施工中的主体结构工程、单层工业厂房施工中的结构安装工程等都属于主要工程阶段。

(2) 组织安排其他工程阶段的流水作业。各工程阶段都有各自的主导施工过程（工序），组织流水作业时先安排主导工序，同时还应尽可能使其与主要工程阶段相配合。例如砖混结构房屋的基础工程，可以采用与主体结构工程相同的施工段，其主导工序砌基础可以与砌砖墙采用同一工作队连续施工，这样也就确定了与主要工程阶段相适应的砌基础的流水节拍。

(3) 按照工艺的合理性和工序之间尽量穿插、搭接或平行作业的办法，将各工程阶段的流水作业图表拼接起来，即得单位工程施工进度计划的初始方案。

16.9 施工进度计划的检查与调整应从哪几个方面进行？

进度计划的检查与调整的目的在于使初始方案更符合给定的条件，满足已定的目标。从以下几个方面进行检查与调整：

(1) 各工序的施工顺序：平行搭接和技术间歇是否合理。
(2) 工期方面：初始方案的总工期是否满足规定的工期。
(3) 劳动力方面：主要工种工人是否满足连续、均衡施工。
(4) 物资方面：主要机械、设备、工具（包括模板）、材料等的利用，是否均衡、充分。

16.10 单位工程施工平面图的设计内容有哪些？

施工平面图应标明的内容一般有：
(1) 建设工程平面图上已建和拟建的地上及地下一切工程项目和管线。
(2) 测量放线标桩、地形等高线、土方取弃场地。
(3) 起重机轨道和开行路线以及垂直运输设施（如井架等）的位置。
(4) 材料、加工半成品、构件和机具堆场。
(5) 生产、生活用临时设施（包括搅拌站、钢筋棚、木工棚、仓库、办公室、供水供电线路和道路等）并附一览表。一览表中应分别列出名称、规格和数量。
(6) 安全、防火设施。
图中尚应注明图例、比例尺、方向及风向标记等。

16.11 单位工程施工平面图的设计依据有哪些？

单位工程施工平面图应在施工设计人员踏勘现场、取得施工环境第一手资料的基础上，根据施工方案和施工进度计划的要求进行设计。设计时依据的资料有：
(1) 建设工程平面图。
(2) 一切已有的和拟建的地下管道位置资料。
(3) 拟建工程的施工进度计划和拟定的主要分部工程的施工方案。
(4) 各种建筑材料、半成品和预制构件的需要量计划、供应计划及运输方式。
(5) 各种工程施工机械和运输工具的数量。
(6) 建设工程区域的竖向设计资料。
(7) 施工期间可利用的原有建筑物、空地及水源、电源等临时设施情况。

16.12 单位工程施工平面图的设计原则有哪些？

(1) 在满足现场施工的条件下，现场布置尽可能紧凑，减少施工用地。

(2) 在保证施工顺利进行的条件下，尽量利用现场附近可利用的房屋和水电管线，减少临时设施。

(3) 充分利用施工场地，尽量将材料、构件靠近使用地点布置，减少现场二次搬运量，且使运输方便。

(4) 要遵守劳动保护、环境保护、技术安全和防火要求。

(5) 便利于工人的生产和生活。

16.13 施工平面图的设计步骤是什么？

单位工程施工平面图设计的一般步骤是：
(1) 确定起重机的数量及其布置位置。
(2) 布置搅拌站、仓库、材料和构件堆场、加工厂的位置。
(3) 布置运输道路。
(4) 布置行政管理、文化、生活福利用临时房屋。
(5) 布置水电管线。
(6) 计算技术经济指标。

17 施工组织总设计

17.1 何谓施工组织总设计？施工组织总设计的内容有哪些？

施工组织总设计是以一个建筑群或一个建设项目为编制对象，用以指导整个建筑群或建设项目施工全过程的各项施工活动的综合性经济技术文件。施工组织总设计一般在初步设计或扩大初步设计被批准之后，在总承包企业的总工程师主持下进行编制。

施工组织总设计的主要内容包括：工程概况、施工部署和主要工程项目施工方案、施工总进度计划、资源需要量计划、全场性施工总平面图和技术经济指标等。

17.2 施工组织总设计的编制程序有哪些？

施工组织总设计的编制程序如下图所示：

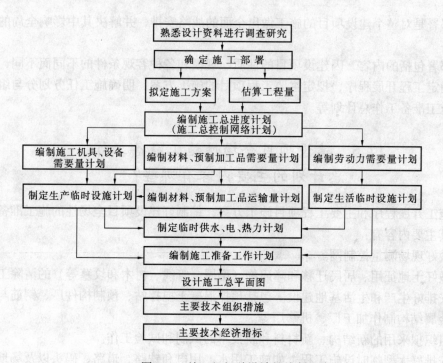

图 17-1 施工组织总设计的编制程序

17.3 施工组织总设计确定工程开展程序主要考虑哪几点？

确定工程开展程序，主要考虑以下几点：

(1) 在保证工期要求的前提下，实行分期分批施工。这样既能使每一具体工程项目迅速建成，又能在全局上取得施工的连续性和均衡性，并能减少暂设工程数量和降低工程成本。

(2) 划分分期分批施工的项目时，应优先安排的工程：

1) 按生产工艺要求，须先期投入生产或起主导作用的工程项目。
2) 工程量大、施工难度大或工期长的项目。
3) 运输系统、动力系统。如厂区内外的铁路、道路和变电站等。
4) 生产上需要先期使用的机修、车库、办公楼及部分家属宿舍等。
5) 供施工使用的工程项目。如采砂（石）场、木材加工厂、各种构件预制加工厂、混凝土搅拌站等施工附属企业及其他为施工服务的临时设施。

(3) 在安排工程顺序时，应按先地下、后地上；先深后浅；先干线后支线的原则进行安排。如地下管线与筑路工程的开展程序，应先铺管线后修筑道路。

(4) 施工季节的影响。例如大规模的土方工程和深基础工程施工，最好不在雨期进行，寒冷地区的工程施工，最好在入冬时转入室内作业和设备安装。

17.4 什么是施工部署？施工部署包括的内容有哪些？

施工部署是对整个建设项目的施工做出全面的战略安排，并解决其中影响全局的重大问题。

施工部署包括的内容，因建设项目的性质、规模和各种客观条件的不同而不同，一般应包括：确定工程开展程序，拟定主要工程项目的施工方案，明确施工任务划分与组织安排，编制施工准备工作总计划等。

17.5 建设项目全场性施工准备工作总计划的主要内容有哪些？

根据施工开展程序和主要工程项目施工方案，编制好建设项目全场性的施工准备工作总计划。其主要内容有：

(1) 做好现场测量控制网。
(2) 做好土地征用、居民迁移和障碍物（房屋、管线、树木和坟墓等）的清除工作。
(3) 安排好生产和生活基地建设。包括预拌混凝土搅拌站、预制构件厂、钢筋与木材加工厂、金属结构制作加工厂、机修厂等。
(4) 组织拟采用的新结构、新材料和新技术的试制和试验工作。
(5) 安排好大型临时设施工程，如施工用水、用电和铁路、道路、码头以及场地平整等工作。

(6) 做好材料、成品、半成品和构件的货源和运输、储存方式。
(7) 进行技术培训工作。
(8) 冬、雨期施工所需的特殊准备工作。

17.6 编制施工组织总设计时，应按哪几点考虑机械化施工总方案？

由于机械化是实现现场施工的重要前提，因此，在拟定主要工程项目施工方案时，应注意按以下几点考虑机械化施工总方案的问题：
(1) 所选主要机械的类型和数量应能满足各个主要工程项目的施工要求，并能在各工程上进行流水作业。
(2) 机械类型与数量尽可能在当地解决。
(3) 所选机械化施工总方案应该在技术上先进、适用，在经济上合理。

另外，对于某些施工技术要求高或比较复杂、技术上较先进或施工单位尚未完全掌握的分部分项工程，应提出原则性的技术措施方案。如软弱地基大面积钢管桩工程、复杂的设备基础工程、大跨结构、高炉及高耸结构的结构安装工程等。

17.7 编制施工总进度计划的基本要求是什么？编制步骤有哪些？

编制施工总进度计划的基本要求是：保证拟建工程在规定的期限内完成；迅速发挥投资效益；施工的连续性和均衡性；节约施工费用。
编制步骤有：
(1) 计算拟建工程项目及全工地性工程的工程量；
(2) 确定各单位工程的施工期限；
(3) 确定各单位工程的开竣工时间和相互搭接关系；
(4) 绘制施工总进度计划表。

17.8 为解决好各单位工程的开竣工时间和相互搭接关系，应考虑哪些因素？

为解决好各单位工程的开竣工时间和相互搭接关系，主要考虑下列因素：
(1) 同一时间进行的项目不宜过多，以免使人力和物力分散。
(2) 要以辅一主一辅的顺序安排。辅助工程（动力系统、给排水工程、运输系统、居住建筑群及汽车库等）应先行施工一部分。这样，既可为主要生产车间投产时使用，又可为施工服务，以节约临时设施费用。
(3) 应使土建施工中的主要分部分项工程（如土方、混凝土、构件预制、结构安装等）实行流水作业，达到均衡施工，以便在施工全过程中的劳力、施工机械和主要材料供应上取得均衡。

（4）考虑季节影响，以减少施工附加费。

（5）安排一部分附属工程或零星项目作为后备项目，用以调节主要项目的施工进度。

17.9 施工总平面图设计的内容有哪些？

（1）建设项目施工总平面图上的一切地上、地下已有的和拟建的工程项目以及其他设施的位置和尺寸。

（2）一切为全工地施工服务的临时设施的布置位置，包括：

①施工用地范围，施工用的各种道路；

②加工厂、制备站及有关机械的位置；

③各种工程材料、半成品、构件的仓库和生产工艺设备的主要堆场、取土弃土位置；

④行政管理房、宿舍、文化生活福利建筑等；

⑤水源、电源、变压器位置，临时给排水管线和供电、动力设施；

⑥机械站、车库位置；

⑦一切安全、消防设施位置。

（3）永久性测量放线标桩位置。

许多规模巨大的建设项目，其建设工期往往很长。随着工程的进展，施工现场的面貌将不断改变。在这种情况下，应按不同阶段分别绘制若干张施工总平面图；或者根据工地的变化情况，及时对施工总平面图进行调整和修正，以便符合不同时期的需要。

17.10 施工总平面图设计的原则是什么？

（1）在保证施工顺利进行的条件下，尽量减少施工用地，以避免多占耕地，施工场区应布置紧凑、合理。

（2）施工区域的划分和场地确定，应符合施工流程要求，尽量减少专业工种和各工程之间的干扰。

（3）在保证运输方便的条件下，尽量降低运输费用。为降低运输费用，要合理地布置仓库、附属企业和起重运输设施，使仓库与附属企业尽量靠近使用地点，并应正确地选择运输方式和铺设运输道路。

（4）在满足施工要求的条件下，尽量降低临时设施费用。为降低临时设施费用，要尽量利用永久性建筑物和设施为施工服务。

（5）要满足防火与技术安全的要求。在规划布置临时设施时，对于可燃性的材料仓库、加工厂必须满足防火安全规范要求的距离。例如，木材加工厂、锻工场与施工对象之间的距离均不得小于50m，沥青熬制棚应布置在下风向等。还应设置消防站及必要的消防设施。为保证生产安全，在规划道路时应尽量避免交叉。铁路道口应设置安全岗。

（6）要便于工人的生产与生活。

17.11 施工总平面图设计的依据是什么？

（1）各种设计资料，包括工程项目总平面图、地形地貌图、区域规划图、建设项目范围内有关的一切已有和拟建的各种设施位置。

（2）建设地区的自然条件和技术经济条件。

（3）建设项目的建筑概况、施工方案、施工进度计划，以便了解各施工阶段情况，合理规划施工场地。

（4）各种工程材料、构件、加工品、施工机械和运输工具需要量一览表，以便规划工地内部的储放场地和运输线路。

（5）各构件加工厂规模、仓库及其他临时设施的数量和外廓尺寸。

17.12 施工总平面图设计的步骤有哪些？

（1）运输道路的布置

运输道路的布置，主要决定于大批材料、半成品进入工地的运输方式：

1）当大批材料由铁路运入工地，应先解决铁路由何处引入及可能引到何处的问题。一般大型工业企业厂内都有永久性铁路专用线，通常可提前修建以便为工程施工服务。

2）当大批材料由水路运入工地时，应首先选择或布置卸货码头，尽量利用原有码头的吞吐能力。当需增设码头时，卸货码头不应少于2个，宽度不应小于2.5m。码头距施工现场较近时，在码头附近布置加工厂和转运仓库。

3）当大批材料由公路运入工地时，由于公路可以较灵活地布置，所以首先应将仓库和加工厂布置在最合理、最经济的地方，然后，再将场内道路与场外道路接通，最后再按运距最短、运输费用最低的原则布置场内运输道路。

（2）仓库与材料堆场的布置

通常考虑设置在运输方便、位置适中、运距较短并且安全防火的地方。区别不同材料、设备和运输方式来设置。

1）当采用铁路运输时，仓库通常沿铁路线布置，并且要留有足够的装卸场地，必须在附近设置转运仓库。布置铁路沿线仓库时，应将仓库设置在靠近工地一侧，以免内部运输跨越铁路。同时仓库不宜设置在弯道处或坡道上。

2）当采用水路运输时，一般应在码头附近设置转运仓库，以缩短船只在码头上的停留时间。

3）当采用公路运输时，仓库的布置较灵活。一般中心仓库布置在工地中央或靠近使用的地方，也可以布置在靠近于外部交通连接处。砂石、水泥、石灰、木材等仓库或堆场宜布置在搅拌站、预制场和木材加工厂附近；砖、瓦和预制构件等直接使用的材料应布置在施工对象附近，以避免二次搬运。工业项目施工工地还应考虑主要设备的仓库（或堆场），一般笨重设备应尽量放在车间附近，其他设备仓库可布置在外围或其他空地上。

（3）加工厂布置

各种加工厂布置，应以方便使用、安全防火、运输费用最少、不影响工程施工的正常进行为原则。一般应将加工厂集中布置在同一个地区，且多处于工地边缘。各种加工厂应与相应的仓库或材料堆场布置在同一地区。

1）混凝土搅拌站根据工程的具体情况可采用集中、分散或集中与分散相结合的三种布置方式。当现浇混凝土量大时，宜在工地设置混凝土搅拌站；当运输条件好时，以采用集中搅拌或选用商品混凝土最有利；当运输条件较差时，以分散搅拌为宜。

2）预制加工厂。一般设置在建设单位的空闲地带上。

3）钢筋加工厂。区别不同情况，采用分散或集中布置。对于需进行冷加工、对焊、点焊的钢筋和大片钢筋网，宜设置中心加工厂，其位置应靠近预制构件加工厂；对于小型加工件，利用简单机具成型的钢筋加工，可在靠近使用地点的分散的钢筋加工棚里进行。

4）木材加工厂。要视木材加工的工作量、加工性质及种类决定是集中设置还是分散设置几个临时加工棚。

5）砂浆搅拌站。对于工业项目施工工地，由于砂浆量小且分散，可以分散设置在使用地点附近。

6）金属结构、锻工、电焊和机修等车间。由于它们在生产上联系密切，应尽可能布置在一起。

(4) 行政与生活临时设施布置

行政与生活临时设施包括：办公室、汽车库、职工休息室、开水房、小卖部、食堂、俱乐部和浴室等。根据工地施工人数，可计算这些临时设施的建筑面积。应尽量利用建设单位的生活基地或其他永久建筑，不足部分另行建造。

(5) 临时水电管网及其他动力设施的布置

当有可以利用的水源、电源时，可将水电从外面接入工地，沿主要干道布置干管、主线，然后与各用户接通。临时总变电站应设置在高压电引入处，不应设在工地中心。临时水池应放在地势较高处。

当无法利用现有水电时，为了获得电源，可在工地中心或工地中心附近设置临时发电设备，沿干道布置主线；为了获得水源，可以利用地上水或地下水，并设置抽水设备和加压设备（简易水塔或加压泵），以便储水和提高水压。然后用水管接出，布置管网。施工现场供水管网有环状、枝状和混合式三种形式，如图17-2所示。

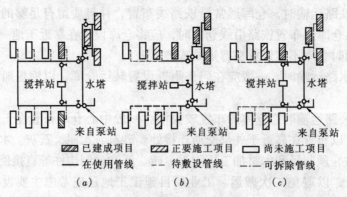

图 17-2 水电管线布置图
(a) 环状；(b) 枝状；(c) 混合式

(6) 安全防火设施布置

根据工程防火要求，应设立消防站。一般设置在易燃建筑物（木材、仓库等）附近，并须有通畅的出口和消防车道，其宽度不宜小于6m，与拟建工程项目的距离不得大于25m，也不得小于5m，沿道路布置消火栓时，其间距不得大于100 m，消火栓到路边的距离不得大于2m。

17.13 施工组织总设计的技术经济指标通常采用的有哪些？

施工组织总设计经济合理与否决定了整个建设项目施工能否顺利进行以及项目的经济效益。为了寻求最经济合理的方案，设计时要考虑几个方案，并根据技术经济指标进行比较，最佳者作为实施方案。

施工组织总设计的技术经济指标，应反映出设计方案的技术水平和经济性。一般采用的指标有：

(1) 施工工期

根据施工总进度计划安排的从建设项目开工到全部投产使用共多少个月。

(2) 全员劳动生产率（元/人·年）

$$\text{施工企业全员劳动生产率} = \frac{\text{每年自行完成的建筑安装施工产值}}{\text{全部在册职工人数} - \text{非生产人员平均数} + \text{合同工、临时工人数}} \tag{17-1}$$

(3) 非生产人员比例

$$\text{非生产人员比例} = \frac{\text{管理、服务人员数}}{\text{全部职工人员数}} \tag{17-2}$$

(4) 劳动力不均衡系数

$$\text{劳动力不均衡系数} = \frac{\text{施工高峰期人数}}{\text{施工期平均人数}} \tag{17-3}$$

(5) 临时工程费用比

$$\text{临时工程费用比} = \frac{\text{全部临时工程费}}{\text{建筑安装工程总值}} \tag{17-4}$$

(6) 综合机械化程度

$$\text{综合机械化程度} = \frac{\text{机械化施工完成的工程量}}{\text{总工程量}} \times 100\% \tag{17-5}$$

(7) 工业化程度（房建部分）

$$\text{工厂化程度} = \frac{\text{预制加工厂完成的工程量}}{\text{总工程量}} \times 100\% \tag{17-6}$$

(8) 装配化程度

$$\text{装配化程度} = \frac{\text{用装配化施工的房屋面积}}{\text{施工的全部房屋面积}} \times 100\% \tag{17-7}$$

(9) 流水施工系数

$$\text{流水施工系数} = \frac{\text{流水施工固定时期时间}}{\text{总工期时间}} \tag{17-8}$$

(10) 施工场地利用系数（K）

$$K = \frac{\Sigma F_6 + \Sigma F_7 + \Sigma F_4 + \Sigma F_3}{F} \tag{17-9}$$

其中

$$F = F_1 + F_2 + \Sigma F_3 + \Sigma F_4 - \Sigma F_5 \tag{17-10}$$

上两式中　　F_1——永久厂区围墙内的施工用地面积；

F_2——厂区外施工用地面积；

F_3——永久厂区围墙内施工区域外的零星用地面积；

F_4——施工区域外的铁路、公路占地面积；

F_5——施工区域内应扣除的非施工用地和建筑物面积；

F_6——施工场地有效面积；

F_7——施工区内利用永久性建筑物的占地面积。

第二部分

解题指导

第二编

醒睡指号

【题1】 不含边坡的土方工程量计算

某土方工程场地方格网边长为 **20m**，场地设计标高为 $H_0 = 43.73\text{m}$，土的可松性系数 $k_s = 1.24$，$k'_s = 1.04$；各角点的地面标高标注于其左下角，地面设计泄水坡度为 $i_y = 3‰$，见图 2-1 所示。如不计算边坡土方量，试分别计算：

(1) 各方格角点的设计标高和施工高度；
(2) 零点距角点的距离，并标出零线；
(3) 挖、填方体积；
(4) 移挖作填需要借土方或弃土方多少。

解题思路：本题为场地平整问题。由于全场兼有挖和填，挖和填的体形常常不规则，采用方格网方法分块计算解决。其计算步骤包括划分方格网、计算各角点地面标高、计算各角点设计标高、计算各角点施工高度、计算零点、绘制零线、计算各方格网内的挖或填方体积、统计挖填土方量等。本例中已知各角点地面标高，主要涉及到计算各角点设计标高、施工高度、绘制零线、计算各方格网内的挖或填方体积等工作。

【解】 （1）①根据 $H'_n = H_0 \pm l_x i_x \pm l_y i_y$ 计算各角点的设计标高：
由于 i_x 为零，场地为单向泄水坡度，简化为
角点 1、2、3、4 的设计标高均为 $H_0 + 20 \times 3‰ = 43.73 + 0.06 = 43.79\text{m}$，
角点 5、6、7、8 的设计标高均为 $H_0 = 43.73\text{m}$，
角点 9、10、11、12 的设计标高均为 $H_0 - 20 \times 3‰ = 43.73 - 0.06 = 43.67\text{m}$。
标注于各角点的右下角。

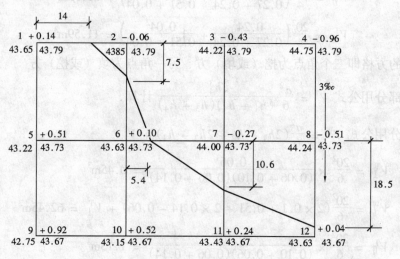

图 2-1 场地方格网

②根据 $h_n = H'_n - H_n$ 计算各角点施工高度：
$$h_1 = H'_1 - H_1 = 43.79 - 43.65 = +0.14\text{m}$$
同理，其他各角点的施工高度见图 2-1 所示，标注于各角点的右上角。

（2）根据 $x = \dfrac{a h_A}{h_A + h_B}$ 计算零点位置：

183

$$x_{1,2} = \frac{ah_1}{h_1 + h_2} = \frac{20 \times 0.14}{0.14 + 0.06} = 14\text{m}$$

同理求出各零点，把各零点连接起来，形成零线，见图 2-1 所示。

(3) 计算各方格土方工程量：

由方格网各角点的施工高度知，各方格挖或填的土方量区分不同类型，分别采用相应公式计算：

第一种类型的方格即全挖（全填）的方格

用公式 $V = \frac{a^2}{4}(h_1 + h_2 + h_3 + h_4)$ 计算。

$$V_{\text{III}} = \frac{20^2}{4}(0.43 + 0.96 + 0.27 + 0.51) = 217.00\text{m}^3$$

$$V_{\text{IV}} = \frac{20^2}{4}(0.51 + 0.10 + 0.92 + 0.52) = 205.00\text{m}^3$$

第二种类型的方格即相邻两角点为挖方、另两角点为填方

其填方部分用公式 $V^{\text{T}} = \frac{a^2}{4}\left(\frac{h_3^2}{h_2 + h_3} + \frac{h_4^2}{h_1 + h_4}\right)$ 计算，

挖方部分用公式 $V^{\text{W}} = \frac{a^2}{4}\left(\frac{h_1^2}{h_1 + h_4} + \frac{h_2^2}{h_2 + h_3}\right)$ 计算。

$$V_{\text{VI}}^{\text{W}} = \frac{20^2}{4}\left(\frac{0.27^2}{0.27 + 0.24} + \frac{0.51^2}{0.51 + 0.04}\right) = 61.59\text{m}^3$$

$$V_{\text{VI}}^{\text{T}} = \frac{20^2}{4}\left(\frac{0.24^2}{0.27 + 0.24} + \frac{0.04^2}{0.51 + 0.04}\right) = 11.59\text{m}^3$$

第三种类型的方格即三个角点为挖（或填）方、另一角点为填（或挖）方

其填方部分用公式 $V^{\text{T}} = \frac{a^2}{6} \frac{h_4^3}{(h_1 + h_4)(h_3 + h_4)}$ 计算，

挖方部分用公式 $V^{\text{W}} = \frac{a^2}{6}(2h_1 + h_2 + 2h_3 - h_4) + V^{\text{T}}$。

$$V_{\text{I}}^{\text{T}} = \frac{20^2}{6} \times \frac{0.06^3}{(0.06 + 0.10)(0.06 + 0.14)} = 0.45\text{m}^3$$

$$V_{\text{I}}^{\text{W}} = \frac{20^2}{6}(2 \times 0.1 + 0.51 + 2 \times 0.14 - 0.06) + V_{\text{I}}^{\text{T}} = 62.45\text{m}^3$$

$$V_{\text{II}}^{\text{T}} = \frac{20^2}{6} \times \frac{0.10^3}{(0.10 + 0.06)(0.06 + 0.14)} = 1.13\text{m}^3$$

$$V_{\text{II}}^{\text{W}} = \frac{20^2}{6}(2 \times 0.06 + 0.43 + 2 \times 0.27 - 0.10) + V_{\text{II}}^{\text{T}} = 67.13\text{m}^3$$

$$V_{\text{V}}^{\text{W}} = \frac{20^2}{6} \times \frac{0.27^3}{(0.27 + 0.24)(0.27 + 0.10)} = 6.95\text{m}^3$$

$$V_{\text{V}}^{\text{T}} = \frac{20^2}{6}(2 \times 0.24 + 0.52 + 2 \times 0.10 - 0.27) + V_{\text{V}}^{\text{W}} = 68.95\text{m}^3$$

将计算出的土方工程量填入相应的方格中，详见图 2-1 所示。

场地土方工程量（原状土体积）分别为：

挖方量总计　　$V^W = 0.45 + 67.13 + 217 + 6.95 + 61.59 = 353.12 m^3$
填方量总计　　$V^T = 62.45 + 1.13 + 205 + 68.95 + 11.59 = 349.12 m^3$
（4）若移挖作填，首先按松散状态下的相同密实度折算场地的挖、填土方量分别为：
挖方量为　　$V^{W'} = k_s \cdot V^W = 1.24 \times 353.12 = 437.87 m^3$
填方量　　$V^{T'} = \dfrac{k_s V^T}{k'_s} = \dfrac{1.24 \times 349.12}{1.04} = 416.26 m^3$
∵ $V^{W'} > V^{T'}$，∴ 弃土
弃土方量为 $437.87 - 416.26 = 21.61 m^3$，为松散土体积。

【题2】　考虑边坡的土方工程量计算
某建筑场地地形图和方格网布置图如图所示。该场地系粉质黏土，地面设计泄水坡度为 $i_x = 3‰, i_y = 2‰$。建筑设计、生产工艺和最高洪水位等方面均无特殊要求。试确定场地设计标高（不考虑土的可松性影响，如有余土，用以加宽边坡），并计算挖、填土方工程量。

解题思路：本例中仅给出了场地地形图和方格网布置图，需要计算各角点地面标高，可根据地形图上所标等高线，用插入法（数解法或图解法）进行。

在计算各方格网内的挖或填体积时，除了场地土方量计算，还要计算边坡土方量。后者需要根据土质确定挖、填方边坡系数，计算场地四角点的放坡宽度，绘出边坡边线平面示意图，再根据相应公式分别计算各块体积。

所计算的挖、填土方工程量均为原状土体积。

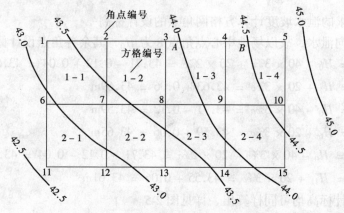

图 2-2　场地地形图和方格网布置图

【解】　按以下计算步骤进行：
（1）计算角点的地面标高
根据地形图上所标等高线，用插入法求出各方格角点的地面标高。
以角点 4 的地面标高 H_4 为例说明计算过程。
1）数解法：假定每两根等高线之间的地面高低呈直线变化，如图 2-3 所示。
由相似三角形特性有 $h_x : 0.5 = x : l$，则 $h_x = \dfrac{0.5}{l} x$，得 $H_4 = 44.00 + h_x$，在地形图上量出 x、l 的长度，即可算出 H_4 的数值。

2）图解法：见图所示，图中六根等距离的平行线将 A、B 之间的 0.5m 的高差分成五等分，于是可直接读得点 4 的地面标高 $H_4 = 44.34$m。

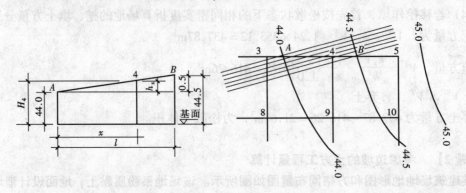

图 2-3　角点地面标高的图解法

其余各角点标高均用上述方法可求得，分别标于图 2-5 中。

(2) 计算场地设计标高 H_0

$$\Sigma H_1 = 43.24 + 44.80 + 44.17 + 42.58 = 174.79 \text{m}$$

$$2\Sigma H_2 = 2 \times (43.67 + 43.94 + 44.34 + 44.67 + 43.67 + 43.23 + 42.90 + 42.94)$$
$$= 698.72 \text{m}$$

$$4\Sigma H_4 = 4 \times (43.35 + 43.76 + 44.17) = 525.12 \text{m}$$

$$H_0 = \frac{\Sigma H_1 + 2\Sigma H_2 + 3\Sigma H_3 + 4\Sigma H_4}{4N} = \frac{174.79 + 698.72 + 525.15}{4 \times 8} = 43.71 \text{m}$$

(3) 根据要求的泄水坡度计算方格网角点的设计标高

本例中为双向泄水，故以场地中心点角点 8 为 H_0，其余各角点设计标高为：

$$H_1 = H_0 - 40 \times 3‰ + 20 \times 2‰ = 43.71 - 0.12 + 0.04 = 43.63 \text{m}$$

$$H_2 = H_1 + 20 \times 3‰ = 43.63 + 0.06 = 43.69 \text{m}$$

$$H_6 = H_0 - 40 \times 3‰ = 43.71 - 0.12 = 43.59 \text{m}$$

$$H_7 = H_6 + 20 \times 3‰ = 43.59 + 0.06 = 43.65 \text{m}$$

$$H_{11} = H_0 - 40 \times 3‰ - 20 \times 2‰ = 43.71 - 0.12 - 0.04 = 43.55 \text{m}$$

$$H_{12} = H_{11} + 20 \times 3‰ = 43.55 + 0.06 = 43.61 \text{m}$$

其余角点设计标高均可同样算出，详见图 2-5。

(4) 计算角点的施工高度

角点施工高度"+"表示填方，"-"表示挖方。

$$h_1 = 43.63 - 43.24 = +0.39 \text{m}$$

$$h_2 = 43.69 - 43.67 = +0.02 \text{m}$$

$$h_3 = 43.75 - 43.94 = -0.19 \text{m}$$

各角点施工高度，详见图 2-5。

(5) 标出零线

先求出一端为挖、一段为填的方格边线上的不挖不填的"零点"，将相邻的零点连接起来，即为零线。

采用图解法可使计算工作较为简便。各有关方格边线的零点的图解，如图2-4所示。

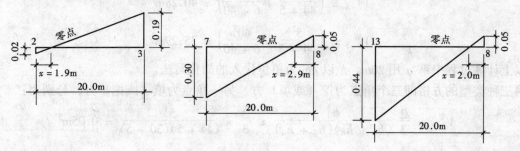

图2-4 各有关方格边线零点的图解

将得出的零点的 x 值，用相应的比例分别标到方格网的相应方格边线上，即得零线，详见图2-5。

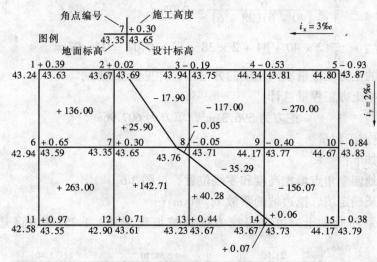

图2-5 方格网计算及零线图

(6) 计算土方工程量

1) 各方格土方工程量（参照【题1】）

第一种类型的方格即全挖全填的方格，

$$V^T_{1-1} = 100(h_1 + h_2 + h_3 + h_4) = 39 + 2 + 30 + 65 = 136 m^3$$

$$V^T_{2-1} = 65 + 30 + 71 + 97 = 263 m^3$$

$$V^W_{1-3} = 19 + 53 + 40 + 5 = 117 m^3$$

$$V^W_{1-4} = 53 + 93 + 84 + 40 = 270 m^3$$

第二种类型的方格即相邻两角点为挖方、另两角点为填方，具体为：

$$V^T_{1-2} = \left(\frac{30^2}{30+5} + \frac{2^2}{2+19}\right) = 25.90 m^3$$

$$V^W_{1-2} = \left(\frac{19^2}{2+19} + \frac{5^2}{30+5}\right) = 17.90 m^3$$

$$V_{2-3}^T = \left(\frac{6^2}{44+5} + \frac{44^2}{6+40}\right) = 40.28\text{m}^3$$

$$V_{2-3}^W = \left(\frac{5^2}{44+5} + \frac{40^2}{6+40}\right) = 35.29\text{m}^3 \text{。}$$

以上计算过程中系 a 用 20m，h 以 cm 为单位代入的简化写法。

第三种类型的方格即三个角点为挖（或填）方、另一角点为填（或挖）方，分别为：

$$V_{2-2}^W = \frac{2}{3}\frac{h_4^3}{(h_1+h_4)(h_3+h_4)} = \frac{2}{3} \times \frac{5^3}{(44+5)(30+5)} = 0.05\text{m}^3$$

$$V_{2-2}^T = \frac{2}{3}(2h_1 + h_2 + 2h_3 - h_4)V_{2-2}^W$$

$$= \frac{2}{3}(2 \times 44 + 71 + 2 \times 30 - 5) + 0.05 = 142.71\text{m}^3$$

$$V_{2-4}^T = \frac{2}{3} \times \frac{6^3}{(40+6)(38+6)} = 0.07\text{m}^3$$

$$V_{2-4}^W = \frac{2}{3}(2 \times 40 + 84 + 2 \times 38 - 6) + 0.07 = 156.07\text{m}^3$$

将计算出的土方工程量填入相应的方格中，详见图 2-5 所示。

场地各方格土方工程量总计：

挖方为 596.31m³，填方为 607.96m³。

2）边坡土方工程量

计算步骤如下：

①标出场地四个角点填挖高度和零线位置，见图 2-6；

②根据土质确定填、挖边坡的系数 m_1 和 m_2；

因场地土系粉质黏土，可查得挖方区边坡坡度采用 1:1.25，填方区边坡坡度采用

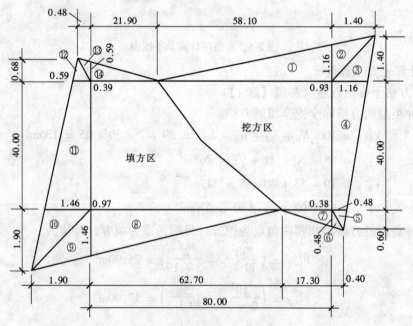

图 2-6 场地边坡土方量计算图

1:1.50。

③计算四角点的放坡宽度：

场地四角点的挖填放坡宽度为：

角点 5 的挖方宽度 $0.93 \times 1.25 = 1.16$m;

角点 15 的挖方宽度 $0.38 \times 1.25 = 0.48$m;

角点 1 的填方宽度 $0.39 \times 1.50 = 0.59$m;

角点 11 的填方宽度 $0.97 \times 1.50 = 1.46$m。

绘出边坡边线平面示意图，见图 2-6。

④计算边坡土方量体积。

图 2-7一场地边坡的平面示意图。由图可知，边坡土方工程量，可划分为三角棱锥体（如图 2-7 体积①~③、⑤~⑪）和三角棱柱体（如体积④）两种类型，分别按下述公式计算：

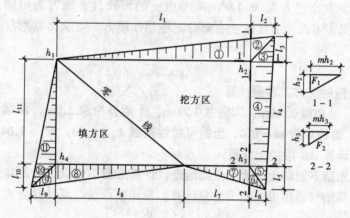

图 2-7 场地边坡平面示意图

第一种类型，三角棱锥体边坡如图 2-7 的①，其体积为：

$$V_1 = \frac{1}{3} F_1 l_1$$

第二种类型，三角棱柱体边坡如图 2-7 的④，其体积为：

$$V_4 = \frac{F_1 + F_2}{2} l_4$$

在两端横断面面积相差很大的情况下，则

$$V_4 = \frac{l_4}{6}(F_1 + 4F_0 + F_2)$$

在本题中，挖方区边坡土方量为

$$V_1^W = \frac{1}{3} \times \frac{1.16 \times 0.93}{2} \times 58.1 = 10.46 \text{m}^3$$

$$V_{2,3}^W = 2 \times \frac{1}{3} \times \frac{1.16 \times 0.93}{2} \times 1.4 = 0.50 \text{m}^3$$

$$V_4^W = \frac{1}{2}\left(\frac{1.16 \times 0.93}{2} + \frac{0.48 \times 0.38}{2}\right) \times 40 = 12.6 \text{m}^3$$

$$V_{5,6}^{W} = 2 \times \frac{1}{3} \times \frac{0.48 \times 0.38}{2} \times 0.6 = 0.03 \text{m}^3$$

$$V_{7}^{W} = \frac{1}{3} \times \frac{0.48 \times 0.38}{2} \times 17.3 = 0.52 \text{m}^3$$

挖方区边坡土方量合计：24.11m³。
填方区边坡土方量为（算式从略）
$V_{8}^{T} = 29.47\text{m}^3$　$V_{9,10}^{T} = 1.79\text{m}^3$　$V_{11}^{T} = 16.5\text{m}^3$
$V_{12,13}^{T} = 0.04\text{m}^3$　$V_{14}^{T} = 0.8\text{m}^3$
填方区边坡土方量合计：48.6m³。
场地及边坡土方量合计：
挖方：596.31 + 24.11 = 620.42m³
填方：607.96 + 48.6 = 656.56m³
两者相比，填方比挖方大36.1m³，除考虑土的可松性，填方尚可满足一部分以外，其不足的部分（尚需考虑挖方区的土有部分不能用作填方）可从加宽挖方区边坡或从场外取土解决。

【题3】 沟槽的土方工程量计算
开挖一管沟，AB 段长40m，沟底宽1.80m，A 端开挖深3.0m，B 端挖深3.15m，埋入管外径1.0m，边坡系数 $m = 0.4$，土的可松性系数 $k_s = 1.30$，$k'_s = 1.04$。
问题：(1) 计算 AB 段挖土方量；
　　　(2) 如留下回填土、余土全部运走，计算应留下回填土量及弃土量。
解题思路：基槽（或路堤）的土方量计算，常用断面法。其计算公式为

$$V = \frac{S_A + S_B}{2} l$$

计算基槽端部的横断面面积时，需考虑由放坡增加的宽度。土方的边坡坡度是用土坡高度 h 与其水平投影宽度 B 之比来表示，坡度系数 $m = B/h$。
挖方量即开挖体积为原状土体积，回填土为压实后体积。需要考虑土的可松性性质。

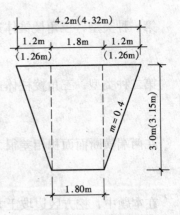

图 2-8　A、B 端断面图
（括号内为 B 端数字）

【解】 利用断面法进行计算。
边坡宽度 $3.0 \times 0.4 = 1.2$m，$3.15 \times 0.4 = 1.26$m
A 端截面面积

$$S_A = \frac{1.8 + 4.2}{2} \times 3.0 = 9 \text{m}^2$$

B 端截面面积

$$S_B = \frac{1.8 + 4.32}{2} \times 3.15 = 9.64 \text{m}^2$$

总挖方量　$V_W = \frac{9 + 9.64}{2} \times 40 = 372.8 \text{m}^3$

埋入管所占体积　$V_G = \pi r^2 \times 40 = \pi \cdot 0.5^2 \times 40 = 31.4 \text{m}^3$

需回填的体积　　$V_T = 372.8 - 31.4 = 341.4 m^3$

∴需留回填土：$(372.8 - 31.4) \times 1.30/1.04 = 426.8 m^3$

弃土量为：$V_Q = 372.8 \times 1.3 - 426.8 = 57.8 m^3$

【题4】 带型基础的土方工程量计算

某条形基础的断面如图所示，放坡系数取 **0.2**，基础两侧工作面宽度均取 **250mm**。已知场地土为三类土，土的可松性系数 $k_s = 1.25$，$k'_s = 1.05$。试计算每 **100m** 长基础的土方开挖量、用于基坑回填的现场堆土量及弃土运输量。

解题思路：计算条形基础的土方开挖量时，应考虑放坡和施工操作工作面的要求。

用于基坑回填的现场堆土量及弃土运输量还应考虑土的可松性按松散体积计算。

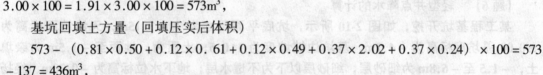

图 2-9　条形基础断面图

【解】 每 100m 长基础的施工土方量为：

基坑土方开挖量 $(0.81 + 0.25 \times 2 + 0.3 \times 2) \times 3.00 \times 100 = 1.91 \times 3.00 \times 100 = 573 m^3$，

基坑回填土方量（回填压实后体积）

$573 - (0.81 \times 0.50 + 0.12 \times 0.61 + 0.12 \times 0.49 + 0.37 \times 2.02 + 0.37 \times 0.24) \times 100 = 573 - 137 = 436 m^3$，

用于基坑回填的现场堆土量（按松散体积计）为

$$436 \times 1.25/1.05 = 519.05 m^3$$

弃土运输量（按松散体积计）为

$$573 \times 1.25 - 519.05 = 716.3 - 519.05 = 197.2 m^3$$

【题5】 基坑的土方工程量计算

某矩形基坑底面积为 **30m×15m**，基坑深度为 **10m**，土质为黏性土，边坡坡度为 **1:0.33**，土的可松性系数 $k_s = 1.24$，$k'_s = 1.05$，试求：

(1) 基坑的挖方土方量？

(2) 使用斗容量为 $3m^3$ 的汽车将土外运，需多少车次？

(3) 若将全部土方填于 **50m×50m** 的场地上，其填筑高度（不考虑放坡）是多少？

解题思路：基坑的土方量计算按拟柱体体积公式：

$$V = \frac{h}{6}(A_1 + 4A_0 + A_2)$$

或

$$V = \frac{h}{3}(A_1 + \sqrt{A_1 A_2} + A_2)$$

计算 A_1、A_0 时需要考虑放坡因素的加宽宽度。

汽车外运土是松散土体积。

所挖土全部用于回填，则挖方和填方在同状态时的体积必相等。据此计算填筑高度。

【解】 （1）用拟柱体体积公式计算：

底面积　$A_2 = 30 \times 15 = 450 \text{m}^2$

中部横截面面积　$A_0 = (30 + 10 \times 0.33)(15 + 10 \times 0.33) = 609.39 \text{m}^2$

上口面积　$A_1 = (30 + 2 \times 10 \times 0.33)(15 + 2 \times 10 \times 0.33) = 790.56 \text{m}^2$

挖方量为　$V = \dfrac{10}{6}(790.56 + 4 \times 609.39 + 450) = 6130.20 \text{m}^2$

（2）计算松散土体积：

$$V_2 = V K_s = 6130.20 \times 1.24 = 7601.448 \text{m}^2$$

需用汽车的车次为　$n = \dfrac{V_2}{3} = 2534 \text{（车次）}$

（3）设填筑高度为 x，挖填的松散土体积相等，则

$$V \cdot K_s = \dfrac{50 \times 50 \times x}{K'_s} \cdot K_s$$

$$x = \dfrac{V \cdot K'_s}{50 \times 50} = \dfrac{6130.20 \times 1.05}{50 \times 50} = 2.57 \text{m}$$

若将全部土方填于 50m×50m 的场地上，其填筑高度（不考虑放坡）是 2.57m。

【题6】 轻型井点降水的计算

某工程基坑开挖，如图 2-10 所示，坑底平面尺寸为 20m×15m，天然地面标高为 ±0.00，基坑底标高为 −4.2m，基坑边坡坡度为 1∶0.5；土质为：地面至 −1.5m 为杂填土，−1.5 至 −6.8m 为细砂层，细砂层以下为不透水层；地下水位标高为 −0.70m，经扬水实验，细砂层渗透系数 $K = 18 \text{m/d}$，采用轻型井点降低地下水位，试求：

(1) 轻型井点系统的布置；

(2) 轻型井点的计算及抽水设备选用。

解题思路：布置轻型井点应根据基坑大小与深度、土质、地下水位高低与流向、降水深度要求而定。布置时要考虑其平面和高程两个方面。

初步确定轻型井点的平面和高程布置后，就可以进行井点系统的涌水量计算、井管数量和井距的确定、抽水设备的选用等。

应用公式计算涌水量时，必须满足其限制条件。

【解】 （1）轻型井点系统布置

总管的直径选用 127mm，布置在 ±0.00 标高上，基坑底平面尺寸为 20m×15m；由天然地面标高为 ±0.00、基坑底标高为 −4.2m、基坑边坡坡度为 1∶0.5，知上口平面尺寸为 24.2m×19.2m；井点管布置距离基坑壁为 1.0m，采用环形井点布置，则总管长度为：

$$L = 2(26.2 + 21.2) = 94.8 \text{m}$$

井点管长度选用 6m，直径为 50mm，滤管长为 1.0m，井点管露出地面为 0.2m，基坑中心要求降水深度：

$$s = 4.2 - 0.7 + 0.5 = 4 \text{m}$$

采用单根轻型井点，井点管所需埋设深度：

$$H_1 = H_2 + h + Il_1 = 4.2 + 0.5 + 0.1 \times 10.6 = 5.76 \text{m} < 6 \text{m}，符合埋深要求。$$

井点管加滤管总长为 7m，井管外露地面 0.2m，则滤管底部埋深在 −6.8m 标高处，正

好埋设至不透水层上,因此可按无压完整井环形井点系统计算。

轻型井点系统的布置,如图2-10所示。

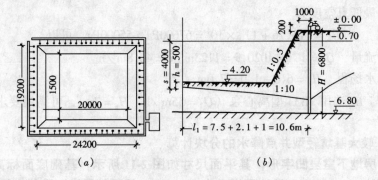

图2-10 基坑环形井点降水布置
(a)平面图;(b)高程布置

(2) 轻型井点的计算及抽水设备选用

1) 基坑涌水量计算

根据题意,该矩形基坑的长宽比为

$$\frac{L}{B} = \frac{20}{15} = 1.33 < 5$$

可按无压完整井环形井点系统涌水量公式计算:

$$Q = 1.366 \cdot K \cdot \frac{(2H-s)s}{\lg R - \lg x_0}$$

上式中:

含水层厚度 $H = 6.8 - 0.7 = 6.1$m

基坑中心降水深度 $s = 4$m

抽水影响半径 $R = 1.95 \cdot s \cdot \sqrt{H \cdot K} = 1.95 \times 4 \times \sqrt{6.1 \times 18} = 81.7$m

环形井点假想半径 $x_0 = \sqrt{\frac{F}{\pi}} = \sqrt{\frac{26.2 \times 21.2}{3.1416}} = 13.3$m

$$Q = 1.366 \times 18 \cdot \frac{(2 \times 6.1 - 4) \ 4}{\lg 81.7 - \lg 13.3} = 1022.9 \text{m}^3/\text{d}$$

2) 井点管数量与间距计算

单根井点出水量:

$$q = 65 \cdot \pi \cdot d \cdot l \sqrt[3]{K} = 65 \times 3.1416 \times 0.05 \times 1.0 \times \sqrt[3]{18} = 26.7 \text{m}^3/\text{d}$$

井点管数量:

$$n = 1.1 \times \frac{Q}{q} = 1.1 \times \frac{1022.9}{26.7} = 38.3 \text{ 根}$$

井点管间距:

$$D = \frac{L}{n} = \frac{94.8}{38.3} = 2.48\text{m, 取 } 1.6\text{m}$$

则实际井点管数量为 $\frac{94.8}{1.6} \approx 60$ 根

3）抽水设备选用

根据总管长度为 94.8m，井点管数量 60 根，选用 W_5 型干式真空泵，可满足要求。真空泵所需的最低真空度为

$$h_K = (5.76+1) \times 10^4 = 67600\text{Pa} > 55000\text{Pa}，可以。$$

水泵所需流量　　$Q_1 = 1.1 \times 1020.9 = 1123\text{m}^3/\text{d} = 46.8\text{m}^3/\text{h}$

水泵的吸水扬程　　$H_s = 6.0 + 1.0 = 7.0\text{m}$

根据 Q_1 与 H_s 选用 3B33 型离心泵（$Q_1 = 55\text{m}^3/\text{h}$，$H_s = 7\text{m}$），可满足要求。

【题 7】　较大基坑轻型井点降水的分块计算

某多层厂房地下室呈凹字形，其平面尺寸如图 2-11 所示，基础底面标高为 -4.50m，电梯井部分深达 -5.30m，天然地面标高为 -0.40m。根据地质勘测资料：标高在 -1.40m 以上为粉质黏土，再往下为粉砂土，地下水静水位在 -1.80m 处，土的渗透系数为 5m/d。基坑边坡采用 1:0.5，为施工方便，坑底开挖平面尺寸比设计尺寸每边放出 0.5m。拟采用轻型井点降水，试根据上述条件进行轻型井点系统的布置、计算及抽水设备选用。

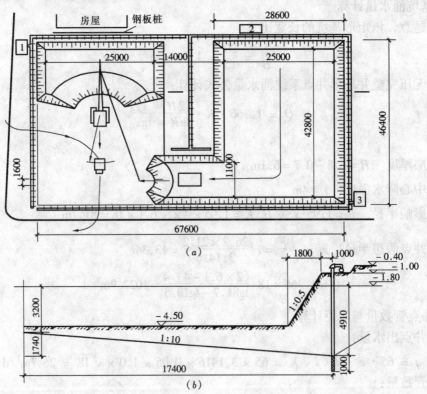

图 2-11　较大基坑井点降水布置
(a) 平面图；(b) 高程布置

解题思路：该基坑平面尺寸较大，且呈凹字形，因此应将其分块处理，逐块计算涌水量再相加即得总涌水量。其他同【题 6】。

【解】　(1) 轻型井点系统的布置

根据本工程基坑的平面尺寸和深度，轻型井点选用环形布置并在凹字形中间插入一排井点，如图 2-11 所示。

井点管的直径选用 50mm，布置时距坑壁取 1.0m，其所需的埋置深度（从地面算至滤管顶部）至少为：

$$H_1 = H_2 + h + Il_1 = (4.5 - 0.4) + 0.56 + 17.4 \times 0.1 = 6.34\text{m}$$

考虑到轻型井点降水深度一般以 6m 为宜、且现有井点管标准长度为 6m，因此将总管埋设在地面下 0.6m 处，即先挖 0.6m 深的沟槽，然后在槽底铺设总管。

此时井点管所需的长度：

$$6.34 - 0.6 + 0.20（露出槽底高度）= 5.94\text{m}，（<6\text{m}，可满足要求）。$$

电梯井处的基坑深度比其他部分要深 0.8m，所以该处井点管改用 7m。

总管的直径选用 127mm，长度根据图示布置方式算得：

$$2(67.6 + 2 \times 1.0) + 2(46.4 + 2 \times 1.0) + (46.4 - 11.0 - 2 \times 1.8)$$
$$+ (14.0 - 2 \times 1.8 - 2 \times 1.0) = 276.2\text{m}$$

抽水设备根据总管长度选用三套，其布置位置与总管的划分范围如图 2-11 所示。

(2) 轻型井点的计算及抽水设备选用

1) 涌水量计算

按无压不完整井考虑，由于凹字形中间插有一排井点，分为两半计算：

含水层的有效深度 H_0，根据 $\dfrac{S}{S' + l} = \dfrac{3.2}{4.94 + 1.0} = 0.54$，

所以 $H_0 = 1.7 (4.94 + 1.00) = 10.0\text{m}$

基坑中心的降水深度 $S = 4.5 - 1.8 + 0.5 = 3.2\text{m}$，

抽水影响半径 $R = 1.95 \cdot s \cdot \sqrt{H \cdot K} = 1.95 \times 3.2 \times \sqrt{10 \times 5} = 44.1\text{m}$

环形井点假想半径 $x_0 = \sqrt{\dfrac{F}{\pi}} = \sqrt{\dfrac{34.8 \times 48.4}{3.1416}} = 23\text{m}$

所以涌水量 $Q = 1.366 \cdot K \cdot \dfrac{(2H - s) s}{\lg R - \lg x_0} = 1.366 \times 5 \cdot \dfrac{(2 \times 10 - 3.2) \, 3.2}{\lg 44.1 - \lg 23} = 1299\text{m}^3/\text{d}$

因此按总管周长比例计算，整个基坑总涌水量为：

$$1299 \times \dfrac{276.2}{2 \, (34.8 + 48.4)} = 2156\text{m}^3/\text{d}$$

2) 井点管数量与间距计算

单根井点出水量：

$$q = 65 \cdot \pi \cdot d \cdot l \sqrt[3]{K} = 65 \times 3.1416 \times 0.05 \times 1.0 \times \sqrt[3]{5} = 17.4\text{m}^3/\text{d}$$

井点管数量：

$$n = 1.1 \times \dfrac{Q}{q} = 1.1 \times \dfrac{1299}{17.4} = 82 \text{ 根}$$

井点管间距：

$$D = \dfrac{L}{n} = \dfrac{2(34.8 + 48.4)}{82} = 2.03\text{m 取 } 1.6\text{m}，$$

因此整个基坑实际井点管数量为 $\dfrac{276.2}{1.6} \approx 173$ 根

3) 抽水设备选用

真空泵,根据每套机组所带的总管长度为276.2/3 = 92m,选用 W_5 型干式真空泵,可满足要求。

真空泵所需的最低真空度为

$$h_K = (6.0+1.0) \times 10^4 = 70000Pa > 55000Pa,可以。$$

水泵所需流量 $Q_1 = 1.1 \times \dfrac{2156}{3} = 791 m^3/d = 33 m^3/h$

水泵的吸水扬程 $H_s \geq 6.0 + 1.0 = 7.0m$

水泵的总扬程由于本工程出水高度低,不必考虑。

根据 Q_1 与 H_s 选用3B33型离心泵($Q = 55 m^3/h$, $H_s = 7m$),可满足要求。

【题8】 钢筋下料长度计算

有一**6m长简支梁**(图2-12),试计算钢筋下料长度。

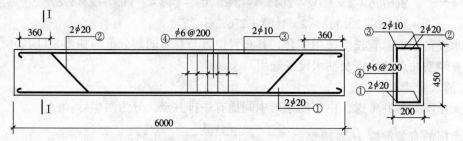

图2-12 梁配筋图

解题思路: 设计图中注明的钢筋尺寸(不包括弯钩尺寸)是钢筋的外轮廓尺寸,称为外包尺寸。外包尺寸与轴线长度之间存在一个差值,称为"量度差值",其大小与钢筋和弯心的直径以及弯曲的角度等因素有关。

钢筋下料长度 = 各段外包尺寸之和 − 弯曲处量度差值 + 两端弯钩增长值

或具体为:

直钢筋下料长度 = 构件长度 − 保护层厚度 + 末端弯钩增长值

弯起钢筋下料长度 = 直段长度 + 斜段长度 − 弯曲处的量度差值 + 末端弯钩增长值

箍筋下料长度 = 箍筋周长 + 箍筋调整值

【解】 (1) ①号直钢筋下料长度为

$$6000 - 2 \times 25 + 2 \times 6.25 \times 20 = 6200mm$$

式中:2×25 为两端钢筋保护层厚度(mm)。

(2) ②号受力钢筋下料长度

先按直径计算出长度,然后加45°的斜长增加量(为直角边的0.41倍)

$$6000 - 2 \times 25 + 2 \times 0.41 \times (450 - 2 \times 25) + 2 \times 6.25 \times 20 - 4 \times 0.5 \times 20 = 6488mm$$

式中:2×25 钢筋保护层厚度。

(3) ③号受力钢筋下料长度

$$6000 - 2 \times 25 + 2 \times 6.25 \times 10 = 6075mm$$

(4) ④号受力钢筋下料长度

箍筋下料长度可用外包或内包尺寸两种方法。为简化计算,一般先按外包或内包尺寸计算出周长，然后查表，加上调整值（此调整值包括四个90°弯曲及两个弯钩在内）即可。

1）按内包尺寸计算

$$2\times(450-2\times25)+2\times(200-2\times25)+100=1200\text{mm}$$

式中，100是根据查表所得的调整值。

2）按外包尺寸计算

$$2\times[450-2\times(25-6)]+2\times[200-2(25-6)]+50=1198\text{mm}$$

式中，50是根据查表所得的调整值。

两种计算方法基本接近。

箍筋根数 $n=6000/200+1=31$ 个

【题9】 钢筋代换计算

已知梁的截面面积尺寸如图2-13所示，采用C20混凝土制作，原设计的纵向受力钢筋采用HRB400级Φ20钢筋，共计六根，单排布置，中间4根分别在二处弯起。现拟改用HRB335级Φ22钢筋，求所需钢筋根数及其布置。

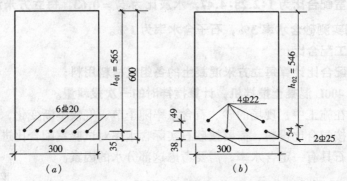

图2-13 矩形梁钢筋代换
(a) 原设计钢筋；(b) 代换钢筋

解题思路：依题意为不同种类钢筋的代换，应按钢筋受拉承载力设计值相等的原则进行。

钢筋代换后，应满足混凝土结构设计规范中所规定的钢筋间距、锚固长度、最小钢筋直径、根数要求。

【解】 (1) 弯起钢筋与纵向受力钢筋分别代换，按钢筋受拉承载力设计值相等的原则，以2Φ20为单位，按公式 $n_2 \geq \dfrac{n_1 d_1^2 f_{y1}}{d_2^2 f_{y2}}$ 代换Φ22钢筋，

$$n_2=\frac{2\times20^2\times360}{22^2\times300}=1.98\text{，取两根。}$$

(2) 代换后的钢筋根数不变，但直径增大，需要复核钢筋净间距 s：

$$s=\frac{300-2\times25-6\times22}{5}=23.6\text{mm}<25\text{mm,}$$

需要布置为两排（底座四根、二排2根）。

(3) 代换后的构件截面有效高度 h_{02} 减小，

需要按公式 $N_2\left(h_{02} - \dfrac{N_2}{2f_c b}\right) \geq N_1\left(h_{01} - \dfrac{N_1}{2f_c b}\right)$ 复核截面强度：

$h_{01} = 600 - 35 = 565\text{mm}, h_{02} = 600 - \dfrac{36 \times 4 + 2 \times 83}{6} = 548\text{mm}$

$N_1\left(h_{01} - \dfrac{N_1}{2f_c b}\right) = 6 \times 314 \times 360\left(565 - \dfrac{6 \times 314 \times 360}{2 \times 9.6 \times 300}\right) = 303.2 \times 10^6 = 303.2\text{kN} \cdot \text{m}$

$N_2\left(h_{02} - \dfrac{N_2}{2f_c b}\right) = 6 \times 380 \times 360\left(548 - \dfrac{6 \times 380 \times 300}{2 \times 9.6 \times 300}\right) = 293.4\text{kN} \cdot \text{m} < 303.2\text{kN} \cdot \text{m}$

(4) 角部两根改为Φ25钢筋，再复核截面强度：

$N_2\left(h_{02} - \dfrac{N_2}{2f_c b}\right) = (4 \times 380 + 2 \times 491) \times 300\left(546 - \dfrac{2502 \times 300}{2 \times 9.6 \times 300}\right) = 312.2\text{kN} \cdot \text{m}$

因此，代换钢筋采用4Φ22钢筋+2Φ25钢筋。按图布置，满足原设计要求。

【题10】 混凝土施工配合比计算

混凝土试验室配合比为 **1：2.28：4.47**，水灰比为 $\dfrac{W}{C} = 0.63$，每立方米混凝土水泥用量 $C = 285\text{kg}$，现场实测砂含水率3%，石子含水率为1%。

(1) 计算施工配合比；
(2) 按施工配合比计算每立方米混凝土的各组成材料用料；
(3) 若采用**400L**混凝土搅拌机，计算搅拌时的一次投料量。

解题思路：在施工中，现场的砂、石含水率随季节、气候不断变化，为保证混凝土工程的质量，保证按配合比投料，需要按砂石实际含水率对试验室配合比进行修正。

本题实测砂石具有一定含水率，需要考虑这部分水的因素。

【解】 (1) 设原试验室配合比为水泥：砂：石子 = 1：x：y，水灰比为 $\dfrac{W}{C}$。现场测得砂含水率为 W_x，石子含水率为 W_y，

则施工配合比为 $1:x(1+W_x):y(1+W_y) = 1:2.28(1+0.03):4.47(1+0.01)$
$= 1:2.35:4.51$。

(2) 按施工配合比计算每立方米混凝土的各组成材料用量为：

水泥 $C' = C = 285\text{kg}$

砂 $G'_{\text{砂}} = 285 \times 2.35 = 669.75\text{kg}$

石 $G'_{\text{石}} = 285 \times 4.51 = 1285.35\text{kg}$

用水量 $W' = W - GW_x - GW_y = 179.55 - 19.49 - 12.74 = 147.32\text{kg}$

施工水灰比为 0.52。

(3) 400L混凝土搅拌机每次可搅拌混凝土：

$$400 \times 0.65 = 260L = 0.26\text{m}^3,$$

则搅拌时一次投料量为：

水泥 $400 \times 0.65 = 74.1\text{kg}$（取75kg，一袋半水泥）

砂 $75 \times 2.35 = 176.25\text{kg}$

石子 $75 \times 4.51 = 338.25\text{kg}$

水 $75 \times 0.63 - 75 \times 2.28 \times 0.03 - 75 \times 4.47 \times 0.01 = 47.25 - 5.13 - 3.35 = 38.77$kg。

搅拌混凝土时，根据计算出的各组成材料的一次投料量，按重量投料。

【题 11】 单根预应力筋下料长度的计算

某 24m 跨预应力混凝土屋架下弦孔道长度 $l = 23800$mm，应力筋为 $4\Phi^l 25$，实测钢筋冷拉率 $r = 4\%$，钢筋冷拉后的弹性回缩率 $\delta = 0.2\%$。预应力筋两端采用螺丝端杆锚具，螺丝端杆长度 $l_1 = 320$mm，其露在构件外的长度 $l_2 = 120$mm，现场钢筋每根长度为 9m 左右，试求预应力钢筋部分的下料长度。

解题思路：单根预应力钢筋一般均在对焊以后才进行冷拉，必须准确地计算钢筋下料长度。计算时应考虑锚夹具的特点，考虑它对焊接头的压缩量、冷拉率、弹性回缩率、张拉伸长值、构件间距等的影响。不同的锚夹具分别适用不同的计算公式。

【解】 由于现场钢筋每根长度为 9m 左右，故预应力筋需用三根钢筋对焊而成，两端再与螺丝端杆对焊，对焊接头总数 $n = 4$。

$$L_1 = l + 2l_2 = 23800 + (2 \times 120) = 24040\text{mm}$$
$$L_0 = L_1 - 2l_1 = 24040 - (2 \times 320) = 23400\text{mm}$$

所以预应力钢筋部分的下料长度

$$L = \frac{L_0}{1 + r - \delta} + nl_0 = \frac{23400}{1 + 0.035 - 0.003} + 4 \times 25 = 22774\text{mm}$$

因此施工下料时可选用 2 根 9m 长的钢筋加一根 4.774m 长的钢筋对焊而成。

【题 12】 预应力筋张拉力和钢筋伸长值计算

某车间采用 21m 后张预应力屋架，下弦断面如图 2-14 所示，预应力筋用 $2\Phi^l 28$。单根钢筋截面面积 $A_p = 615$mm^2，屈服强度标准值 $f_{pyk} = 420$N/mm^2，钢筋弹性模量为 $E_s = 1.8 \times 10^5$N/mm^2，预应力一端用螺丝端杆锚具，另一端用帮条锚具锚固，采用一台 YC-60 型千斤顶张拉。

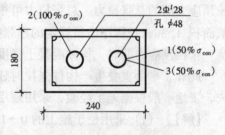

图 2-14 屋架下弦断面图

试求：

(1) 确定预应力筋张拉顺序（用数字在图上标出）；

(2) 确定张拉程序并计算出单根预应力钢筋的张拉力；

(3) 计算预应力筋的伸长值。

解题思路：为了施工方便，后张法预应力筋张拉一般多采用 $0 \rightarrow 103\%\sigma_{con}$ 的程序。

对配有多根预应力筋的构件，当不可能同时张拉时，宜分批、对称进行张拉。分批张拉时，还应考虑因后张拉的钢筋使混凝土所产生的弹性压缩而造成已张拉钢筋的预应力损失，要对先张拉钢筋的应力损失值进行补足。

【解】 (1) 张拉顺序：第一根预应力筋先张拉 $50\%\sigma_{con}$；再张拉第二根 $100\%\sigma_{con}$；最后，第一根补足即再拉 $50\%\sigma_{con}$，数字表示见图示。

(2) 张拉程序：采用 $0 \rightarrow 1.03\sigma_{con}$；$\sigma_{con} = 0.85 f_{pyk}$

单根钢筋张拉力：

$$P = 1.03 \times 0.85 f_{pyk} \times A_p = 1.03 \times 0.85 \times 420 \times 615 = 226141.65 N = 226.14 kN$$

(3) 预应力筋计算伸长值：

$$\Delta L = \frac{P \cdot L}{E_s \cdot A_p} = \frac{226141.65 \times 21 \times 10^3}{1.8 \times 10^5 \times 615} = 42.89 mm$$

【题 13】 后张法分批张拉力计算

一批 24m 跨预应力混凝土弧形屋架，四层平卧叠层预制，其下弦杆断面如图 2-15 所示，净截面面积为 48033mm²，直线孔道长 23.8m。应力筋为 4Φʲ25，弹性模量为 1.8×10^5 MPa，屈服强度为 500MPa；混凝土弹性模量为 3.25×10^4 MPa。张拉控制应力为屈服强度的 85%。分两批按截面中心对称张拉。已知锚具变形及孔道摩擦等的应力损失为 35MPa。

试确定计算：
(1) 张拉程序；
(2) 第二批张拉控制应力和张拉力；
(3) 第一批张拉控制应力和张拉力；
(4) 四层从上到下起张拉各层张拉力。

解题思路：后张法施工工艺中当预应力混凝土构件采用锥形锚具时，除考虑需要超张拉外，还应考虑锚口摩阻应力损失。

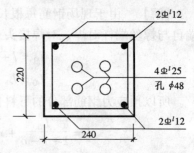

图 2-15 某层架下弦杆断面图

预应力筋在张拉之前，应按张拉程序计算被一次张拉预应力筋的总张拉力。总张拉力可根据设计的控制应力 σ_{con} 及被一次张拉预应力筋的总截面积 A_y 和张拉程序中所规定的超张拉百分率 m 进行计算。

张拉预应力筋时，构件混凝土强度应按设计规定，但不宜低于设计标号的 70%。

此外，平卧重叠生产构件张拉时还应考虑由于上下层之间的摩阻力所产生的预应力损失，工地一般根据施工经验，采用逐层加大超张拉值的方法以弥补其应力损失。

【解】 (1) 采用便于施工的 0→103%σ_{con} 的张拉程序。

(2) 由于分两批按截面中心对称张拉，且有锚口应力损失，

故第二批张拉控制应力为

$$103\% \sigma_{con} + 35 MPa = 103\% \times 0.85 \times f_{pyk} + 35 MPa$$

$$= 103\% \times 0.85 \times 500 MPa + 35 MPa = 472.75 \ MPa$$

实际张拉力为 $472.75 MPa \times 2 \times \pi \times \left(\frac{25}{2}\right)^2 = 463.89 kN$

(3) 第二批钢筋张拉力为 F_{y2} 时，其所引起的混凝土压力为 $\sigma_{h2} = \dfrac{F_{y2}}{A_j}$（$A_j$ 为构件净截面面积），由于混凝土的压缩将使第一批钢筋中的应力减少（E_q/E_h）σ_{h2}（E_q 为预应力筋的弹性模量，E_h 为混凝土的弹性模量），应超张拉第一批钢筋。

因此第一批张拉控制应力为

$$103\% \sigma_{con} + 35 MPa + \frac{E_q}{E_h} \cdot \sigma_{h2} = 103\% \times 0.85 \times f_{pyk} + 35 MPa + \frac{E_q}{E_h} \cdot \frac{F_{y2}}{A_j}$$

$$= 103\% \times 0.85 \times 500\text{MPa} + 35\text{MPa} + \frac{1.8 \times 10^5}{3.25 \times 10^4} \cdot \frac{463.89}{48033} = 526.24\text{MPa}$$

实际张拉力为 $526.24\text{MPa} \times 2 \times \pi \times \left(\frac{25}{2}\right)^2 = 516.67\text{kN}$

(4) 本例为四层平卧重叠浇筑构件，宜先上后下逐层进行张拉。为了减少上下层之间因摩阻力引起的预应力损失，可逐层加大张拉力，但底层张拉力不宜比顶层张拉力大 9%（冷拉钢筋）。加大后的张拉力属于超张拉性质，故底层超张拉值也不宜超过最大张拉控制应力允许值。

由于 $0.90 f_{pyk} = 0.90 \times f_{pyk} = 0.90 \times 500\text{MPa} = 450\text{MPa}$

$$103\% \sigma_{con} = 103\% \times 0.85 \times 500\text{MPa} = 437.75\text{MPa}$$

故可逐层加大张拉应力 4MPa，即四层从上到下起张拉各层第二批张拉力依次为：

$$(437.75 + 35) \times 2 \times \pi \times \left(\frac{25}{2}\right)^2 = 463.89\text{kN}$$

$$(437.75 + 4 + 435) \times 2 \times \pi \times \left(\frac{25}{2}\right)^2 = 467.89\text{kN}$$

$$(437.75 + 8 + 35) \times 2 \times \pi \times \left(\frac{25}{2}\right)^2 = 471.89\text{kN}$$

$$(437.75 + 12 + 35) \times 2 \times \pi \times \left(\frac{25}{2}\right)^2 = 475.89\text{kN}$$

各层第一批张拉力分别在第二批的基础上再增大

$$\frac{1.8 \times 10^5}{3.25 \times 10^4} \cdot \frac{463.89}{48033} \times 2 \times \pi \times \left(\frac{25}{2}\right)^2 = 52.5\text{kN}$$

【题 14】 单层成倍节拍流水组织施工

14 栋同类形房屋的基础组织流水作业施工，4 个施工过程的流水节拍分别为 6d、6d、3d、6d。规定工期不得超过 60d。试确定流水步距、工作队数并绘制流水指示图表。

解题思路：流水作业组织形式有三种：等节奏流水、成倍节拍流水、不等节奏流水；根据流水节拍互成整数倍的特征，可判断出应采用成倍节拍流水组织施工。

【解】 (1) 求出流水节拍的最大公约数作为流水步距。

流水节拍 6d、6d、3d、6d 的最大公约数是 3d，即流水步距 $K = 3d$

(2) 求各施工过程的工作队数，计算公式为 $b_i = \dfrac{t_i}{K}$

$b_1 = \dfrac{t_1}{K} = \dfrac{6}{3} = 2$ 队 $\quad\quad b_2 = \dfrac{t_2}{K} = 2$ 队

$b_3 = \dfrac{t_3}{K} = 1$ 队 $\quad\quad b_4 = \dfrac{t_4}{K} = 2$ 队

(3) 依次组织各工作队间隔一个流水步距 3d，投入施工。总工期为

$$T = \left(m + \sum_{i=1}^{n} b_i - 1\right)K + \sum Z_1 - \sum C = (14 + 2 + 2 + 1 + 2 - 1) \times 3 + 0 - 0 = 60\text{d}$$

流水指示图表如下表 2-1：

施工过程		施工进度 2 4 6 8 10 12 14 16 18 20 22 24 26 28 30 32 34 36 38 40 42 44 46 48 50 52 54 56 58 60
表 2-1 流水指示图表		

施工过程		施工进度
Ⅰ	Ⅰ₁	1 — 3 — 5 — 7 — 9 — 11 — 13 —
	Ⅰ₂	2 — 4 — 6 — 8 — 10 — 12 — 14 —
Ⅱ	Ⅱ₁	1 — 3 — 5 — 7 — 9 — 11 — 13 —
	Ⅱ₂	2 — 4 — 6 — 8 — 10 — 12 — 14 —
Ⅲ		1—2—3—4—5—6—7—8—9—10—11—12—13—14
Ⅳ	Ⅳ₁	1 — 3 — 5 — 7 — 9 — 11 — 13 —
	Ⅳ₂	2 — 4 — 6 — 8 — 10 — 12 — 14 —

【题 15】 根据结构特征判断施工段的多层成倍节拍流水组织施工

试绘制三层现浇钢筋混凝土楼盖工程的流水施工进度表。已知：(1) 框架平面尺寸为 **17.4m×144m**。沿长度方向每隔 **48m** 留伸缩缝一道；(2) $t_{支模}$ = 4d；$t_{扎筋}$ = 2d；$t_{浇混凝土}$ = 2d；(3) 层间技术间歇（即混凝土浇筑后在其上支模的间歇要求）为 **2d**。

解题思路： 根据流水节拍互成整数倍的特征，可判断出应采用成倍节拍流水组织施工。首先计算出施工段，再根据结构特征判断出所选用的施工段，这是此题的关键。

【解】 (1) 求出流水节拍的最大公约数作为流水步距。

流水节拍 4d、2d、2d 的最大公约数是 2d，即流水步距 $K = 2d$

(2) 求各施工过程的工作队数，计算公式为 $b_i = \dfrac{t_i}{K}$

$b_1 = \dfrac{t_1}{K} = \dfrac{4}{2} = 2$ 队　　$b_2 = \dfrac{t_2}{K} = 1$ 队　　$b_3 = \dfrac{t_3}{K} = 1$ 队

(3) 计算施工段数

$$m = \sum_{i=1}^{n} b_i + \frac{\Sigma Z_1}{K} + \frac{Z_2}{K} - \frac{\Sigma C}{K} = 4 + 0 + \frac{2}{2} - 0 = 5 \text{ 段}$$

(4) 根据结构特征可知，各施工段工程量应相等，故施工段不可能为奇数，由于计算的施工段小于实际取的施工段，时间连续而空间不连续。为了保证时间连续，施工段数取 6 段。

(5) 依次组织各工作队间隔一个流水步距 2d，投入施工。总工期为

$$T = \left(jm + \sum_{i=1}^{n} b_i - 1\right)K + \Sigma Z_1 - \Sigma C = (3 \times 6 + 4 - 1)2 + 0 - 0 = 42\text{d}$$

(6) 绘制流水施工进度表，如表 2-2：

流水施工进度表　　　　　　　表 2-2

施工过程			施工进度
			2　4　6　8　10　12　14　16　18　20　22　24　26　28　30　32　34　36　38　40　42

（表格内容：一层支模甲：1、3、5；乙：K、2、4、6；一层扎筋：K、1、2、3、4、5、6；一层浇混凝土：K、1、2、3、4、5、6；二层支模甲：K、Z_2、1、3、5（空间有闲置）；乙：2、4、6；二层扎筋：1、2、3、4、5、6；二层浇混凝土：1、2、3、4、5、6；三层支模甲：1、3、5；乙：2、4、6；三层扎筋：1、2、3、4、5、6；三层浇混凝土：1、2、3、4、5、6）

【题 16】 层内技术间歇和层间技术间歇的多层成倍节拍流水组织施工

试组织某三层房屋由Ⅰ、Ⅱ、Ⅲ、Ⅳ四个施工过程组成的分部工程流水作业。流水节拍分别为 4d、2d、2d、4d。Ⅰ、Ⅱ和Ⅲ、Ⅳ施工过程之间的技术间歇各为 1d，层间技术间歇为 2d。（1）确定流水步距、工作队数、施工段数；（2）绘制流水指示图表；（3）计算所需工期。

解题思路：根据流水节拍互成整数倍的特征，可判断出应采用多层成倍节拍流水组织施工。在计算施工段数时，应注意层内技术间歇和层间技术间歇。计算工期时注意层间技术间歇不影响总工期。

【解】 （1）求出流水节拍的最大公约数作为流水步距。

流水节拍 4d、2d、2d、4d 的最大公约数是 2d，即流水步距 $K = 2d$

（2）求各施工过程的工作队数，计算公式为 $b_i = \dfrac{t_i}{K}$

$b_1 = \dfrac{t_1}{K} = \dfrac{4}{2} = 2$ 队　　　　$b_2 = \dfrac{t_2}{K} = 1$ 队

$b_3 = \dfrac{t_3}{K} = 1$ 队　　　　$b_4 = \dfrac{t_4}{K} = 2$

(3) 计算施工段数

$$m = \sum_{i=1}^{n} b_i + \frac{\Sigma Z_1}{K} + \frac{Z_2}{K} - \frac{\Sigma C}{K} = 2 + 1 + 1 + 2 + \frac{1+1}{2} + \frac{2}{2} - 0 = 8 \text{ 段}$$

(4) 依次组织各工作队间隔一个流水步距2d，投入施工。总工期为

$$T = \left(jm + \sum_{i=1}^{n} b_i - 1\right)K + \Sigma Z_1 - \Sigma C = (3 \times 8 + 6 - 1)2 + 2 = 60\text{d}$$

(5) 绘制流水施工进度表，如表2-3：

流水施工进度表　　　　　　　　　　　　　表2-3

（图表略）

【题 17】 施工段数为奇数的多层成倍节拍流水组织施工

某 2 层浇钢筋混凝土框架的施工，组织流水作业。各施工过程的流水节拍分别为安装模板 **4d**、绑扎钢筋 **2d**、浇筑混凝土 **2d**、养护 **2d**，养护是属于混凝土工程中的技术间歇。

解题思路：根据流水节拍互成整数倍的特征，可判断出应采用多层成倍节拍流水组织施工。在组织流水作业时，应注意施工段数为奇数，二层安装模板的第一个专业工作队是一层安装模板的第二个专业工作队，层间技术间歇不影响总工期。

【解】 （1）求出流水节拍的最大公约数作为流水步距。

流水节拍 4d、2d、2d 最大公约数是 2d，即流水步距 $K = 2d$

（2）求各施工过程的工作队数，计算公式为 $b_i = \dfrac{t_i}{K}$

$b_1 = \dfrac{t_1}{K} = \dfrac{4}{2} = 2$ 队　　$b_2 = \dfrac{t_2}{K} = 1$ 队　　$b_3 = \dfrac{t_3}{K} = 1$ 队

（3）计算施工段数

$$m = \sum_{i=1}^{n} b_i + \dfrac{\Sigma Z_1}{K} + \dfrac{Z_2}{K} - \dfrac{\Sigma C}{K} = 2 + 1 + 1 + 0 + \dfrac{2}{2} - 0 = 5 \text{ 段}$$

（4）依次组织各工作队间隔一个流水步距 2 天，投入施工。总工期为

$$T = \left(jm + \sum_{i=1}^{n} b_i - 1\right) K + \Sigma Z_1 - \Sigma C = (2 \times 5 + 4 - 1)2 = 26d$$

（5）绘制流水施工进度表，如表 2-4：

流水施工进度表　　　　　表 2-4

施工过程			施工进度
			1 2 3 4 5 6 7 8 9 10 11 12 13 14 15 16 17 18 19 20 21 22 23 24 25 56
一层	支模	a	1　　3　　5
		b	2　　4
	扎钢筋		1　2　3　4　5
	浇混凝土		1　2　3　4　5
二层	支模	b	$Z_2=2$　1　　3　　5
		a	2　　4
	扎钢筋		1　2　3　4　5
	浇混凝土		1　2　3　4　5

【题 18】 单层无节奏流水组织施工

某项目由 **4** 个施工过程组成，分别由 **4** 个专业工作队完成，在平面上划分为 **5** 个施工段，每个专业工作队在各施工段上的流水节拍如表 2-5 所示，试绘出流水施工进度表。

流水施工进度表　　　　　　　　　　　　表 2-5

施工段 流水节拍 施工过程	①	②	③	④	⑤
Ⅰ	2	3	1	4	7
Ⅱ	3	4	2	4	6
Ⅲ	1	2	1	2	3
Ⅳ	3	4	3	4	3

解题思路：根据流水节拍互不相等的特征，可判断出应采用单层无节奏流水组织施工。在组织流水作业时，流水步距是变数，其值分别按"累加数列错位相减取大差"的方法确定。

【解】（1）求出流水节拍的累加数列：

$$\begin{array}{llllll} \text{Ⅰ} & 2 & 5 & 6 & 10 & 17 \\ \text{Ⅱ} & 3 & 7 & 9 & 13 & 19 \\ \text{Ⅲ} & 1 & 3 & 4 & 6 & 9 \\ \text{Ⅳ} & 3 & 7 & 10 & 14 & 17 \end{array}$$

(2) 确定流水步距：

$$\begin{array}{rrrrrrr} ① & K_1 & 2 & 5 & 6 & 10 & 17 \\ & -) & & 3 & 7 & 9 & 13 & 19 \\ \hline & & 2 & 2 & -1 & 1 & 4 & -19 \end{array}$$

所以：$K_1 = \max\{2, 2, -1, 1, 4, -19\} = 4d$

$$\begin{array}{rrrrrrr} ② & K_2 & 3 & 7 & 9 & 13 & 19 \\ & -) & & 1 & 3 & 4 & 6 & 9 \\ \hline & & 3 & 6 & 6 & 9 & 13 & -9 \end{array}$$

所以：$K_2 = \max\{3, 6, 6, 9, 13, -19\} = 13d$

$$\begin{array}{rrrrrrr} ③ & K_3 & 1 & 3 & 4 & 6 & 9 \\ & -) & & 3 & 7 & 10 & 14 & 17 \\ \hline & & 1 & 0 & -3 & -4 & -5 & -17 \end{array}$$

所以：$K_3 = \max\{1, 0, -3, -4, -5, -17\} = 1d$

(3) 各施工过程依次按流水步距的间隔投入施工，即可达到工作队连续施工的目的，组织形式如表 2-6 所示。

单层无节奏流水组织施工 表2-6

施工过程	施工进度/d
	1 2 3 4 5 6 7 8 9 10 11 12 13 14 15 16 17 18 19 20 21 22 23 24 25 26 27 28 29 30 31 32 33 34 35
Ⅰ	① ② ③ ④ ⑤
Ⅱ	K_1 ① ② ③ ④ ⑤
Ⅲ	K_2 ① ② ③ ④ ⑤
Ⅳ	K_3 ① ② ③ ④ ⑤

【题19】 多层无节奏流水组织施工

某3层砖混结构建筑物,其主体工程包含4个施工过程:A(砌砖墙)→B(钢筋混凝土构造柱及圈梁)→C(安装预制楼板及楼梯)→D(楼板灌缝)。若该建筑物分成三个相等的施工段,各施工过程的流水节拍分为 4d、3d、2d、1d。施工过程B、C之间技术间歇1d。试指出该主体工程的主导施工过程,并安排该主体工程的流水施工进度计划表。

解题思路:多层无节奏流水组织施工无法满足时间和空间都连续。组织施工时,首先找出主导施工过程,保证其时间连续,其他施工过程尽可能空间连续,而时间不连续。

【解】 由题意知,该主体工程的主导施工过程为A(砌砖墙),保证A时间连续,即工作队连续施工。该工程只能安排为无节奏流水,流水施工进度表如表2-7所示。

流水施工进度表 表2-7

	施工过程	施工进度
		2 4 6 8 10 12 14 16 18 20 22 24 26 28 30 32 34 36 38 40 42 44 46 48 50 52 54 56
一层	A	① ② ③ ④
	B	① ② ③ ④
	C	① ② ③ ④
	D	① ② ③ ④
二层	A	① ② ③ ④
	B	① ② ③ ④
	C	① ② ③ ④
	D	① ② ③ ④
三层	A	① ② ③ ④
	B	① ② ③ ④
	C	① ② ③ ④
	D	① ② ③ ④

工期 = 4×4×3+3+1+2+1 = 55d

从流水施工进度表中也可以看出主体工程施工工期为55d。

【题20】 双代号网络图的绘制

某大型钢筋混凝土基础工程，分三段施工，包括支模板、绑扎钢筋、浇筑混凝土三道工作，每道工作安排一个施工队进行施工，且各工作在一个施工段上的作业时间分别为：3d，2d，1d。试绘制双代号网络图。

解题思路：根据题意确定工作逻辑关系表，工艺逻辑关系为：支模板—绑扎钢筋—浇筑混凝土。组织逻辑关系为：每道工作的施工队从第Ⅰ段→第Ⅱ段→第Ⅲ段。并注意虚工作的应用。

【解】 （1）分析各工作之间的逻辑关系，绘制工作逻辑关系表。如题所示，三道工作的工艺逻辑关系为：支模板—绑扎钢筋—浇筑混凝土。

组织逻辑关系为：每道工作的施工队从第Ⅰ段→第Ⅱ段→第Ⅲ段。

归纳两类逻辑关系，即可得出该工程的工作逻辑关系表，见表2-8。

工作逻辑关系表 表2-8

序号	工作名称	紧前工作	说明	序号	工作名称	紧前工作	说明
1	支模Ⅰ	—	开始工作	6	浇混凝土Ⅱ	扎筋Ⅱ	工艺逻辑关系
2	扎筋Ⅰ	支模Ⅰ	工艺逻辑关系			浇混凝土Ⅰ	组织逻辑关系
3	浇混凝土Ⅰ	扎筋Ⅰ	工艺逻辑关系	7	支模Ⅲ	扎筋Ⅱ	组织逻辑关系
4	支模Ⅱ	支模Ⅰ	组织逻辑关系	8	扎筋Ⅲ	支模Ⅲ	工艺逻辑关系
5	扎筋Ⅱ	支模Ⅱ	工艺逻辑关系			扎筋Ⅱ	组织逻辑关系
		扎筋Ⅰ	组织逻辑关系	9	浇混凝土Ⅲ	扎筋Ⅲ	工艺逻辑关系
						浇混凝土Ⅱ	组织逻辑关系

（2）根据工作逻辑关系表绘制组合逻辑关系图，如图2-16所示。

（3）检查组合逻辑关系图中各工作逻辑关系表达是否正确，若有错误，用"断路法"加以分隔。

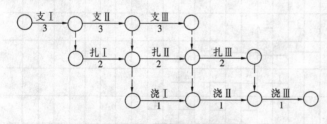

图2-16 组合逻辑关系图

分析网络图2-16，在施工顺序上，支模→扎筋→浇混凝土，符合施工工艺要求；在流水关系上，同工种的工作队由第一施工段转入第二施工段再转入第三施工段，也符合要求；在网络逻辑关系上有不符之处：第一施工段的浇筑混凝土（浇Ⅰ）与第二施工段的支模板（支Ⅱ）没有逻辑上的关系；同样，第二施工段的浇筑混凝土（浇Ⅱ）与第三施工段的支模也不发生逻辑上的关系；但在图中都相连起来了，这是网络图中原则性的错误，它将导致一系列计算上的错误。应用"断路法"加以分隔，"断路法"是指用虚箭线在线路上隔断无逻辑关系的各项工作。正确的网络图，见图2-17。

断路法有两种：在横向用虚箭线切断无逻辑关系的各项工作，称为"横向断路法"。

如图 2-17，它主要用于无时标网络图中。在纵向上用虚箭线切断无逻辑关系的各项工作，称为"纵向断路法"，如图 2-18 所示，它主要用于时标网络图中。

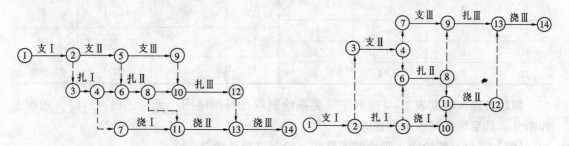

图 2-17 横向断路法示意图　　　　图 2-18 按施工段排列法示意图

（4）去掉多余的虚工作，进行节点编号，并标注工作作业时间。去掉多余的虚工作后的网络图如图 2-19（a）、2-19（b）所示。再从起始节点开始，对各节点进行编号，并标注工作作业时间，即得最终网络图。

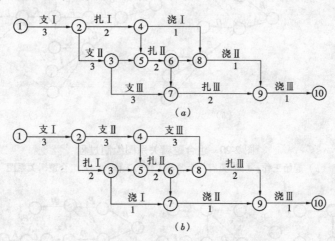

图 2-19 混凝土基础工程网络图
（a）以施工段为主线排列的最终网络图；（b）以工作为主线排列的最终网络图

图 2-19（a）是以施工段为主线排列的混凝土基础工程网络图；图 2-19（b）所示是以工作为主线排列的混凝土基础工程网络图。

【题 21】 双代号网络图的绘制

已知工作逻辑关系、作业时间如表 2-9 所示，试绘制双代号网络图。

工作逻辑关系表　　　　　　　　　　　　表 2-9

序号	工作名称	紧前工作	作业时间	序号	工作名称	紧前工作	作业时间
1	A	—	5	5	E	A	6
2	B	—	10	6	F	D、E	5
3	C	A	4	7	G	E	3
4	D	A	7	8	H	D、C、B	8

续表

序 号	工作名称	紧前工作	作业时间	序 号	工作名称	紧前工作	作业时间
9	I	E	2	13	M	K、I	8
10	J	E	12	14	N	L、M、J	3
11	K	F、H、G	4				
12	L	K、I	6	15	O	M、J	9

解题思路：根据表2-9所列逻辑关系绘制双代号网络图，无法正确表示时，加虚工作断开，最后再去掉多余的虚工作。

【解】 (1) 按绘图步骤绘制网络图，绘制过程见图2-20。

(2) 进行检查与修正，过程见图2-21。

(3) 去掉多余工作，完成最终网络图，见图2-22。

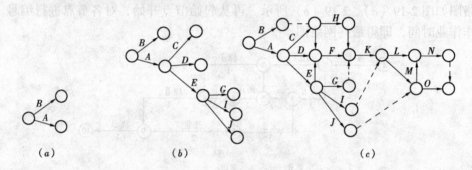

图 2-20 组合逻辑关系图绘制过程
(a) 起始工作；(b) 只有一个紧前工作的工作；(c) 组合逻辑关系图

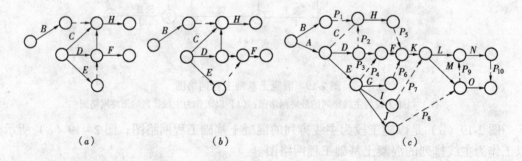

图 2-21 逻辑关系修正图
(a) H工作逻辑关系图；(b) H工作修正图；(c) 修正后网络图

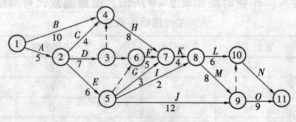

图 2-22 最终网络图

【题22】 双代号网络图的绘制

已知工作逻辑关系、作业时间如表 2-10 所示，试绘制双代号网络图。

工作逻辑关系表　　　　　　　　　　表 2-10

工作名称	A	B	C	D	E	F	G
紧前工作	—	A	B	A	B、D	E、C	F
作业时间（d）	5	4	3	3	5	4	2

解题思路：同上题。

【解】 最终的双代号网络图，如图 2-23。

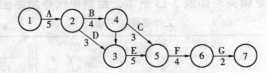

图 2-23　双代号网络图

【题23】 双代号网络图的绘制

已知工作逻辑关系、作业时间如表 2-11 所示，试绘制双代号网络图。

工作逻辑关系表　　　　　　　　　　表 2-11

工作名称	A	B	C	D	E	F	G	H	I	J	K
紧前工作	—	A	A	B	B	E	A	D、C	E	F、G、H	I、J
作业时间（d）	4	6	3	2	4	8	6	5	4	9	6

解题思路：同上题。

【解】 最终的双代号网络图，如图 2-24。

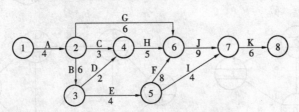

图 2-24　双代号网络图

【题24】 双代号网络图的绘制

已知工作逻辑关系、作业时间如表 2-12 所示，试绘制双代号网络图。

工作逻辑关系表　　　　　　　　　　表 2-12

工作名称	A	B	C	D	E	F	G	H	I	J	K
紧前工作	—	—	B	B	A、C	A、C	A、C、D	E	F、G	H、I	F、G
作业时间（d）	2	3	5	6	4	10	7	4	5	9	8

解题思路：同上题。

【解】 最终的双代号网络图，如图 2-25。

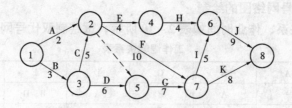

图 2-25 双代号网络图

【题 25】 单代号网络图的绘制

已知各工作之间的逻辑关系如表 2-13 所示,绘制单代号网络图。

工作逻辑关系表　　　　　　　　　　　　　　　表 2-13

工作	A	B	C	D	E
紧前工作	—	A	A	A、B、C	C、D

解题思路:根据工作逻辑关系表,确定工程计划中各工作的紧前、紧后工作名称。先绘制草图,然后对一些不必要的交叉进行整理,绘出简化网络图,接着完成编号工作。

【**解**】 绘图过程,如图 2-26 所示。

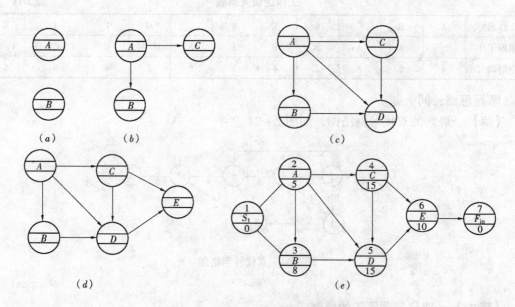

图 2-26 绘图过程

【题 26】 双代号网络图改为单代号网络图

将图 2-27 所示的双代号网络图改为单代号网络图,并计算时间参数,用双线标出关键线路。

解题思路:根据双代号网络图改为单代号网络图的关键是:单代号网络图除了开始工作和结束工作可能有虚设的虚工作外,中间没有虚工作。

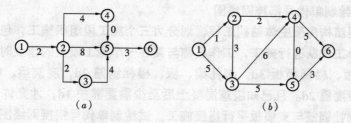

图 2-27 双代号网络图

【解】 最终单代号网络图，如图 2-28 所示。

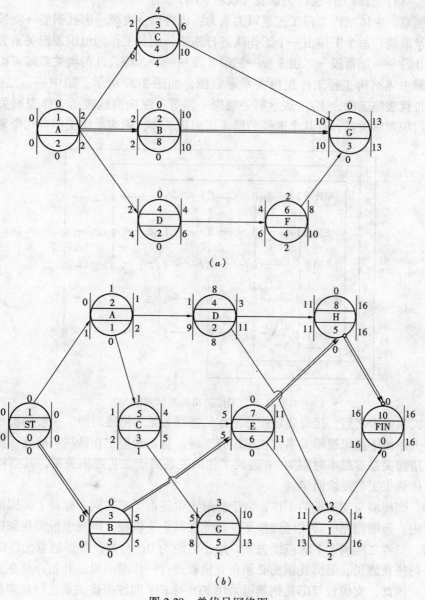

图 2-28 单代号网络图
(a) 单代号网络图；(b) 单代号网络图

【题 27】 绘制单代号搭接网络图

某两层砖混结构房屋主体结构工程,划分为三个施工段组织施工,包括五项工作,每个工作安排一个工作队进行施工,工作名称与其在一个施工段上的作业时间分别为:砌砖墙 **4d**,支梁、板、楼梯模板 **3d**,绑扎梁、板、楼梯钢筋 **2d**,浇筑梁、板、楼梯混凝土 **1d**,安装楼板及灌缝 **2d**。且已知浇筑混凝土后至少需要养护 **1d**,才允许安装楼板。为了缩短工期允许绑扎钢筋与支模板平行搭接施工。试绘制单代号搭接网络图。

解题思路:绘制工作逻辑关系表与单代号网络图的绘制相同,绘制完毕后,在剪线上标注搭接关系。

【解】 (1) 绘制工作逻辑关系表(或示意图)

根据题意,主体结构工程工艺逻辑关系为:砌砖墙→支模→绑扎钢筋→浇筑混凝土→安装楼板及灌缝;每个工作由一个工作队进行施工,则各工作的组织逻辑关系为:一层Ⅰ段→一层Ⅱ段→一层Ⅲ段→二层Ⅰ段→二层Ⅱ段→……。综合此两类关系即可得此两层砖混结构房屋主体结构工程工作逻辑关系示意图,如图 2-29 所示。图中一、二代表楼层,Ⅰ、Ⅱ、Ⅲ代表施工段,Ⅰ/一表示第一层第一段等;纵向箭线表示工作逻辑关系,横向箭线表示组织逻辑关系;有几个箭线的箭头指向该工作,则表示该工作有几个紧前工作。

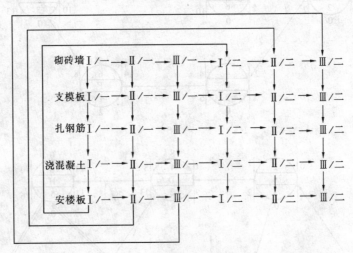

图 2-29 工作逻辑关系示意图

逻辑关系确定之后,接着确定相邻工作的搭接关系与搭接时距。一般情况下,若两工作的逻辑关系属于组织逻辑关系,在组织施工时,总是希望工作队尽可能连续施工,故常采用 FTS 搭接关系,最小时距为 0;若两工作的关系属于工艺逻辑关系,其搭接关系与时距应视具体施工工艺要求而定。

例如,砌砖墙与支模板两工作,由于混凝土梁底面要求在同一标高上,因而在一个施工段范围内,砖墙砌完后必须经过抄平,才能在其上支模板,即支模板需在砌砖墙结束后才能开始,二者之间属于 FTS 搭接关系,最小时距为 0;又如,根据题意允许绑扎钢筋与支模板平行搭接施工,但绑扎钢筋必须在支模板进行一段时间以后开始,且在支模板结束之后结束,因此,支模板与绑扎钢筋可采用 STS 与 FTF 两种搭接关系进行双向控制,时距可取 1d,如图 2-30 所示。

根据逻辑关系示意图及工作间的搭接关系与时距,可编制逻辑关系表,或直接将搭接

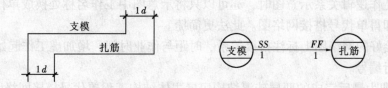

图 2-30 支模板与绑扎钢筋双向控制

关系与时距标注在图 2-29 上，构成搭接网络工作逻辑关系示意图，如图 2-31 所示。一般情况下，采用后者更为简便、直观。

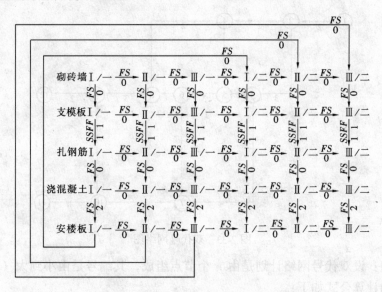

图 2-31 搭接网络工作逻辑关系示意图

（2）根据工作逻辑关系表（示意图），按单代号网络图的绘制规则绘制单代号网络图，如图 2-32 所示。

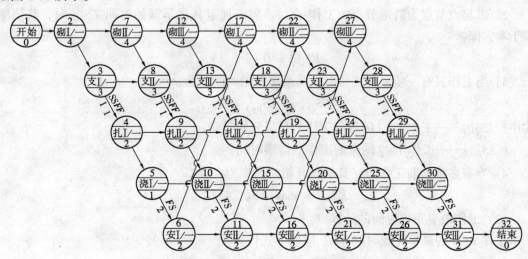

图 2-32 砖混结构房屋主体结构工单代号搭接网络图
（图中箭线上未标注搭接关系与时距者均为 FTS 搭接关系，时距为 0）

当采用工作逻辑关系示意图时,亦可以只将示意图中工作名称处换成单代号网络图的工作符号,即得单代号搭接网络图。此法更简捷。

(3) 在绘好的网络图上标注搭接关系、时距与作业时间,增加虚工作起始节点和结束节点,并进行编号。

图 2-32 即为最后完成的两层砖混结构房屋主体结构工程单代号搭接网络图。

【题 28】 双代号网络图时间参数的计算

计算图 2-33 所示的双代号网络图时间参数。

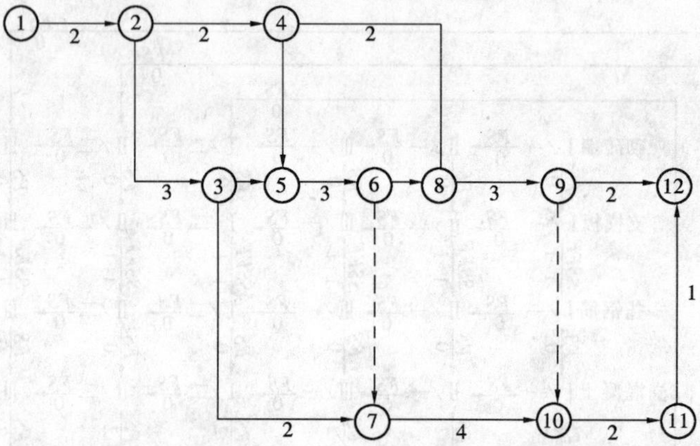

图 2-33 双代号网络图

解题思路:设双代号网络计划是由 n 个节点组成,其编号是由小到大 ($1-n$),其工作时间参数的计算公式如下:

(1) 工作最早开始时间的计算

1) 工作 $i-j$ 的最早开始时间 ES_{i-j} 应从网络计划的起点节点开始,顺着箭线的方向依次逐项计算;

2) 以起点节点为箭尾节点的工作 $i-j$,当未规定其最早开始时间 ES_{i-j} 时,其值应等于零,即:

$$ES_{i-j} = 0 \ (i = 1)$$

3) 当工作只有一项紧前工作时,其最早开始时间应为:

$$ES_{i-j} = ES_{h-i} + D_{h-i}$$

式中 ES_{i-j}——工作 $i-j$ 的紧前工作的最早开始时间;

ES_{h-i}——工作 $i-j$ 的紧前工作的持续时间。

4) 当有多个紧前工作时,其最早开始时间应为:

$$ES_{i-j} = \max\{ES_{h-i} + D_{h-i}\}$$

(2) 工作最早完成时间的计算

工作 $i-j$ 的最早完成时间 EF_{i-j} 应按下式计算:

$$EF_{i-j} = ES_{i-j} + D_{h-j}$$

(3) 网络计划工期的计算

1) 计算工期 T_c 是指根据时间参数计算得到的工期，它应按下式计算：

$$T_c = \max\{EF_{i-n}\}$$

式中，EF_{i-n} 以终点节点（$j=n$）为箭头节点的工作 $i-n$ 的最早完成时间。

2) 网络计划的计划工期计算：

①规定了要求工期 T_r 时

$$T_p \leqslant T_r$$

②当未规定要求工期时

$$T_p \leqslant T_c$$

(4) 工期最迟时间的计算

1) 工作最迟完成时间的计算

①工作 $i-j$ 的最迟完成时间 LF_{i-j} 应从网络计划的终点节点开始，逆着箭线方向依次逐项计算。

②以终点节点（$j=n$）为箭头节点的工作最迟完成时间 LF_{i-n}，应按网络计划的计划工期 T_p 确定，即：

$$LF_{i-n} = T_p$$

③其他工作 $i-j$ 的最迟完成时间 LF_{i-j}，应按下式计算：

$$LF_{i-j} = \min\{LF_{j-k} - D_{j-k}\}$$

式中　LF_{j-k}——工作 $i-j$ 的各项紧后工作 $j-k$ 的最迟完成时间；

D_{j-k}——工作 $i-j$ 的各项紧后工作 $j-k$ 的持续时间。

2) 工作最迟开始时间的计算

工作 $i-j$ 的最迟开始时间按下式计算：

$$LS_{i-j} = LF_{i-j} - D_{i-j}$$

(5) 工作总时差的计算

该时间应按下两式计算：

$$TF_{i-j} = LS_{i-j} - ES_{i-j}$$

$$TF_{i-j} = LF_{i-j} - EF_{i-j}$$

工作总时差还具有这样一个特点，就是它不仅属于本工作，而且与前后工作都有密切的关系，也就是说它为一条或一段线路共有。前一工作动用了工作总时差，其紧后工作的总时差将变为原总时差与已动用总时差的差值。

(6) 工作自由时差的计算

工作 $i-j$ 的自由时差 FF_{i-j} 的计算应符合下列规定：

1) 当工作 $i-j$ 有紧后工作 $j-k$ 时，其自由时差应为：

$$FF_{i-j} = ES_{j-k} - ES_{i-j} - D_{i-j}$$

或

$$FF_{i-j} = ES_{j-k} - EF_{i-j}$$

式中　ES_{j-k}——工作 $i-j$ 的紧后工作 $j-k$ 的最早开始时间。

2) 以终点节点（$j=n$）为箭头节点的工作，其自由时差 FF_{i-j}，应按网络计划的计划工期 T_p 确定，即：

$$FF_{i-j} = T_p - ES_{i-n} - D_{i-n}$$

或

$$FF_{i-n} = T_p - EF_{i-n}$$

【解】 根据上述解题思路,网络图时间参数如图 2-34 所示。

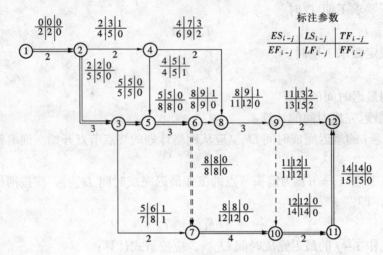

图 2-34 双代号网络图时间参数

【题 29】 双代号网络图时间参数的计算

计算图 2-35 所示的双代号网络图时间参数。

解题思路:同上题。

【解】 根据上述解题思路,网络图时间参数如图 2-36 所示。

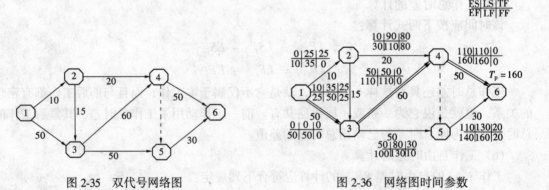

图 2-35 双代号网络图   图 2-36 网络图时间参数

【题 30】 单代号网络计划时间参数的计算

计算图 2-37 所示的单代号网络图时间参数。

解题思路:(1) 计算工作的最早开始时间和最早完成时间

工作最早开始时间和最早完成时间的计算应从网络计划的起点节点开始,顺着箭线方向按节点编号依从小到大的顺序依次进行。其计算步骤如下:

1) 当起点节点的最早开始时间无特别规定时，其值取为零，即作为网络计划起始时刻的相对坐标原点。

2) 最早完成时间：

一项工作的最早完成时间应等于本工作的最早开始时间与其持续时间之和，即：

$$EF_j = ES_j + D_j$$

式中　EF_j——工作 j 的最早完成时间；

　　　ES_j——j 的最早开始时间；

　　　D_j——工作 j 的持续时间。

3) 最早开始时间

一项工作的最早开始时间取决于其紧前工作的完成时间。因而，如果一项工作只有一个紧前工作，那么其最早开始时间就是这个紧前工作的最早完成时间；如果一项工作有多个紧前工作时，它的最早开始时间等于其紧前工作的最早完成时间的最大值。其公式表达如下：

① j 工作只有一个紧前工作时：

$$ES_j = ES_i + D_i = EF_i$$

② j 工作有多个紧前工作时：

$$ES_j = \max\{EF_i\} \ (i < j)$$

或　$$ES_j = \max\{ES_i + D_i\} \ (i < j)$$

4) 网络计划的计算工期和计划工期

网络计划的计算工期等于其终点节点所代表的工作的最早完成时间，即

$$T_c = EF_n$$

网络计划的计划工期是指根据要求工期和计算工期所确定的作为实施目标的工期，用 T_P 表示。当已规定了要求工期 T_r 时，计划工期不应超过要求工期，即

$$T_P \leqslant T_r$$

当未规定要求工期时，可取计划工期等于计算工期，即

$$T_P = T_c$$

(2) 计算相邻两项工作之间的时间间隔

相邻两项工作之间的时间间隔是指其紧后工作的最早开始时间与本工作最早完成时间的差值，即：

$$LAG_{i,j} = ES_j - EF_i$$

式中　$LAG_{i,j}$——工作 i 与其紧后工作 j 之间的时间间隔；

　　　ES_j——工作 i 的紧后工作 j 的最早开始时间；

　　　EF_i——工作 i 的最早完成时间。

计算时，宜逆着箭线方向自右向左依次逐项计算时间间隔。

(3) 计算工作时差

工作时差的概念与双代号网络图完全一致，但由于单代号工作在节点上，所以，其表示符号有所不同。

1) 计算工作的总时差

工作总时差的计算应从网络计划的终点节点开始,逆着箭线方向按节点编号从大到小的顺序依次进行。

①网络计划终点节点 n 所代表的工作的总时差应等于计划工期与计算工期之差,即:

$$TF_n = T_p - T_c$$

当计划工期等于计算工期时,该工作的总时差为零。

②其他工作的总时差应等于本工作与其各紧后工作之间的时间间隔加该紧后工作的总时差所得之和的最小值,即:

$$TF_i = \min\{LAG_{i,j} + TF_j\}$$

式中 TF_i——工作 i 的总时差;

$LAG_{i,j}$——工作 i 与其紧后工作 j 之间的时间间隔;

TF_j——工作 i 的紧后工作 j 的总时差。

2) 计算工作的自由时差

①网络计划终点节点 n 所代表的工作的自由时差等于计划工期与本工作的最早完成时间之差,即:

$$FF_n = T_P - EF_n$$

式中 FF_n——终点节点 n 所代表的工作的自由时差;

T_p——网络计划的计划工期;

EF_n——终点节点 n 所代表的工作的最早完成时间(即计算工期)。

②其他工作的自由时差等于本工作与其紧后工作之间时间间隔的最小值,即:

$$FF_i = \min\{LAG_{i-j}\}$$

事实上,同双代号网络图一样,单代号网络图中总时差为零,其自由时差必然为零。

(4) 计算工作的最迟完成时间和最迟开始时间

1) 根据总时差计算工作的最迟完成时间和最迟开始时间如下进行:

①工作的最迟完成时间等于本工作的最早完成时间与其总时差之和,即:

$$LF_i = EF_i + TF_i$$

②工作的最迟开始时间等于本工作的最早开始时间与其总时差之和,即:

$$LS_i = ES_i + TF_i$$

2) 根据计划工期计算工作的最迟完成时间和最迟开始时间如下进行:

工作最迟完成时间和最迟开始时间的计算应从网络计划的终点节点开始,逆着箭线方向按节点编号从大到小的顺序依次进行。

①网络计划终点节点 n 所代表的工作的最迟完成时间应等于该网络计划的计划工期,即:

$$LF_n = T_p$$

②工作的最迟开始时间等于本工作的最迟完成时间与其持续时间之差,即:

$$LS_i = LF_i - D_i$$

③其他工作的最迟完成时间等于该工作各紧后工作最迟开始时间的最小值,即:

$$LF_i = \min\{LS_j\}$$

式中 LF_i——工作 i 的最迟完成时间。

LS_j——工作 i 的紧后工作 j 的最迟开始时间；

(5) 确定网络计划的关键线路

1) 关键工作的确定

总时差最小的工作为关键工作。当计划工期等于计算工期时，总时差为零的工作为关键工作。

2) 关键线路的确定

从起点节点起到终点节点均为关键工作，且所有工作的时间间隔均为零的线路为关键线路。实际中，或者将关键工作相连、并保证相邻两项关键工作之间的时间间隔为零而构成的线路就是关键线路；或者从网络计划的终点节点开始，逆着箭线方向依次找出相邻两项工作之间时间间隔为零的线路就是关键线路。

关键线路在网络图上应用粗线、双线或彩色线标注。单代号网络图时间参数的计算同双代号网络图时间参数的计算类似。

【解】 根据上述解题思路，网络图时间参数如图 2-38 所示。

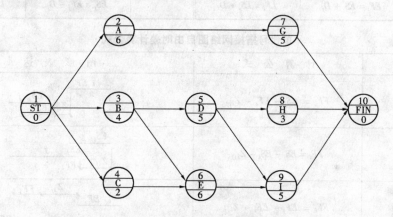

图 2-37 单代号网络图

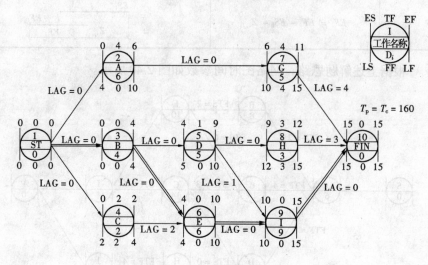

图 2-38 网络图时间参数

【题 31】 单代号搭接网络计划时间参数的计算

计算图 2-39 所示的单代号搭接网络图时间参数。

解题思路：单代号搭接网络图计算的内容与一般网络图是相同的，都需要计算工作基本时间参数和工作时差，但单代号搭接网络图在计算工作基本时间参数和自由时差时，需要首先找出相邻工作之间的搭接关系与时距。单代号搭接网络图基本时间参数和自由时差计算公式见表 2-14、表 2-15。

单代号搭接网络图基本时间参数计算公式　　　　表 2-14

搭接关系	ES_j 与 EF_j（紧前工序为 i）	LS_i 与 LF_i（紧后工序为 j）	搭接关系	ES_j 与 EF_j（紧前工序为 i）	LS_i 与 LF_i（紧后工序为 j）
FS	$ES_j = EF_i + Z_{i,j}$ $EF_j = ES_j + D_j$	$LF_i = LS_j - Z_{i,j}$ $LS_i = LF_i - D_i$	FF	$E_j = EF_i + Z_{i,j}$ $EF_i = EF_j - D_j$	$LF_i = LF_j - Z_{i,j}$ $LS_i = LF_i - D_i$
SS	$ES_j = ES_i + Z_{i,j}$ $EF_j = ES_j + D_j$	$LF_i = LS_j - Z_{i,j}$ $LF_i = LS_i + D_i$	SF	$EF_j = ES_i + Z_{i,j}$ $ES_j = EF_j - D_j$	$LF_i = LS_j - Z_{i,j}$ $LS_i = LS_i + D_i$

单代号搭接网络图自由时差计算公式　　　　表 2-15

搭接关系	计算公式	图形表达
FS	$FF_i = ES_j - EF_i - Z_{i,j}$	
SS	$FF_i = ES_j - ES_i - Z_{i,j}$	
FF	$FF_i = EF_j - EF_i - Z_{i,j}$	
SF	$FF_i = EF_j - ES_i - Z_{i,j}$	

【解】 根据上述解题思路，网络图时间参数如图 2-40 所示。

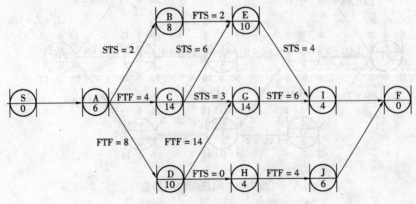

图 2-39　单代号搭接网络图

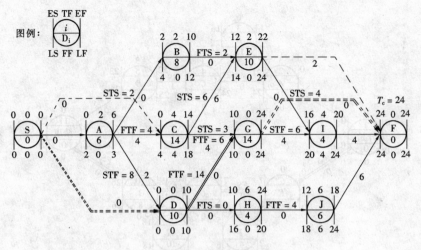

图 2-40 网络图时间参数

【题 32】 单代号搭接网络计划时间参数的计算

已知搭接网络图如图 2-41 所示，试计算时间参数，指出关键线路。

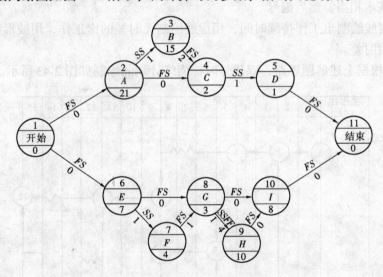

图 2-41 搭接网络图

解题思路： 同上题。

【解】 时间参数、关键线路如图 2-42 所示。

【题 33】 双代号时标网络计划的绘制

绘制图 2-33 所示的双代号时标网络计划。

解题思路： 双代号时标网络计划的绘制可以根据题 28 的时间参数，"先算后绘"的方法绘制，具体步骤如下：

(1) 绘制时标计划表。

(2) 计算每项工作的最早开始时间和最早完成时间。

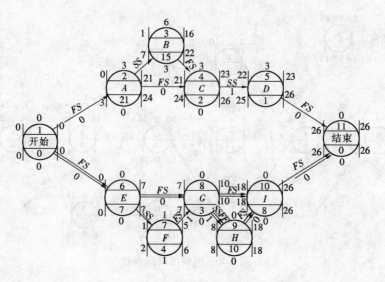

图 2-42 网络图时间参数

(3) 将每项工作的尾节点按最早开始时间定位在时标计划表上,其布局应与不带时标的网络计划基本相当,然后编号。

(4) 用实线绘制出工作持续时间,用虚线绘制无时差的虚工作,用波形线绘制工作和虚工作的自由时差。

【解】 根据上述解题思路,双代号时标网络计划的绘制如图 2-43 所示。

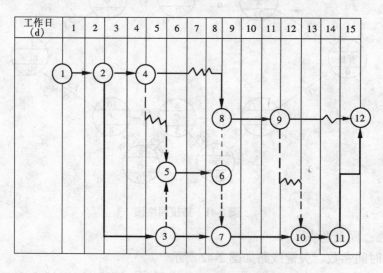

图 2-43 双代号时标网络计划的绘制

【题 34】 双代号时标网络计划的绘制

将图 2-44 所示的双代号网络图绘制成双代号时标网络计划。

解题思路:双代号时标网络计划的绘制可以不经计算,直接绘制的步骤:

(1) 绘制时标计划表。

(2) 将起点节点定位在时标计划表的起始刻度线上。

(3) 按工作持续时间在时标表上绘制起点节点的外向箭线。

(4) 工作的箭头节点必须在其所有内向箭线绘出以后，定位在这些内向箭线中最晚完成的实箭线箭头处。

(5) 某些内向实箭线长度不足以到达该箭头节点时，用波形线补足。如果虚箭线的开始节点和完成节点之间有水平距离时，用波形线补足。如果没有水平距离，绘制垂直虚箭线。

(6) 用上述方法自左至右依次确定其他节点的位置。

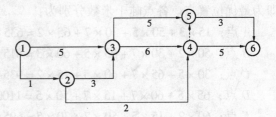

图 2-44 双代号网络图

【解】 根据上述解题思路，双代号时标网络计划的绘制如图 2-45 所示。

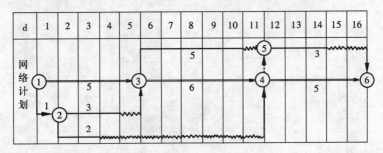

图 2-45 双代号时标网络计划

【题 35】 确定仓库（堆场或加工厂）的最优位置

以图 2-46 为例，图中括号内数字为需要量，杆上数字为距离，试确定最优位置点。

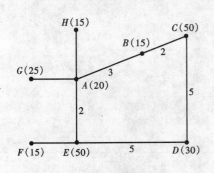

图 2-46 含圈图

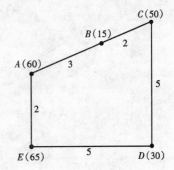

图 2-47 含圈收缩图

解题思路：首先检查各端点，过半就设点；否则，就靠点。其次，计算其他点到某一点的吨千米数，其吨千米数最小点，即为最优位置点。

【解】 首先计算总需要量的一半，即：

$$\frac{1}{2}(20+15+50+30+50+15+25+15)=110$$

然后，收缩各端点，过半就设点；否则，靠邻点。图 2-46 的各端点需要量均未过半，就靠邻点。如图 2-47 所示。其次，计算其他点到某一点的吨千米数，其吨千米数最小点，即为最优位置点。各点吨千米数分别为：

A 点：$15 \times 3 + 50 \times 5 + 30 \times 7 + 65 \times 2 = 635$

B 点：$50 \times 2 + 30 \times 7 + 65 \times 5 + 60 \times 3 = 815$

C 点：$30 \times 5 + 65 \times 7 + 60 \times 5 + 15 \times 2 = 935$

D 点：$65 \times 5 + 60 \times 7 + 15 \times 7 + 50 \times 5 = 1100$

E 点：$60 \times 2 + 15 \times 5 + 50 \times 7 + 30 \times 5 = 695$

经比较，A 点吨千米数最小，故 A 点为最优位置点。

参 考 文 献

1. 《建筑施工手册》编写组．建筑施工手册（第四版）．北京：中国建筑工业出版社，2003
2. 王士川主编．建筑施工技术．北京：冶金工业出版社，2004
3. 王士川主编．施工技术．北京：冶金工业出版社，2000
4. 刘宗仁主编．土木工程施工．北京：高等教育出版社，2003
5. 应惠清主编．土木工程施工．上海：同济大学出版社，2001
6. 赵仲琪主编．建筑施工组织．北京：冶金工业出版社，1999
7. 姚刚主编．土木工程施工技术．北京：人民交通出版社，1999
8. 阎西康主编．土木工程施工．北京：中国建材工业出版社，2000
9. 黄绳武主编．桥梁施工及组织管理．北京：人民交通出版社，1999
10. 于书翰主编．道路工程．武汉：武汉工业大学出版社，2000